JN128072

戎光祥近代史論集
2

産業発展と石切場

全国の採石遺構を文化資産へ

日本遺跡学会［監修］
高田祐一［編］

戎光祥出版

序にかえて――文化財としての可能性と記録化の意義

日本全国には、小豆島石や稲田石など地名+石という地域の石材が多数ある。その地域の石材業の成り立ちや利用のあり方にはそれぞれ歴史性があり、地域の特質を反映しているだろう。また、石材自体の風合いが景観を形成するひとつの要素にもなっている。

近年は、地域の石材を活用する取り組みが増えている。例えば、千葉県の房州石シンポジウムや山形県の高畠石工サミットなどは毎年開催され、継続的な取り組みとなっている。これらの取り組みは、石切場を地域資産として活用することで、域外へのＰＲや地元住民が地域の石材を再認識できる効果がある。文化財行政においても、文化庁日本遺産事業では、栃木県宇都宮市の「地下迷宮の秘密を探る旅　大谷石文化が息づくまち宇都宮」や石川県小松市の「『珠玉と歩む物語』小松～時の流れの中で磨き上げた石の文化～」において石切場が構成資産となっている。石切場が域外からの観光客を引きつけ、地域振興に資するコンテンツであると認識されつつある。

＊

城郭石垣においては、文化財石垣保存技術協議会が平成二〇年に発足し、翌年には文部科学大臣より選定保存技術に選定され、協議会がその保存団体に認定された。石垣自体が文化財という考えが浸透し、石垣修復時には文化財として扱うようになってきた。文化財石垣への関心が高まれば、その石垣石の供給地である石切場にも関心が及ぶのは当然だろう。石垣修復には石材一点ごとの調査が必要であり、その石垣石の産地を調べ石切場も調査するためである。

文化財としての石切場の行政的な対応として、史跡指定がある。近年の動きとして、平成二五年に「史跡　松前氏

城跡　福山城跡」の石切場として「神明石切り場跡」が国史跡に追加指定、平成二八年に「江戸城石垣石丁場跡」が国史跡指定、平成三〇年に兵庫県西宮市の「大坂城石垣石丁場跡」がすでに国史跡であった香川県小豆島の石丁場跡に追加指定されている。城郭石垣に関連しないものとして、兵庫県高砂市の「石の宝殿及び竜山石採石遺跡」が平成二六年に指定、新潟県の「佐渡金山遺跡」に関連する遺跡として、「吹上海岸石切場跡」と「片辺・鹿野浦海岸石切場跡」が平成二一年と二四年に追加指定されている。これらの石切場の国指定史跡は、城郭に付随するものであれば、城郭の歴史性に関連するため、石切場も歴史的な場として認識されやすい。「石の宝殿及び竜山石採石遺跡」は城郭には直接的に関連しないものの、竜山石は、古墳の石棺利用などが知られており、歴史性を強く感じさせる。石切場であっても、歴史に直接的に関連すれば史跡となるだろう。

*

では、前述の千葉県房州石など地域の石材はどう考えるか。採石の起源が近世に遡るにしても、大規模に採石したのは近代である。切り出した石材の用途も、民生用の土木資材が多い。石切場はあくまで原部材の採取地であって、最終成果物の建造物や美術工芸品があるわけではない。主な稼働時期が近代であれば歴史的な場としても認識しづらいため、調査保存の対象になりにくいのが実情である。

しかし、コンクリートが普及する以前、堅牢性を必要とする構造物には、石材を使用し、インフラ整備などの街づくりや庶民生活に地域石材が果たした役割は大きい。また、建設機械や火薬など現代的な採石法が普及する以前の近世・近代には、人間が労働集約的に採石活動に従事していた。地域にとって重要な稼ぎの場であり、石材業が地域を形成してきた面がある。しかし、石材自体は、金銀などの貴金属と異なり、遠方にまで流通する商品力は弱い。そのため、周辺地域の経済動向や歴史事象に大きく左右され、地域社会が石切場を規定した面もある。このように、石切場と地域社会は相互作用によってそれぞれのあり方を形成している。地域の石材を詳らかにすることで、地域の特質に迫ることもできるだろう。

今日でも見ることのできる近代建造物や景観には、地域の石材が使われている。これらの石造文化財を保全し、未来に継承していくためにも、地域の石材自体を見直し、もっと評価してもよいのではないかと考える。

＊

本書は、石切場の特集を組んで各地の事例を取り上げた『遺跡学研究』（日本遺跡学会、一二号〜一五号、二〇一五〜二〇一八年）の収録論稿を地域ごとに再構成し、石切場の実態により迫れるよう編集・制作したものである。各事例報告では、当然のことながら各地の歴史的経緯や地質の違いによって、状況は異なる。しかし、外国産の輸入石材に押され、全国的に地域の石材の産出が風前の灯火状態であることは共通している。石の文化が地域から消え去ろうとしている状況だからこそ、地域から石を見直す動きが出ているのかもしれない。本書で、なぜ石切場を調査・研究するのか、どう石切場を文化財として評価するのかという点を考えたい。学術的調査の深化や石切場活用への一助になれば幸いである。

二〇一九年三月

高田祐一

目次

第Ⅱ部　中部・関西の石切場

第Ⅲ部　中国・四国の石切場

第Ⅳ部　九州・沖縄の石切場

産業発展と石切場——全国の採石遺構を文化資産へ

序章　近代化と日本の石材産業の歴史

乾　睦子

はじめに

日本で石材を利用してきた歴史は古いが、一部の地域を除き、石材を通常の建築物の壁等に使うことは一般的ではなかった。西洋式の建築物が建てられるようになり、まちなみも西洋風になって、建築石材という継続的な需要が生まれたと考えられる。このため、明治時代末期から大正、昭和初期にかけて、国内には新しい石材産地が多く誕生したとされている。[1] この頃に成立した近代石材産業が、日本の都市の近代化において大きな役割を果たすことになるのである。

近代石材産業は成立が新しく、現在でも操業しているだけに、産業遺産として保護や調査の対象として捉えられることは少ない。日本の社会基盤形成に貢献した産業であるからには、その成立から始まってあらゆる経緯を記録に残しておくことに意味がある。産業側の視点に立った記録を残すことで、文化財に使われている石材の産地も記録に残すことができ、文化財の保全に実際に役立つ情報を残すことができるはずである。近年では、近代の歴史的建築物が次々と文化財等に登録されつつある。そのような文化財等を維持管理していくということは、それらがどのような資源を用い、どのような技術で構築されたのかを記録しておく義務も我々が負うということでもある。その資源の供給地という意味で、石材産業の実態を知っておくことは重要である。産業全体の姿を知ることが記録の少ないより古い産地の理解につながるという考えに基づき、本稿は日本全体の石材産業の歴史を、主に花崗岩石材を念頭に記述するものである。はじめに、石材の代表的な石種である花崗岩を概説した後に、花崗岩石材産業の歴史と全体像を、第二次世界大戦前と後に大きく区分して述べる。

1. 花崗岩石材について

石材の中でも代表的な石種のひとつが、花崗岩である。白ないし黒の肉眼で見える大きさの結晶が集まってできているため、白黒のごま塩模様が美しく特徴的である。磨くとよく光沢が出て、その模様も際立つ。花崗岩は、「御影（みかげ）石」とも呼ばれ、日本各地で産し、墓石などとしてなじみ深い石材である。現在の神戸市内にあった御影町から出荷されていた花崗岩が全国的に名を知られたことから、花崗岩全般を御影石と呼ぶようになり、本家は「本御影」と呼ばれるようになった。

花崗岩は、融けた岩石（マグマ）が地中でゆっくりと冷え固まってできる岩石である。したがって、花崗岩ができるためには、まず地下に花崗岩質マグマ（岩石が融けたもの）ができなければならない。日本に花崗岩産地が比較的多いのは、日本に火成活動（火山を作るような、岩石を融かす地質活動）が多いことと関係がある。そのマグマの化学組成や冷え方により、どのような結晶がどの程度の大きさになるかが決まる。また、それが現在までにどの程度風化にさらされたかによっても色合いが変わる。したがって、地域によって、また狭い地域の中でも場所によって花崗岩の色合いや組織が変わることがあり、その違いは結晶自体の色や、結晶の含有量の割合、結晶粒の大きさなどに依存する。

写真1は、鏡面研磨仕上げ（本磨き）の稲田石（茨城県産花崗岩）の表面をハンドスキャナで読み取ったものである。明るい白色の鉱物が長石類、灰色に見える鉱物（実際には透明）が石英、黒い鉱物は主に黒雲母である。長石類の割合が半分を超えており、稲田石は全国的に見ても最も白い花崗岩石材のひとつである。

本磨きでなく光沢のない仕上の場合、石英がより白く見え、全体的にさらに白い印象になる。その色合いは、「白御影」と表現されることもある。茨城県の稲田石のほかには、香川県の小豆島石、岡山県北木島の北木石なども白がちな花崗岩であることが知られている。より暗い色合い（灰色〜黒）の石材産地もあり、それらの一部は地質学用語では花崗岩に当てはまらない場合もあるが、慣習的に「青御影」「黒御影」などと呼ばれて各地に産する。前述の本御影は淡紅色の結晶を含む、いわゆる「桜御影」と呼ばれる色合いである。淡紅色を呈する花崗岩石材としては、国内では岡山県の万成石、広島県の議院石などが知られている。

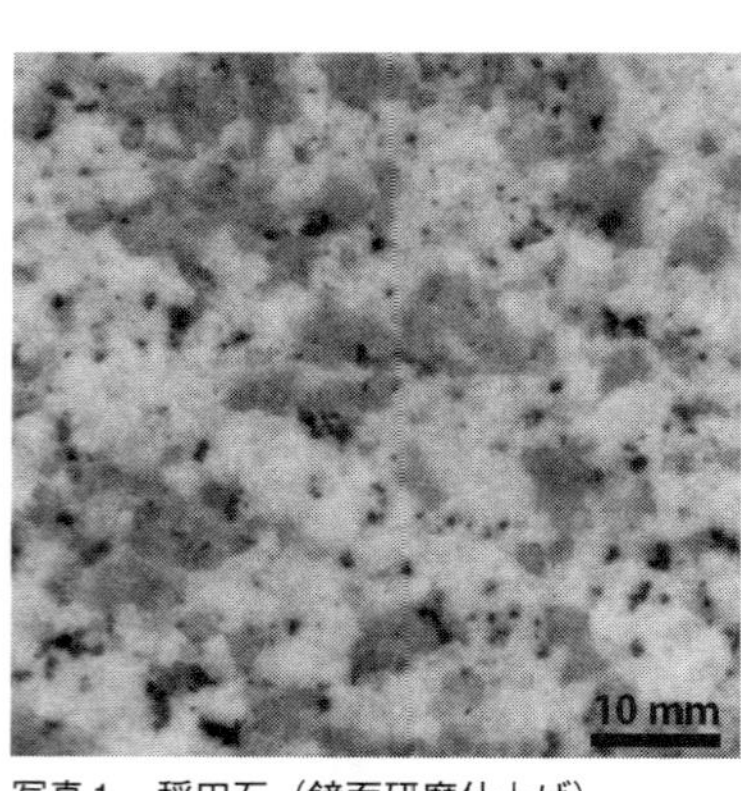

写真1　稲田石（鏡面研磨仕上げ）

花崗岩は、同じ色合いでも結晶の粒の大きさによって印象が大きく変わる。一般に、粗粒なほうから「粗目」「中目」「小目」「糠目」などと呼ばれて区別される。全体として、粗粒な花崗岩石材は白黒の斑点模様が映えるダイナミックな外観が評価され、細粒な花崗岩石材はより均質で控えめな上質感が評価されているように思われる。稲田石は粗粒な白御影と位置づけられる(2)。

工事や工業製品の素材としての花崗岩の特徴は、その色合いや艶を除くと、耐久性の高さがもっともよく挙げられる。大きな結晶が緻密に組み合わさっており、風雨にさらされても容易に劣化しないため、メンテナンスフリーな外壁材という位置づけが一般的である。その反面、硬いので採掘や加工に手間がかかる岩石でもある。近代の技術が発達して初めて取り扱いが容易になってきた石材と言える。硬いということと、細工を施せば長く耐えるということとが表裏一体なのである。

ただし、花崗岩が硬いからといって風化しないということではない。花崗岩地域で崖崩れなどの地質災害が時折ニュースになるのは、一度風化すると脆く崩れやすくなるという特徴が花崗岩にあるからである。それは非常に長い時間かけて起きる風化であって、人が生きる時間の中で外壁が崩れていくようなことは起きない。また、花崗岩は熱に比較的弱いこともよく知られている。結晶の粒が大きくそれぞれ熱膨張率が異なるため、炎で強く熱せられるとバラバラに分解してしまう。

その他の花崗岩の特徴としては、一般に模様に方向性（筋や縞模様など）がないために扱いやすいという点がある。木材や大理石のような模様合わせの作業が必要ないので、無駄が出ない。ただし、一見均質なだけに、微妙な色の違いが目立つというデメリットもある。とくに、墓石などではわずかな不均質や筋が「キズ」とされて価値が下がるという価値観がある。また、建築工事で大面積に貼る際、微妙な色合いの違いが偏らないように注意する必要がある。

2. 近代日本の花崗岩石材産業

近代化と近代石材産業の成立

日本列島に多く産するため、花崗岩は古くから地域の寺社建築の基礎や石垣などに用いられていた(3)。当時、山から花崗岩を切り出すのは技術的にかなりの時間と労力を必要とした。花崗岩はその独特の風化のしやすさから、玉石という形で容易に掘り出せる産状も多かったため、機械化以前の手掘りの時代にはそのようなものを利用していたケースも多いと思われる。特に大きな城の普請には遠方各地からも石が運ばれ、産地側にも伝承や残念石が残されているケースがあるが、そのようなケースは数が少なく、多くの場合はそれぞれの地域の石材が用いられた。

関東圏には当時花崗岩の産地がなく、小田原から伊豆半島にかけて産する安山岩が主に用いられた。安山岩とは、花崗岩と同じくマグマが冷え固まってできる火成岩の一種だが、急冷されたため肉眼で見えないほど細粒な部分をもち、黒っぽい結晶の含有割合がより高いことが特徴である。したがって、緑灰色〜黒褐色で落ち着いた雰囲気の石材である。「小松石」、または「本小松石」と呼ばれるものが代表的だった。

明治維新後、西洋文化が導入されると、建築物の壁やマントルピースに石材を用いるという可能性が出てきた。道路の舗装や擁壁などの都市基盤工事にも、石材が用いられる機会は増えたと思われる。関東圏ではこの当時、まだ伊豆の安山岩がよく用いられていた。ここへ、瀬戸内から花崗岩が導入され、最初期の事例のひとつが明治二九年（一八九六）に竣工した日本銀行本店旧館本館である。落ち着いた安山岩が主流だった街並みの中でさぞかし威容を誇ったことと推測できる。

この時期以降、花崗岩は首都圏の近代建築物に次々に使われるようになり、その地位を確立したのである[4]。前述の稲田石が組織的に搬出できるようになったのが、明治三一年（一八九八）である。首都圏での花崗岩の認知が上がった頃に大量生産体制が整っていたということがわかる。首都圏近郊に大産地が開発されたタイミングのよさも、花崗岩の普及を後押しした可能性がある。

第二次世界大戦以降から現在まで

戦前までに産業として成立した花崗岩石材業は、第二次世界大戦後の昭和中期頃には再び全国的に復活したが、ここで花崗岩産業に大きな転機となったのは、墓石の市場が新しく形成されたことである。昭和二八年（一九五三）には、墓石業界専門誌である「日本石材工業新聞」が創刊されていることから、市場の盛り上がりがこの頃からだったことがわかる。この業界紙の分析から、昭和三〇年代（一九六〇年前後）は採石産業の機械化が進んだ時代だったといえる。[5] 経済的にも高度経済成長期に向かっていて、昭和三九年（一九六四）の東京オリンピックなど、特に建設工事にとって追い風となる出来事もあり、建材および墓石の両面で花崗岩の利用は大変増加した。

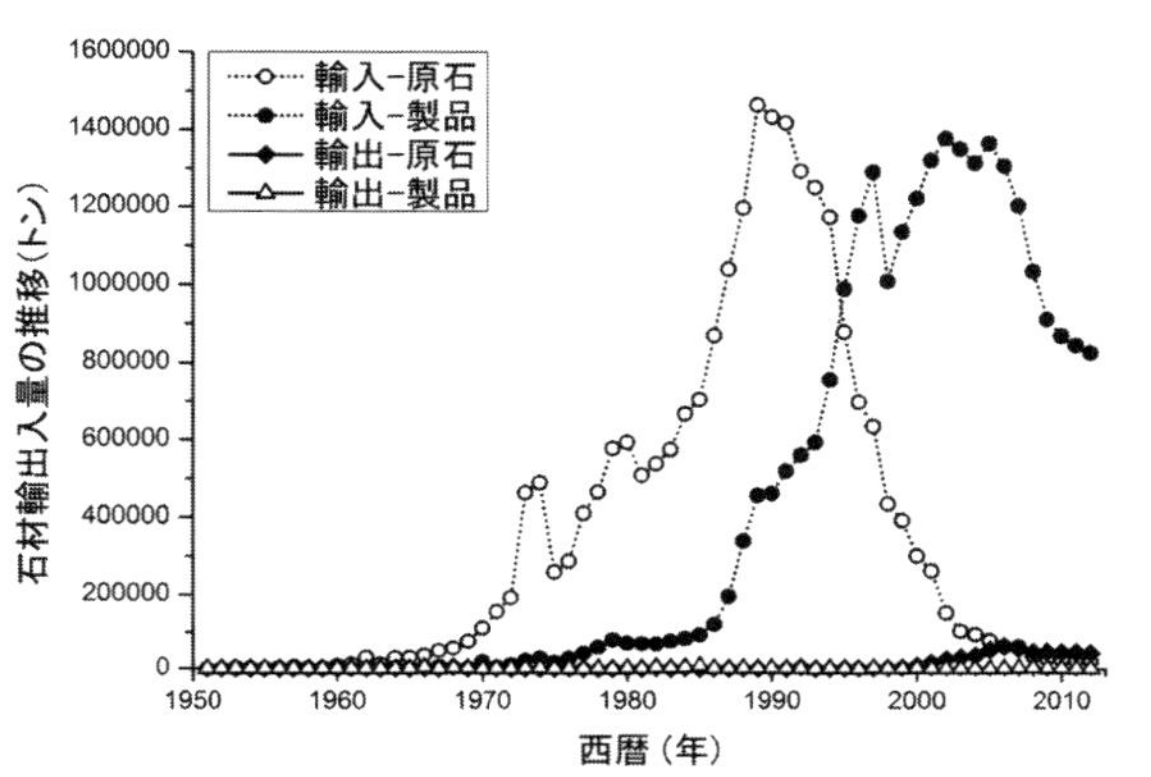

図1　石材の輸出入量推移（財務省貿易統計から）

同じ分析から、昭和四〇年代（一九七〇年前後）には加工産業の機械化が大いに進んだと考えられ、この時期になると海外から原石を輸入して加工する業態が増えたといわれている。図1に財務省の貿易統計[6]から整理した原石と加工品の輸入量の推移を示したが[7]、これを見ると一九七〇年頃から花崗岩の原石の輸入が急激に増えていることがそれを裏付けている。原石の輸入が増えて「原石輸入・加工」の時代になったこの頃から、国内の産地は安価な輸入品との競争にさらされ、採掘をやめて輸入材の加工を主に請け負う業態にシフトする産地もあった。[8]

その国内の加工業も、一九九〇年代の半ばには減少することになった。図1に示されているように、加工品を輸入する形が主流になったからである。

国内の大手加工業者には加工拠点を海外に移す動きが見られた。また、国内で採石された原石も、加工のために海外に輸出され、加工品を逆輸入するようになった。図1で二〇〇〇年代からわずかに輸出が出ているのは、原石を加工地に輸出し逆輸入する形になったからである。

このような経緯を経て、現在では、国内で産出する花崗岩は建築仕上用の石材としてはほとんど流通していない。しかし、花崗岩の場合は、墓石や寺社仏閣への利用という需要があるために現在も操業している産地が多い[9]。キズのない高品質の部位が墓石とされ、残りの部分は土木工事などに使われる形態が多いようである。このため、墓石のブランド化、高付加価値化によって産業を維持しようとする取り組みが多く行われている。

3. 石材産業と地域とのかかわり

石材産業の歴史を記録したい理由はもうひとつある。近年における「ジオ」への関心の高まりである。地域に産する、地域に特有の地質資源が日本のまちの近代化に貢献したという事実は、求められているジオ・ストーリーそのものである。

しかし、近年のジオパーク認定等では、操業中の採石場は「保全」する立場になりえないことから、ジオ・ストーリーの主体とは見なされないことが多い。操業を停止していたら歴史遺産であるはずのものが、操業していたら自然破壊である。狭い日本の国土の中で、その区分は極端で実用的とはいえないように思われる。現代日本の社会基盤を供給してきた地質資源・遺産と、今後も共生することを考えていくべきではないだろうか。事実、石材産業に携わる方々の間でも石材の記録や採石場跡を残したいという動きが増えていることを筆者も調査の過程で感じることが増えている。近年の「ジオ」への関心を一時の流行で終わらせることなく、また単なる町おこしの駒として使い捨てることもなく、人類共通の知識・記憶の資産として蓄積していくために、現在進行形の石材産業もジオ・ストーリーに巻き込んで活用する方法を考えていきたいものである。

註

（1）『日本石材史』日本石材振興会、一九五六年、五六三頁。
（2）乾睦子「国内の花崗岩石材産業の歴史と現状―「稲田石」を例として―」（『国士舘大学理工学部紀要』第五号、二〇一二年、七四―八〇頁）。
（3）小山一郎『日本産石材精義』竜吟社、一九三一年、二九八頁。
（4）前掲註（1）。
（5）日本石材工業新聞社（一九五三～一九六一、一九六五～一九六六）、日本石材工業新聞（縮刷版）。
（6）財務省貿易統計。
（7）乾睦子・大畑裕美子「公的統計値と業界紙から見る二十世紀後半以降の日本の石材産業」（『国士舘大学理工学部紀要』第七号、二〇一四年、一七三―一八〇頁）。
（8）前掲註（2）。
（9）前掲註（2）。

第Ⅰ部　北海道・東北・関東の石切場

一　札幌軟石の採掘・利用とその石切場の歴史

長沼　孝

はじめに

札幌市内で生まれ育った私にとって、「石山」「石切山」「石山通」という地名や名称はなじみ深く、それらが札幌（さっぽろ）軟石（なんせき）の採掘と関係があることは即座に思い浮かぶ。札幌市街の南部に位置する石山地区は、明治以降に軟石の採掘が行われた地域であり、現在では、主要な石切場跡が市の緑地公園として整備・公開されている。また、現在でも一つの民間企業が石山に隣接する常盤地区で石切場を確保し、採掘・加工を行っている。さらに、札幌軟石を核とした石山地区の地域づくりや軟石の魅力を再発見する取り組みが、地域住民や民間団体によって行われている。また、建築関係者などよって、札幌市内に現存する札幌軟石を使用した建造物や構造物の確認調査なども進められている。

本稿では、札幌軟石採掘の歴史とその石切場の保存・活用などを含めた最近の動向を紹介する。

1．北海道の石材採掘

【近世の石垣と石材】北海道では、松前町の福山城（松前氏城跡）が唯一の近世城郭で、その石垣は地元で採掘できる福山石または神明石と呼ばれる新第三紀の緑色凝灰岩が利用されている。平成一八～二二年（二〇〇六～二〇一〇）に松前町教育委員会が実施した石垣整備用の石材を採取していた城跡北方の丘陵地（町有地）での確認調査において、凝灰岩の露頭およびその周辺で、矢穴痕や大量の加工時の剥片が確認され、その場所が近世の築城時に石垣用の石材採掘が行われた場所であることが明らかになった。

平成二五年（二〇一四）には、調査範囲のうち一九三五三・三二平方メートルが「神明石切り場跡」として国指定史跡「松前氏城跡」に追加指定された。また、同時にボーリングや発破の痕跡が確認され、近代以降もボーリングやダイナマイトなどによって石材採掘が行われていたことも明らかになった。[1]

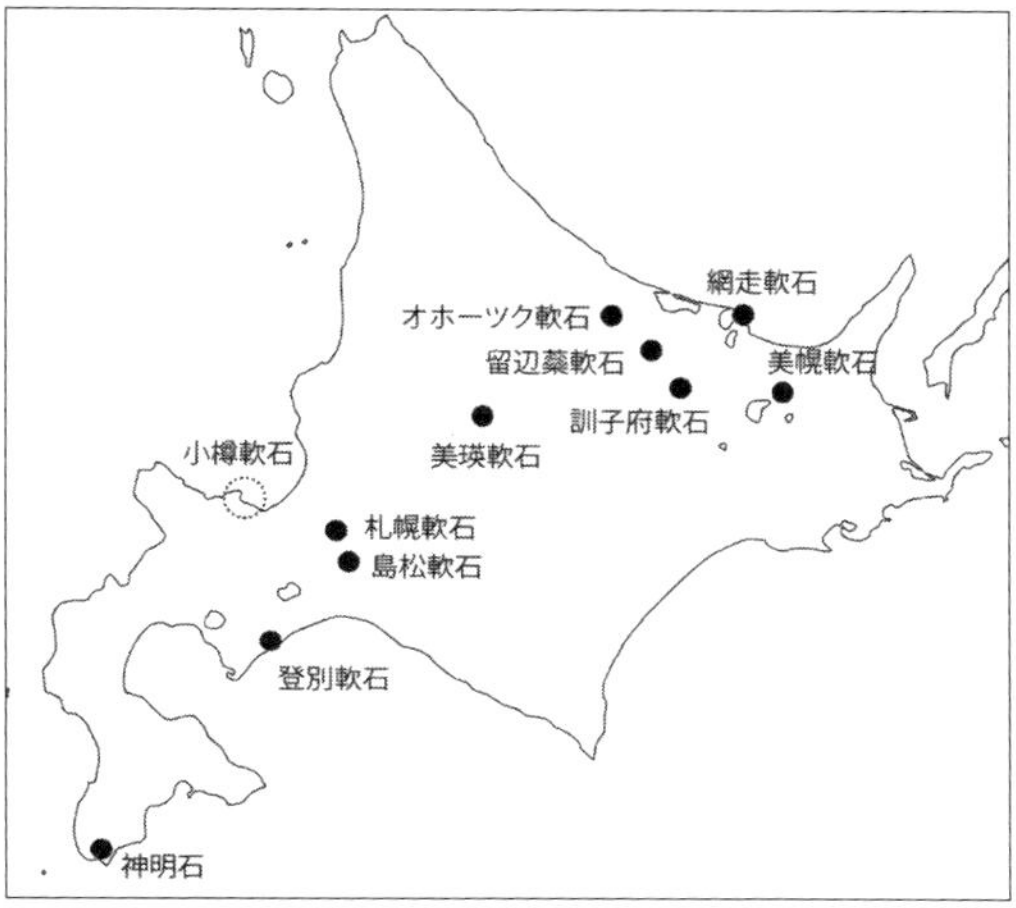

また、元治元年（一八六四）に竣工した函館市五稜郭跡では、大規模な石垣が構築されているが、その石材は函館山山麓の立待岬および五稜郭北方の赤川や神山で採掘された輝石安山岩が使用されている。[2]

【近代の石材採掘】近代以降の北海道において建造物や構造物に利用されている石材は、「札幌軟石」に代表される溶結凝灰岩のほかに、凝灰岩・安山岩・花崗岩・粘板岩・大理石・緑色岩・角閃石・蛇紋岩などがあり、凝灰岩類では二〇ヵ所、安山岩類では二九ヵ所、花崗岩類では八ヵ所、粘板岩と大理石では各一ヵ所、庭石として活用されている岩石では六ヵ所が知られ、凝灰岩では、札幌軟石・小樽軟石・登別中硬石・美瑛軟石・美幌軟石などが著名である。[3]しかしながら、

図1　北海道の軟石

現在も建材などの利用を目的として採掘が行われているのは、札幌軟石と登別中硬石だけである。

また、札幌軟石文化を語る会の佐藤俊儀によれば、道内では札幌軟石以外でも、先の美瑛軟石・小樽軟石（桃内産・奥沢産・手宮産・天狗山産などの総称）、登別軟石（硬さにより登別中硬石とも呼ぶ場合あり）のほか、留辺蘂（金華）軟石・美幌（小梅）軟石が、さらに、島松軟石・増毛（日方泊）軟石・訓子府軟石・網走軟石などがあるという[4]（図1）。これら以外でも筆者が知っているのは、遠軽町で「オホーツク軟石」と呼ばれているものがある。

コンクリートが本格的に普及する以前の大正から昭和三〇年頃までの時期は、溶結凝灰岩がみられる道内各地で、地元の安価な建材として小規模な採掘と利用が行われていたようである。しかし、大規模に採掘され、建材として広域かつ長期的に利用されたのは札幌軟石だけである。

2. 札幌軟石の発見と採掘

【札幌軟石の発見】札幌市が所在する石狩低地帯は、北海道西部（ユーラシアプレート）と北海道中央部（北アメリカプレート）の境界にあたり、約四万年前の支笏火山（噴火後のカルデラが現在の支笏湖）の大噴火に伴う火砕流が堆積している。札幌市街南部の石山・常盤地区で発見・採掘されてきた札幌軟石は、その支笏火山の火砕流が冷えて固まった溶結凝灰岩である。札幌軟石は、大谷石などよりきめが細かく、適度な硬度を持っているが、柔らかくて切り出しや加工が容易であり、耐火性と断熱性を備えている特性から、明治初期の発見以来、採掘が行われ、建材として利用された。その発見は、一般的に、明治四年（一八七一）に開拓使の依頼で北海道内の鉱物調査を行った、お雇い外国人の鉱山技師であるアンチセル（T.Antisell）と土木技師のワーフィールド（A.G.Warfield）によってなされた、と言われることが多い。[5] しかし、確実な記録はみつからないという。[6]

【札幌軟石の採掘】『開拓使事業報告第三編　物産』[7] によれば、石材に関する記録は明治五年（一八七二）に「札幌大工職大岡助右衛門」が「圓山村」で石材を発見して採掘を出願したと記されている。しかし、同年の記録に「札幌郡発足別硬石山発見採掘ニ着手ス」と、角閃石安山岩～デイサイトの「札幌硬石」とみられるものがある。したがって、採掘出願は「札幌軟石」の発見と採掘とは言えない可能性がある。同じく『開拓使事業報告第三編　物産』の明治八年（一八七五）の記録に、「是歳石狩國札幌郡穴ノ澤ニ於テ建築用軟石千九百八十五個ヲ採掘ス其價四百九十九圓四十二銭三厘」とある。さらに、翌九年（一八七六）には一二〇五個（二二六円一〇銭四厘）、翌一〇年（一八七七）には四三一四個（八六二円八〇銭）、その後、一三年（一八八〇）には二六六二〇個（一〇八三九個の硬石と合わせて六五七三円七八銭四厘）、翌一四年（一八八一）には五七三七〇個（七〇一六円一〇銭一厘）とある。明治八年（一八七五）には確実に採掘が行われ、明治一四年（一八八一）には五万個も採掘されており、開拓使が札幌の街づくりに積極的に札幌軟石を利用していたことがわかる。

さらに、同報告の明治一一年（一八七八）年の記録では、札幌農学校雇教師のペンハロー（D.P.Penhallow）が札幌産石材の詳細な検討を行い、札幌軟石に関して「石山ノ石ハ丹灰色沙石ニシテ其質緻密ナラス且固有ノ列線（ワレメ）アリテ大塊及一定ノ材ニ斫取ルトキハ意外ノ破線ヲ見ハスヘシ此鑿石場ハ札幌ニ近ク大石ヲ取ルニ甚便ナレドモ石質悪シ只家屋基礎ノ大サニ斫取リ雨露ニ暴セレラル場所ニ用セハ多少其用ニ適スヘシ」と、その特徴を記している。札幌軟石の発見と採掘に関しては、開拓使のお雇い外国人技師が関わっている可能性が強いが、小樽の手宮洞窟の発見が江戸時代末から明治初期に石材を求めて来道した神奈川県出身の石工（いしく）の長兵衛であったといわれていることから、札幌軟石の発見にも本州からやってきた石工たちが関わっていると考える必要があるかもしれない。[8]

札幌軟石の採掘は、明治時代後半から大正、昭和一〇年代くらいまで盛んに行われ、大正一二年（一九二三）には二〇万個、昭和四年（一九二九）には二四万個、昭和五〜一四年（一九三〇〜一九三九）頃まで平均一四万個程度が出荷されている。(9)

3．札幌軟石の採掘手順と運搬

【手掘り採掘の手順】採掘は、昭和三七年（一九六二）に本格的に機械（チェンソー式）が導入されるまで、石工による手掘りで行われていた。「札幌軟石物語」(10)と「『札幌軟石』いま昔―採掘と運搬の歴史―」(11)を参考に、作業手順や運搬方法の変遷をみてみよう。

採掘は、上層の火山灰を取り除き、さらにその下の「悪石（あくせき）」と呼ばれる柔らかい部分を取り除く現場作りから始まる。次に、軟石が出てきたところで専用の「ツル」で溝を切る「掘切り（ほっきり）」（写真1①）を行う。溝の深さは一尺五分で縦三尺、横一〇尺で碁盤の目に行う。「掘切り」が終了すると、溝の深さに専用の「ツル」で矢穴を穿ち、そこに金矢を水平に打ち込み、石を浮かせる。これを「割り出し」（写真1②）と呼ぶ。割り出された石材はその場で金矢を打ち込んで「小割り」（写真1③）し、さらにごつごつした表面の調整加工を行う。この調整を「野取り」と呼ぶ。石材の大きさは一尺立方を「一才」と呼び、重さは平均すると約三五キログラムである。「三才」のものを「尺角（しゃっかく）」（一尺×一尺×三尺：約三〇×三〇×九〇センチ）と呼び、特別注文の大きさ以外は、このサイズに仕上げられ、一般的な建材として使用される。「野取り」作業では定規で線を引き、それに合わせて石の周りの形を整えることを「額縁」を作ると呼び、さらに石材の真ん中の出っ張っているところを専用の「ツル」で「線を入れる」ように削って仕上げる（写真1④）。この額縁と線を入れる仕上げが、手掘り時代の建造物を見分ける指標にもなっている。また、小さな穴目を入れる「ピシャン」仕上げと呼ばれるものあるという。

【運搬方法の変遷】 石材の運搬は、採掘当初は馬が基本で、後に馬車が使用され、さらに、明治九年（一八七六）に山鼻に屯田兵が入植すると、豊平川に馬用の渡船場が整備され、利用された。また、石山から山鼻への馬車道も開削され、夏は馬車、冬は馬橇（ばそり）による石材の運搬が行われた。現在の国道二三〇号線を「石山通」と呼ぶのは、この馬車道に由来する。

明治四二年には軟石の効率的な運搬のため、「札幌石材馬車鉄道合資会社」による馬車鉄道の軌道が石山から南二条西一一丁目付近まで敷設され、現在の中央区役所あたりに石材の堆積場があり、仕上げ加工が行われ、多くの建物の建材として使用された。

大正七年（一九一八）には、豊平～定山渓間に定山渓鉄道が開通し、石山には「石切山」駅が設置され、軟石の運搬も馬車鉄道から定山渓鉄道に移行した。その後、札幌市の市街化と道路網の整備、さらに交通手段の変革などから、車社会が進行するとともに、定山渓鉄道も昭和四四年（一九六九）に廃線となり、軟石の運搬はトラックの時代へと移行した。軟石の運搬は、札幌の市街化と道路網の整備や交通手段の変革などとの深い関わりの中で変遷していったのである。

①掘切り

②割り出し

③小割り

④野取り

写真1　採掘手順の再現（「札幌軟石物語」）

4．石切場跡の整備と現在の石材採掘

【採掘の停止と石切場の公園化】昭和二五年（一九五〇）に建築基準法が制定され、石造建築物に制限がかかってきたこととコンクリートの普及などにより、石材の需要が減少し、最盛期には三〇〇人もの石工がいたといわれていたが、昭和三〇年時点では六社の石材店があり、従業員は三〇名程度になっている。[13]さらに、採石場周辺の宅地化による粉塵問題などにより、軟石採掘は次第に衰退し、昭和五三年（一九七八）に石山地区での採掘は停止された。それと同時に採掘業者も撤退し、現在では、石山地区南側の常盤地区に採掘場がある辻石材工業株式会社のみが採掘・加工・販売を行っている。

一方、かつての採掘跡の一部は、平成九年（一九九七）年に石山地区市街地南側が「石山緑地」として、平成一六年（二〇〇四）に藻南（もなみ）公園（昭和二四年〈一九四九〉開園）隣接地の石切場は、既設の公園を拡張した「札幌軟石ひろば」として整備された（図2）。「石山緑地」の広さは約一一・八ヘクタール、市道をはさんで南北のブロックに分かれている。北ブロックは通常の都市公園として整備され、展望テラス・休養広場・テニスコート・ゲートボール場などがある。南ブロックは造形作家の製作によるいくつかのオブジェ（写真2・3）や、「ネガティブマウンド」（石の広場・野外ステージ、写真4）が設置されている。「ネガティブマウンド」では野外劇が開催されるなど、かつての石切場の幻想的な景観を生かした活用が行われている。また、採掘跡の壁面にはチェンソー式の機械掘りの痕跡が残っている（写真5）。

藻南公園の「札幌軟石ひろば」（写真6）は、初期の手掘りによる採掘が行われていた場所であり、札幌軟石の採掘の様子が学べる屋外展示と説明パネルが設置されている（写真7～9）。ひろばの石切場跡は平成二八年（二〇一六）

に「北海道地質百選」に選定され、さらに軟石を配置した公園全体の景観も評価され、同年に第二二回都市公園コンクールで国土交通大臣賞を受賞している。

石切場を活用したひろばの整備にあたっては、札幌の街づくりに大きく貢献した札幌軟石文化の保存と継承という観点から、地域住民や関係者を中心に発足した「札幌軟石文化を語る会」が大きな役割を果たし、札幌市の公園担当部局との話し合いを重ねたという。さらに、同会を中心に「札幌軟石まつり」などが開催されるなど、継続的な取り組みも行われている。

【現在の採掘と利用】現在、唯一、札幌軟石の採掘等を行っている辻石材工業株式会社の会社設立は昭和二三年

札幌
札幌市
白石
大谷地
藻岩山
札幌軟石ひろば
石山緑地
採掘地
0 5km

上：図２　現在の石切場と石切場跡（公園）の位置
中：写真２　石山緑地の水の広場
下：写真３　石山緑地の芝生広場（後方石切場壁面）

写真４　石山緑地のネガティブマウンド

写真５　機械（チェンソー式）採掘跡の壁面アップ

写真６　札幌軟石ひろば入口

写真７　札幌軟石ひろば野外展示（後方採掘跡）

写真８　野外展示１（馬鉄による軟石の運搬）

写真９　野外展示２（小割りした軟石）

写真 10　辻石材工業株式会社の石切場

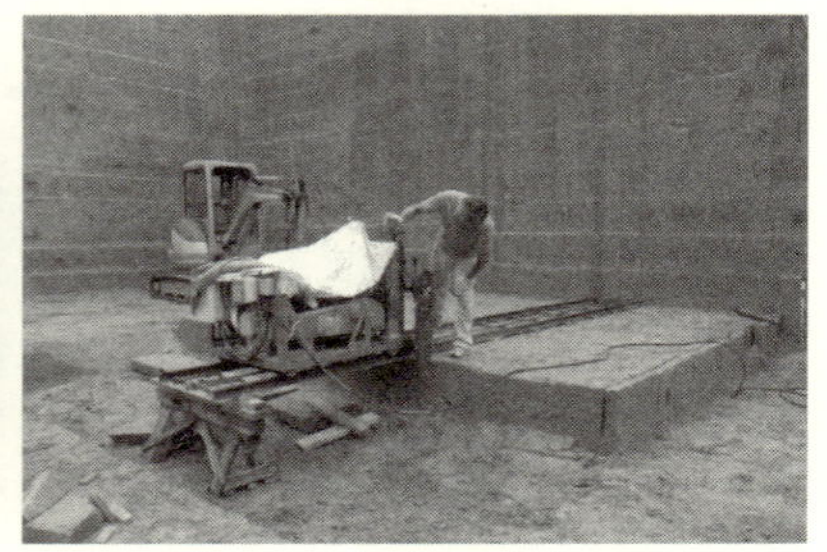

写真 11　機械（チェンソー式）による溝切の様子

（一九四八）であるが、札幌軟石への関わりは明治二五年に福井県から渡道した初代から一二〇年の歴史があり、現在の採掘場（写真10・11）は昭和三五年（一九六〇）から使用されている。三代目にあたる現社長の辻明宏によれば、現在の札幌軟石の需要は、文化財の補修・復元のほか、その保温性や耐火性の特質に加え、天然素材の美しさ、柔らかさ、レトロ調の風合いなどから、各種建物の内外装をはじめ、公園施設やオブジェ、さらに庭石・石窯（いしがま）への利用など多岐にわたり、東京都の旧新橋停車場の復元にも使用されているという。

また、地元の大学生などによる加工時の端材を利用した商品開発のワークショップなども行われている。[14] さらに、石山地区には、ワークショップで開発された商品の製作・販売・製作体験などを行う「軟石や」というショップもオープンし、札幌軟石の魅力を発信する取り組みが継続されている。

5. 札幌軟石を使用した石造建造物

【札幌市内に現存する建造物等】札幌軟石は、採掘・加工の容易さに加え、耐火性に優れ、断熱効果も高い特性から、積雪寒冷な気候に適した建材である。また、開拓使が火災を防ぐ堅牢な家屋の建設を奨励したことも加わり、明治から昭和初期にかけ、商家の蔵、醸造用の倉庫、事務所や店舗の主屋、大規模な流通倉庫、公共建築、教会、農業倉庫など、多様な建造物に使用された。しかし、札幌の都市化や石造建造物の修復の手間などから、失われた建造物も多い。そのような中で、札幌軟石の魅力の再確認に取り組んでいる「札幌建築鑑賞会」が「札幌軟石文化を語る会」の協力で、「札幌軟石発掘大作戦」という調査活動を平成一七～二七年（二〇〇五～二〇一五）の一〇年間行い、札幌市内において、三二一七棟の建物を確認した。建物は基本的に築五〇年以上で、その内訳は、蔵・倉庫二〇二棟、住宅五五棟、店舗・

上：写真 12　札幌軟石の建物①（日本基督教団北 1 教会：明治 37 年築）　下：写真 13　札幌軟石の建物②（札幌市資料館：大正 15 年築）

事業所一九棟、サイロ二〇、その他一一棟で、平成二七年（二〇一五）時点でそのうち三八棟が解体されたという。[15・16]

札幌軟石は他の石材に比べて加工が容易である点から、建物以外に門柱・塀・煙突・敷石・灯籠・狛犬や地蔵などの石像物、各種石碑の台座などさまざまな用いられ方がなされてきた。さらに、解体された建物に使用されていた軟石が、塀や縁石に再利用されることも多い。つまり、札幌軟石は、札幌の「地産地消」「リサイクル」「歴史の記憶」という現代社会のキーワードに沿った素材とも言える。[17・18]

【代表的な建造物】現存する建物で最も古いものは、明治三一年（一八九八）年に札幌市中心部の大通西二丁目に建てられた「札幌電話交換局」で、昭和四〇年（一九六五）年に愛知県犬山市の明治村に移築され、昭和四三年（一九六八）に重要文化財に指定されている。その他の代表的な建物としては、明治三七年（一九〇四）建築の日本基督教団北一条教会（中央区北一条東一丁目、登録有形文化財、写真12）や大正一五年（一九二六）建築の札幌市資料館（旧札幌控訴院　札幌高等裁判所、中央区大通西一三丁目、登録有形文化財、写真13）などがある。

おわりに

札幌軟石は、札幌市の地質・地形環境の特色とそれに関わる人々の営みの歴史の一端を語るものとして、重要なアイテムである。しかしながら、その採掘や利用に関する情報収集や調査はもとより、その保存や活用も地域住民や民間団体によって行われているのが現状である。札幌軟石は、現在の一九〇万都市札幌の近代から現代にいたる歴史と大きく関わり、関連する文化は、将来にわたり、保存・継承する必要がある文化財としての価値を十分有している。今後の採掘や利用に関する情報収集や調査、さらに保存・活用に関しては、文化財的観点からの対応が不可欠であり、関係機関および関係者の積極的な取り組みを望むところである。

註

(1) 前田正憲編『神明石切り場跡Ⅳ　バッコ沢牢屋跡遺跡Ⅱ　日枝社通遺跡　福山城(天神坂)』松前町教育委員会、二〇一一年、七～一五頁。
(2) 田原良信『五稜郭』日本の遺跡二七、同成社、二〇〇八年、二〇頁。
(3) 松田義章「建材としての溶結凝灰岩およびその他の北海道の石材」(『わが街の文化遺産札幌軟石』北海道大学総合博物館、二〇一一年、二八～三〇頁)
(4) 佐藤俊儀「北海道の軟石文化」『札幌軟石情報発信サイト』(札幌建築鑑賞会・札幌軟石文化を語る会・札幌軟石まつり実行委員会ホームページ)。
(5) 札幌市史編集委員会「第六章　鉱業　札幌の鉱業」(『札幌市史　産業経済篇附自然環境篇』札幌市役所、一九五八年、五五三～五五七頁。
(6) 松田義章「『札幌軟石』発見及び採掘の濫觴に関わる諸問題」(『わが街の文化遺産札幌軟石』北海道大学総合博物館、二〇一一年、三三〜三四頁)。
(7) 大蔵省「物産　鑛物　札幌本廰」(『開拓使事業報告第三編　物産』一八八五年、六三八〜六四八頁)。
(8) 松田義章「『札幌軟石』発見及び採掘の濫觴に関わる諸問題」(『わが街の文化遺産札幌軟石』北海道大学総合博物館、二〇一一年、三四頁)。
(9) 石山開基百年記念実行委員会『郷土誌　さっぽろ石山百年の歩み』一九七五年、三八頁)。
(10) 石切山街道まちづくりの会「札幌軟石物語」『札幌軟石情報発信サイト』(札幌建築鑑賞会・札幌軟石文化を語る会・札幌軟石まつり実行委員会ホームページ、二〇〇四―二〇一一年)。
(11) 札幌軟石文化を語る会・札幌建築鑑賞会「『札幌軟石』いま昔―採掘と運搬の歴史―」(『わが街の文化遺産札幌軟石』北海道大学総合博物館、二〇一一年、三五〜四〇頁)。
(12) 常磐開基百年記念編集委員会『常磐開基百年記念誌』常磐開基百年記念事業実行委員会、二〇〇二年、一九五頁。
(13) 石山開基百年記念実行委員会『郷土誌　さっぽろ石山百年の歩み』一九七五年、三一〜三八頁)。
(14) 軟石未来プロジェクト「授業を発端に学生たちの軟石プロジェクト誕生」(『もっと知りたい札幌軟石』二〇一五年、六八〜七〇頁)。
(15) 杉浦正人・水野信太郎「地域資源としての札幌軟石に関する考察―札幌市における建物の分布をとおして―」(『北翔大学北方圏学術情報センター年報』七、北翔大学、二〇一五年、一〇九〜一二二頁)。
(16) 札幌軟石文化を語る会・札幌建築鑑賞会「札幌の石造建築文化――町のなかに息づく札幌軟石」(『わが街の文化遺産札幌軟石』北海道大学総合博物館、二〇一一年、四一〜六〇頁)。
(17) 札幌軟石文化を語る会・札幌建築鑑賞会「札幌の石造建築文化―街のなかに息づく札幌軟石」(『わが街の文化遺産札幌軟石』北海道大学総合博物館、二〇一一年、六一〜六三頁)。
(18) 軟石未来プロジェクト「建物以外の札幌軟石」(『もっと知りたい札幌軟石』二〇一五年、六五頁)。

二 山形県高畠町における伝統的石切り技術と石材利用

北野博司

はじめに

高畠石（たかはたいし）は、山形県東置賜（おきたま）郡高畠町で産出する凝灰岩の総称である。現在、採掘はストップしているものの、近年まで手掘りによる伝統的な採掘技術が伝えられてきた稀有な土地である。かつては日本のどこでも見られた生業としての石切りは、高度経済成長期の機械化やコンクリート系資材の普及、地域の産業構造の変化に伴って急速に衰退した。

近代において、凝灰岩や砂岩等の軟質石材は土木建築資材・生活用具など多様に加工され、地域の産業を支えるとともに、土地の自然環境と合わせ個性的な石の町の風景を形作ってきた。

これら石材産地では、近代の産業遺産を保存するため採掘道具の一部を収集したり、石工へのインタビューがなされてきたが、石切り場跡や無形の技、町並みの記録は十分されないままですでに消滅・変容してしまった所も少なくない。

その中にあって、高畠町は近代の石材産業の姿が比較的良く残されてきた地域といえる。筆者らは平成二一年度から高畠町で継承されてきた伝統的採掘技術と集落景観の調査を、大学と町教育委員会、住民らで組織した「高畠石の会」が共同で行った。本稿では、それらの成果に基づき(1・2・3)、高畠石の生産と石材利用の実態を地域の自然や社会との関わりに注目しながら紹介していきたい。

1. 高畠石の生産

採掘の歴史

高畠町のある置賜（米沢）盆地の東縁は、凝灰岩を基盤とする丘陵が南北にのび、複雑に入り組んだ山麓部に集落や耕地が形成されている。

縄文草創期の洞窟岩陰遺跡が集中するように、凝灰岩が里山や山間部各所で岩塊となって露出する。中世には石仏や石塔、磨崖板碑などが生産され、近世に入ると一八世紀前半から石鳥居の建立がみられるようになった。近代に続く定型的な石材の採掘は、遅くとも一九世紀初めには始まっている（大笹生A家普請帳）。

大笹生は高畠町の石切り発祥の地とされ、その採掘技術は置賜盆地北部の赤湯方面から来たという伝承がある。集落内にある嘉永五年（一八五二）銘「石番小屋」には六名の細工石工の名が刻まれ、明治三年（一八七〇）の「高家数人別家業并牛馬取調書上帳控」（高畠町蔵、以下「人別帳」と略）では、周辺集落で農業兼石工が二一戸を数える。幕末頃には、兼業とはいえ地域の重要な産業となっていたことがわかる。

明治末の帝国議事堂建設用石材の全国調査（『本邦産建築石材』）では、大笹生が高畠町の代表的丁場として紹介され、石工五〇人・人夫七〇人と規模を大きくしている。大正八年（一九一九）の「役石取立帳控」（大笹生A家蔵）にも、石工三一人とみえ、明治末～大正期にかけて石工が増加し、丁場が隆盛をむかえたことがわかる。

大笹生では地表に露出した岩塊から採掘する「ワッカケドリ」が主で、明治になってから岩盤を掘り下げる「ホッキリ」が始まったが、石材の制約から大きな丁場には発展せず、昭和一〇年（一九三五）頃に三人、戦後は一人と衰退した。一方で、大笹生からは幕末～明治に町内東側に技術が派生し、慶応元年（一八六五）に沢福等丁場、次いで味噌根丁場や高畠（羽山）丁場が開発された。大正一二年に沢福等の石工が移動して採掘が始まった瓜割丁場は、平成二二年（二〇一〇）に最後の手掘り石工が引退して高畠石採掘の幕が閉じられた場所でもある。

高畠町は「フルーツの里」としても知られ、戦後は石材の豊富な丘陵斜面のぶどう畑開墾が盛んとなり、同時に間知石需要の高まりに呼応し、石切り家業が隆盛を迎えた。間知石採りには多くの農家が農閑期の副業として従事した。一方で、ホッキリによる角石採りはある程度修行がいる技術であり、一定期間の専業的な労働が要請された。石工数は瓜割丁場では戦後復員による労働者を抱え込み、約四〇人と活況を呈したと伝えられる。石切組合の「控え帳」によれば、昭和二九年で二三人が地主に地代を納めており、その数は昭和四五年に一八人、昭和四九年に七人と、こ

1:大笹生石 7:金原石
2:細越石 8:瓜割石
3:羽山石 9:二井宿石
4:味噌根石 10:長岩石
5:沢福等石 11:高安石
6:西沢石 12:海上石

上：図１　高畠石の主要な丁場　下：図２　瓜割丁場（画：吉川千賀子）

の頃急速に衰退した。

石工らによれば、その間の変化には米価高騰の影響、現金収入を得るための東京近郊への出稼ぎ、セメント系資材の普及や建築基準法改正（木造住宅における鉄筋コンクリート布基礎化）による石材需要の低迷、後継者のサラリーマン化などが背景にあったとされる。

石切り丁場

近代には「一二八（いちにいはち）」と呼ばれる棒状の角石と、護岸・土留用のいわゆる間知石が採掘された。角石がまとまって採掘された主な丁場は、大笹生・細越・羽山・味噌根・沢福等・西沢・金原・瓜割・二井宿・長岩・高安・海上の計一二ヵ所があげられる。これらの丁場は高畠町中心部の北東側、屋代川流域、二井宿街道周辺に集中し、集落単位といえるほど数が多い。他にも個人所有の土地で採掘した小規模な丁場が多数あり、中小の丁場が分散的に経営されたのが高畠石の特徴といえる。

『本邦産建築石材』によれば、明治末年、最も採掘が盛んだった大笹生丁場の規模は四丁歩で、年間採掘量は五〇〇〇〜六〇〇〇才、首都圏の需要を支えた栃木県宇都宮市の大谷石が五〇丁歩余六〇〇〇〇〇才、千葉県富津市の房州（金谷）石が六丁歩余六五〇〇〇才。両者とは比べる余地もないが、同じ山形県山寺石（山形市山寺）でも一〇丁歩三〇〇〇〇才とあり、高畠石は県内でも大きな丁場ではなかった。

なお、農家の農間稼ぎでもあった間知石採りは、大笹生・西沢に近い西田津刈、二井宿の藤松山など、角石丁場の周辺に多数存在し、土地所有者や「親方」が経営者となって採掘が行われた。

採石技術

手掘り採掘には、転石を割り採る「ワッカケドリ」とツル（鶴嘴）で溝を切る「ホッキリ」があった。角石は明治期以降、基本的にはホッキリによって採られ、丁場はすべて露天掘りの形態をとった。生産の終盤に羽山や西沢丁場では溝切り機械を導入したが、長くは続かなかった。昭和四九年に宮城県の業者が行った瓜割の地下採掘も、石に含まれる硬質の「金石（かないし）」のせいで刃が飛びやすく、採算がとれずに撤退した。

高畠石の定尺一二八（断面寸法一尺二寸×八寸）は、ホッキリが始まってから長さ六尺＝一間（一本約三〇〇キログラム）が基本となった。採掘が古く、ワッカケドリを行っていた大笹生集落では六尺以上の角石を多く見かけることができる。土蔵基礎には、「五十（ごうとう）」（断面一尺五寸×一尺）と呼ばれる太い材が用いられた。

上：写真１　ワッカケドリ（大笹生）　下：写真２　ホッキリ（瓜割）

大谷石や房州石の定尺はそれぞれ「五十」（五寸×一尺）、「尺三」（七寸五分×八寸五分）で、一本の長さが二尺七寸、三尺と短く、高畠石ではこれらの約四倍の体積・重量を有していた。

露天掘りでは風化の影響を受けた地表下約三メートルまでを捨石とするため、これを掘って平坦面を作り出す「盤付け」に多大な労力を要した。

角石切りには、①溝掘り→②石おこし→③石づくりの段階がある。[4]①はミゾヒキ（縦平刃）で溝道（幅二寸二分）を作り、ホッキリヅル（約五キログラム、柄は長約一〇〇センチ、イタヤカエデ）で一尺二寸五分幅に切っていく。②はケズリ（柄長約六〇センチ）とツツキ（片手ツル、柄長約三〇センチ）で矢穴をあけ、一八本前後の矢をゲンノウで打って石をはぎ取る。③は替刃式のサシバ（平刃、柄長約五〇センチ）で稜線を、アラケズリ（柄長約七〇センチ）で表面を仕上げる。

石工は午前中に①と②を終え、昼食後それぞれの鍛治小屋でツルの手入れをし、午後に③と翌日の準備にあたる小口の溝掘り等を行った。

運搬と流通

採掘した石材は、山の丁場から石置場まで人力で運搬した。山出しは丁場の平坦地では石材の下部に丸太を置き、梃子の原理で押し出す方法と、丸太の端材を敷き、石を乗せた梯子状の「土ぞり」に廃油を塗って滑らせる方法があった。斜面では一本の雑木をL字型に曲げて石材を載せ、針金で固定した簡易的なソリを用いて、石落とし道を滑り落とした。沢福等や瓜割では、石敷きの石落とし道が残っている。

採掘した石材がある程度貯まると、まとめて山出しを行った。石工自らが行うほか、他の石工や家族が手伝うこともあった。大笹生丁場では、「オニヘイ」と呼ばれる山出し専門の職人がいたという。大笹生では、山出しされた石材は道路に近い「サキダシ」と呼ばれる測尺場まで運ばれ、石工ごとに数量や大きさの計測をした後、大八車（だいはちぐるま）や馬車で、戦後はトラックで運搬し、遠方へは舟や汽車を用いた。味噌根丁場では屋代川までトロッコが敷設され、沢福等丁場では、大正一三年の高畠鉄道の開通に伴い、引き込み線で石材を運搬した。このため高畠石の流通は、高畠町や隣接する米沢市・川西町・赤湯町など、鉄道や舟で運搬が可能な置賜地方に限られた。

石工の就業形態と収入

石工には、山で角石を切る「イシキリ」と間知石などを採る「ヤマダシ」「イシトリ」、里で角石を門柱や鳥居などに加工する「イシコウ」があった。「石屋」は仕事を受注し、石材の手配や加工、施工を行った。イシキリには専業と兼業があり、ヤマダシ・イシトリは比較的技術が容易なことから兼業の石工が行った。

大笹生丁場周辺の明治三年「人別帳」では、石工の記載がある二一戸はすべて「農業兼石工」とあり、当初から石切りは兼業で行われていた。その石高をみると、石工は一戸あたり平均五・七石で、他の農家の平均一〇・八石に比べて約半分と少ない。高畠の石切りは、当初から農家の収入を補う生業の一つとして始まったことがうかがわれる。

角石を切り出すイシキリは一般に五～一〇年の修行が必要とされ、一日一本採ると一人前といわれた。今高齢の元石工たちは親について一〇代半ばから仕事を始めている。

専業のイシキリは冬場の米の確保に苦労したといい、特定農家やグループから米を貰い、春に石で返した。米一俵に対して、「一二八」一〇本と交換した。石工たちは、当該農家を旦那場として貯まった石を加工して稼ぐことができた。米と石との交換レートは戦前から継承されたが、米価が高騰してその関係が崩れると、専業石工のなかには水田や果樹畑を購入して兼業に移行する例もみられた。全体として現金収入が得られる生業への志向がみられ、石工は割のいい仕事とは認識されていなかった。

採掘は丁場の土地所有者に山代（やまだい）（採掘料）を支払い、場所は先着順で決定した。戦後の瓜割丁場では山代を半石半金で納める場合もあって、土地所有者のもとに石材が集積されていった。

石工は、大正期まで基本的に受注・運搬・施工を一人で行った。戦後は石の価格や馬車引きとの仲介など、丁場ごとに組合を作って取り決め、山の神講を行うなど互助的関係を結んだ。高畠石の丁場は年代が下っても機械化や企業的な生産経営形態には移行せず、石工たちは世帯単位で加入する組合や講といった地縁的な共同体をベースとして活動した点に特色を見出すことができる。

安久津には、良質な石材産地―沢福等丁場を開いた石工・島津栄吉氏と販路拡大に貢献した石屋・遠藤友之助氏を称えた「石材記念碑」が建っている。これは、明治四四年に安久津在住の島津氏の弟子六人が中心となって建立したもので、建設にあたり土地は安久津とその近郊の八六名により分筆登記され、費用は地域住民五九名の寄付で賄われている。当時、地域にとって石切りが重要な生業となっていたことがうかがえる。

2. 高畠石の利用――二井宿街道の町並み

石材の利用実態とその動向を把握するため、石切丁場に近い二井宿（にいじゅく）街道沿いの集落（延長三・四キロ、住宅一七二戸）において、各戸が保有する高畠石の悉皆調査を行った。

最も多いのが、敷地内で用いられる土留石・境界石・敷石・基礎石である。その採用率は土留石が八七パーセント、境界石が八三パーセントときわめて高い。敷地側面に境界石として角石を並べ、時に二段「野積み」する風景は特徴的である。

敷地前面に置かれる門柱・石塀は、採用率二九パーセントと意外に低い。石塀は、板塀と組み合わせる板塀連結型、一二八と短い角石を格子状に交互に積み上げる混合型は明治期以前に作られたもので、石切り丁場の土地を所有する地主か、または広い農地を有する大地主であることから、石塀は当初は有力家のシンボルとなっていた。

短い角石を挟んで透かしをもつ一部混合型や、モルタル等により角石を積み上げる整形型がある。前者は大正期以降、後者は明治から現在に至る。注目されるのは、額縁加工をもたない一二八の野積み型（三段以上）である。この三つは、昭和四〇年代以降の主屋等の建て替えに伴って造られたものが多く、高畠町に特徴的な野積み型は前身主屋の基礎石等を転用したものである。

一般の住宅は今も一部残る「うこぎ」の生け垣であって、石塀は昭和四〇年代以降に広がったといえる。地主層のシンボル的存在である石塀へのあこがれ意識を背景に、主屋等の建て替え（基礎石の余剰）を契機とし、道路改良（路面の嵩上げ）による雨水対策や除雪車の排雪対策も兼ねて、敷地前面に石が積まれるようになっていった。

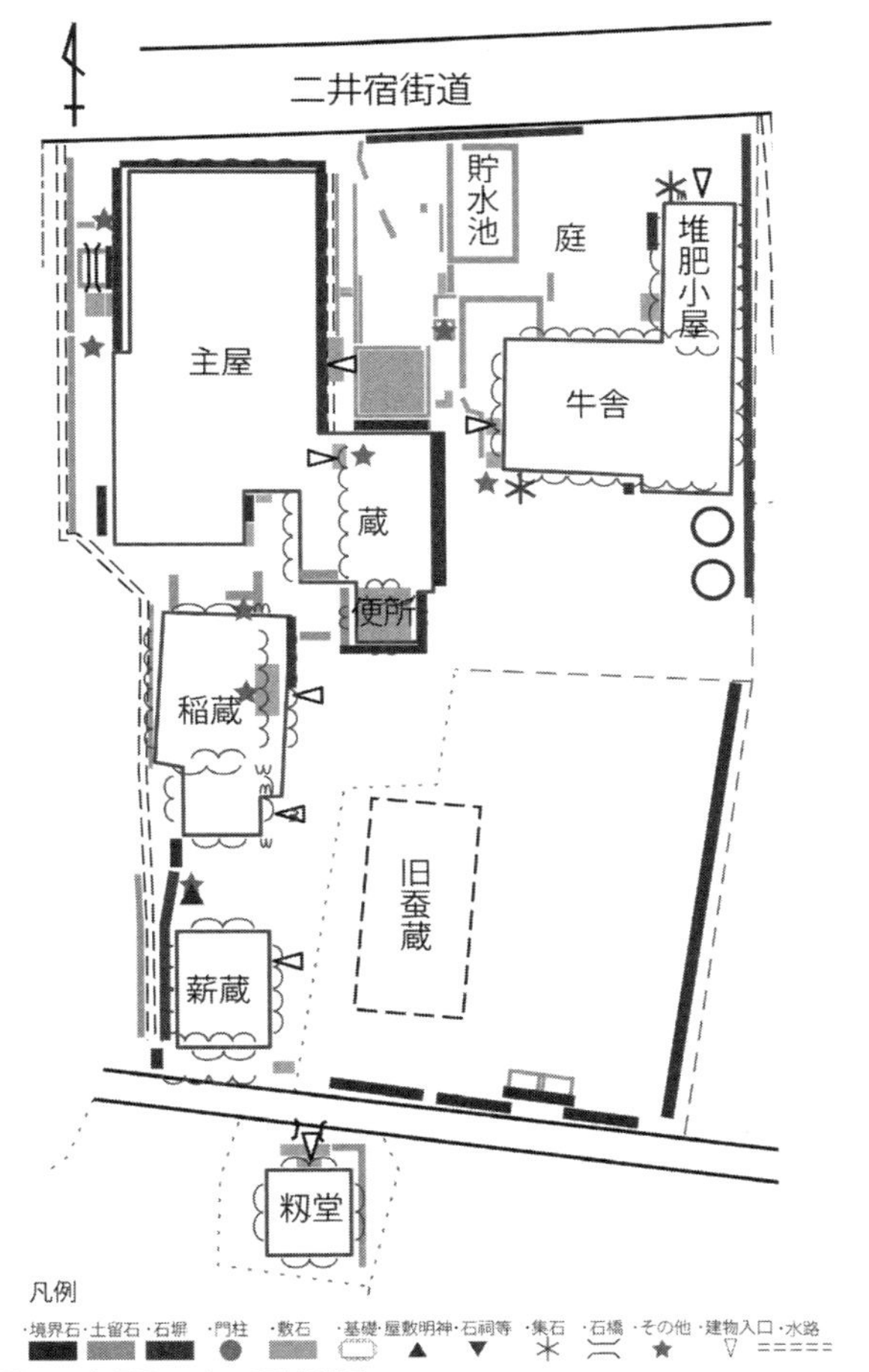

図３　鳥居町Ｂ家の石材利用

境界石や野積みの石塀は「貯石」の意味合いがあり、必要な時に石を米やお金に換えたり、建築資材にした

板塀連結型

混合型

一部混合型

整形型

野積み型

境界石

写真３　宅地を囲む石塀と境界石

りした。敷地内に不要になった石材をストックしておく「集石」とともに、資源を持続に利用する側面もあった。

なお、ここでは蔵は土蔵造りで、全国の凝灰岩産地に顕在化する石蔵は戦後に建った三棟しかない。いずれも福島市から昭和一九年（一九四四）に移住した石工山田氏とその弟子により、昭和二〇～五〇年に建てられたものである。

建築・土木用以外では、生業（サイロ・堆肥場・牛繋ぎ石・家畜の餌入れ・水溜め・果樹園の支柱など）、生活（旗竿石・石風呂・流し・炉縁（ろぶち）・井戸側・火鉢・石臼・台石・重石・消炭入れ・どんづき・休石など）、庭園（なつかわ・手水鉢（ちょうずばち）・灯籠・景石など）、信仰（鳥居・石祠・石碑・石塔・石仏・ヒデ鉢・墓石など）での利用がみられた。

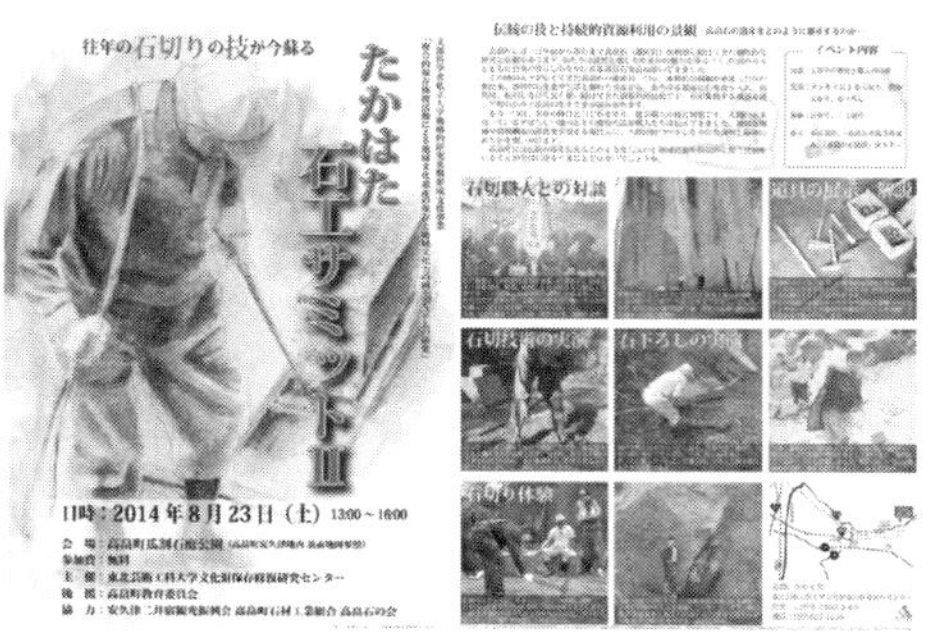

写真４　たかはた石工サミット

酪農が盛んだった名残として、円筒形のサイロや角石を積んだ堆肥場を今も見ることができる。高畠町で酪農は明治三三年（一九〇〇）に始まり、大正九年（一九二〇）に初めて鳥居町Ｂ家で石造サイロが建築された。サイロは直径七尺・高さ一〇尺で、昭和一四年に石工の山田武七によって南側にもう一棟増設し、二棟が連結する形式となっている。酪農が衰退して解体されたサイロの部材は重石や台石に、スライスして公園の敷石にも利用された。

住宅内にあった石臼や火鉢などの小型製品は敷地境界の傍示や庭の景石、植木鉢に転用される。

おわりに

高畠石は遅くとも江戸後期に大笹生丁場で角石生産が始まり、その技術は石工の移動により東方に拡散していった。石切りは農地を持たない専業者や農業収入を補う兼業によって行われたが、その収入は安定した生活には十分とはいえず、昭和四〇年代以降、社会変化に伴い急激に衰退した。

しかし、地域内では地元石材の利用、転用・修理の習慣が根付いており、安価な大谷石や工業製品への置換は進まなかった。そのため、手掘り採石は平成に入るまで細々と続き、町並みには高畠石が露出する個性的な景観が形成されていった。

もとより、各丁場は盆地内の他産地とともに置賜地域の需要を満たす生産規模であり、丁場の小規模分散的な開発を促した自然条件や社会条件は、他の凝灰岩産地で起こった企業化・機械化の抑制要因になったとみられる。石工たちは、丁場ごとに組合や講による共同体を築いて伝統的な手掘り採掘を継続した。

大谷石や房州石、伊豆石が三尺という運搬に適したサイズを定尺としたのに対し、高畠石は一二八の六尺という大きな角石を切り続けた。この角石は、石工から丁場地主への採掘料の支払いや米との交換など金銭に代わるものとして通用し、富の象徴的な存在として地域の中で独自の価値を築いていた。

註

（1）北野博司・長田城治ほか『高畠石の里をあるく』東北芸術工科大学、二〇一四年。

（2）北野博司・長田城治「地域の自然利用技術と知恵が育む個性的な文化遺産——高畠石の採掘と利用の歴史から」（『「複合的保存修復活動による地域文化遺産の保存と地域文化力の向上システムの研究」研究成果報告書』東北芸術工科大学、二〇一五年、三四一—三七〇頁）。

（3）北野博司ほか『高畠町の鳥居』東北芸術工科大学、二〇一五年。

（4）高柳俊輔「高畠石の石切り技術」（『研究紀要』七、山形県埋蔵文化財センター、二〇一五年、七七—九六頁）。

三 栃木県宇都宮市の大谷石
――産業・建築・地域における生きられた素材

安森亮雄

はじめに

栃木県宇都宮市は大谷石（おおやいし）の産地である。大谷石（写真1）は、凝灰岩の一種で、柔らかく多孔質で、「ミソ」と呼ばれる茶褐色の斑点があるのが特徴であり、建築家フランク・ロイド・ライトが設計した旧帝国ホテル（一九二三年）に使われたことでも知られている。宇都宮市やその周辺には、大谷石で作られた石蔵や建築が数多く存在する。

また、大谷町では現在も採掘が続けられ、石材が建物の内外装材や加工品として使われるとともに、石切場の跡地の活用も進められている。そこでは、石切や石工の職人が石を刻み、人々が石蔵や石造の建物を使って暮らし、それらが蓄積して都市と風景が形成されており、過去から現在まで繋がる時間と空間の中で、大谷石という素材は生きられてきた[1]。

本稿では、採掘という産業からみた石切場とその空間、素材として使われた建物と町並み、およびそれらの空間資源の継承や活用などの地域の取り組みについて、これまでの知見をふまえて考察する。

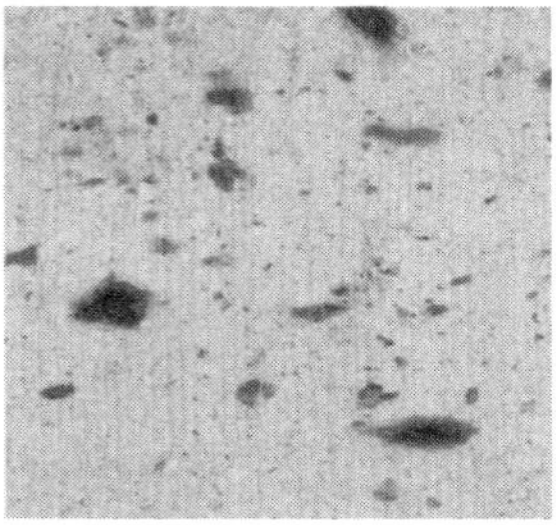

写真1　大谷石

1．大谷の歴史と石切場

大谷の歴史

大谷石と人々の関わりは縄文時代に遡り、古代人の住居であった大谷寺洞穴遺跡から土器や石器が発見されている。[2] この遺跡と隣接して、岩壁に彫られた日本最古の一〇体の磨崖仏（まがいぶつ）があり、千手観音像は、この地を訪れた弘法大師が平安時代（八一〇年）に制作されたとされる（国特別史跡、重要文化財、名勝天然記念物）。これを本尊とする大谷寺（写真2）は、鎌倉時代以降、坂東三十三観音の一九番目の札所となり、巡礼の地となった。また、大谷の一帯には自然の風化でできた奇岩群があり、なかでも越路岩や御止山は「陸の松島」とも呼ばれた景勝地であった（名勝天然記念物）。

このように、大谷では古くから自然の地形と人間の営みが重なり、また各地から巡礼者や観光客が訪れていた。そのため、「大谷石」という名前も、石切場周辺の旧地名である城山村荒針（あらはり）から取るのではなく、もともと信仰や景勝の地として知られていた大谷から名付けられたとされる。

採掘業と石切場の空間

大谷石は、古くから生活用途に使うために採掘されてきたと考えられるが、江戸時代に入ると、農業の副業として現金収入を得るために「農間渡世」として石切をする者が現れる。江戸中期には、石切職人仲間が結成され、それを統括する専門職としての石切棟梁が現れた。石切場は、地上に露出した石を掘る「露天掘り」が古い形態である（写真3）。掘り方は、地面を一段ずつ掘り下げていく「平場掘り」であったが、質のよい地層をめがけて横に掘る「垣根掘り」の技術が、明治末期から大正初期に伊豆（伊豆石）から伝わり、石切職人が入る背丈の高さを掘り、そこから平場で掘り下げるのが一般的になった。これにより、石切場は地下の「坑内掘り」となってゆく（写真4）。

昭和半ばになると、人件費向上による価格上昇を抑え、生産性を向上させるために、大谷石材協同組合により採掘の機械化が研究された。昭和三二年に採掘機の実用化に成功、昭和三五年頃には全採掘場で平場掘りが機械化され、その後、垣根掘りも機械化された。これにより、大谷石の生産は飛躍的に増大し、採掘業者は昭和四五年に一一九業者、採掘量は昭和四八年に八九万トンに達する（図1）。この機械掘りの技術は、大谷から、房州石の産地の千葉県金谷や秋保石の産地の宮城県仙台に伝わり、産地間の技術の伝播がみられる。また、地下の石切場では、落盤を避けるために、柱を残し、天盤の厚みを定めるなどの業界自主基準が制定された。現在、約二五〇箇所の石切場が残り（図2）、七ヵ所が操業している（露天掘り一ヵ所、坑内掘り六ヵ所）。

こうした採掘における技術的な経緯が、現在の石切場の景観を形成している。石切

上：写真２　大谷寺　中：写真３　露天掘り　下：写真４　坑内掘りの石切場

場の跡地を展示公開している大谷資料館では（昭和五四年開館、写真5）、深さ三〇メートル、広さ二万平方メートルにおよぶ地下空間が圧巻であるが、残された石の列柱や、手掘りから機械掘りへと変化する壁面のテクスチャー（写真6）、地上から差し込む光が、他にはない独特な印象を与える。こうした空間が魅力となり、開館当初から、舞踏や、美術展、映画撮影などに利用され、近年も多くの観光客を集めている。

掘り出された大谷石が、ソリッド（量塊）なポジ（実）の存在とすれば、産業の結果としてできた石切場は、ネガ（虚）

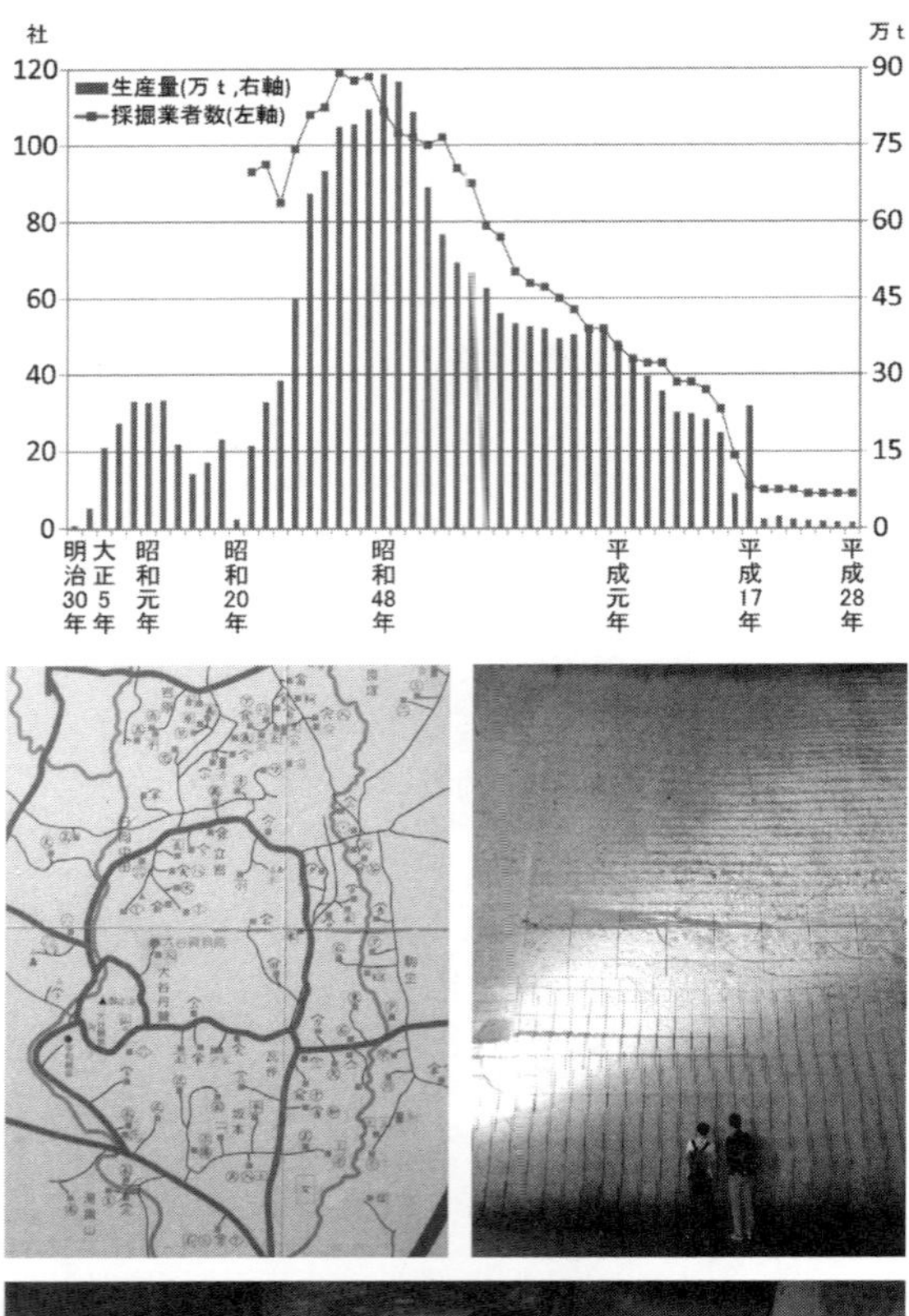

上段：図1　大谷石の採掘業者と採掘量の推移（大谷石材協同組合の資料をもとに筆者作成）　中段左：図2　石切場の分布（大谷資料館展示より）　中段右：写真6　石切場の壁面　下段：写真5　大谷資料館

としてのヴォイド（空隙）である。意図されずにできた空間でありながら、そこは、人間が太古に暮らした洞窟のような初源的な空間を思い起こさせる。こうした空間が魅力となり、開館当初から、舞踏や、美術展、映画撮影などに利用され、近年も多くの観光客を集めている。

2．大谷石の町並みと建物の類型学（タイポロジー）

大谷石の町並み

宇都宮市内には、現在でも、多くの石蔵や石の建造物がみられる。特に、市北部の農村集落では、蔵や納屋が農業用途で使われたことで、大谷石の建物と石塀が連続する町並みが形成された。これらの集落について、宇都宮大学安森研究室とＮＰＯ法人大谷石研究会は共同して、平成二四年から調査してきた[3]（図３）。なかでも、徳次郎町西根地区は、日光街道の徳次郎宿の一部であり、かつて大谷石と同じ凝灰岩の一種である「徳次郎石（とくじらいし）」が産出した。宇都宮市近辺の凝灰岩を総称して「大谷石」と言うこともあるが、大谷以外では地区ごとに呼び名があり、材質もそれぞれ特徴がある。徳次郎石は、「ミソ」がなく、青みがかり、均質で細工に適しているため、彫刻や石瓦などに重宝された。かつては多くの住民が石工や採石業を営み、また、

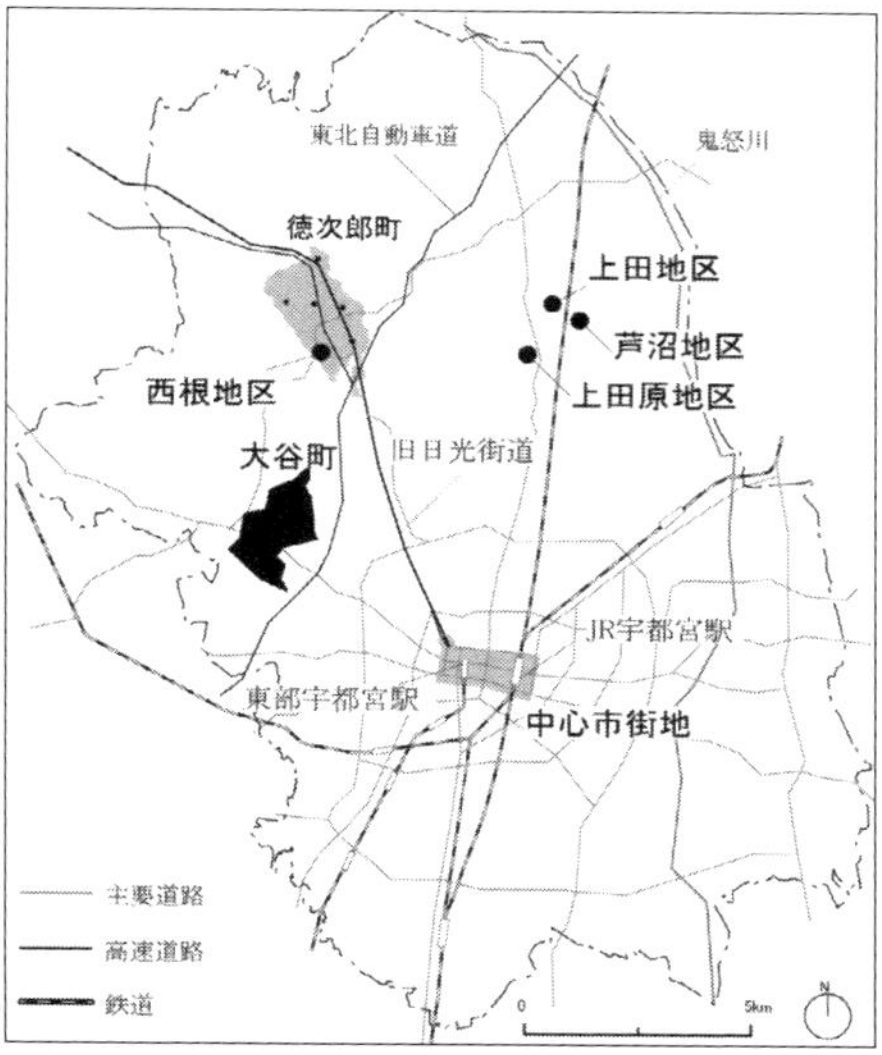

図３　宇都宮市内の大谷石建物が集中する地区

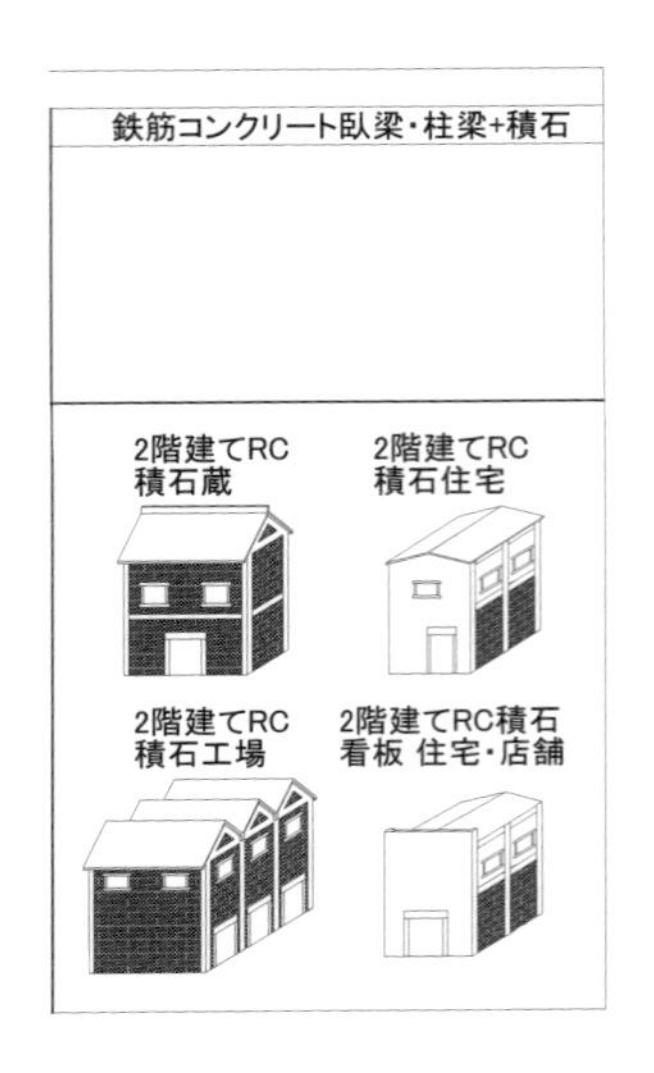

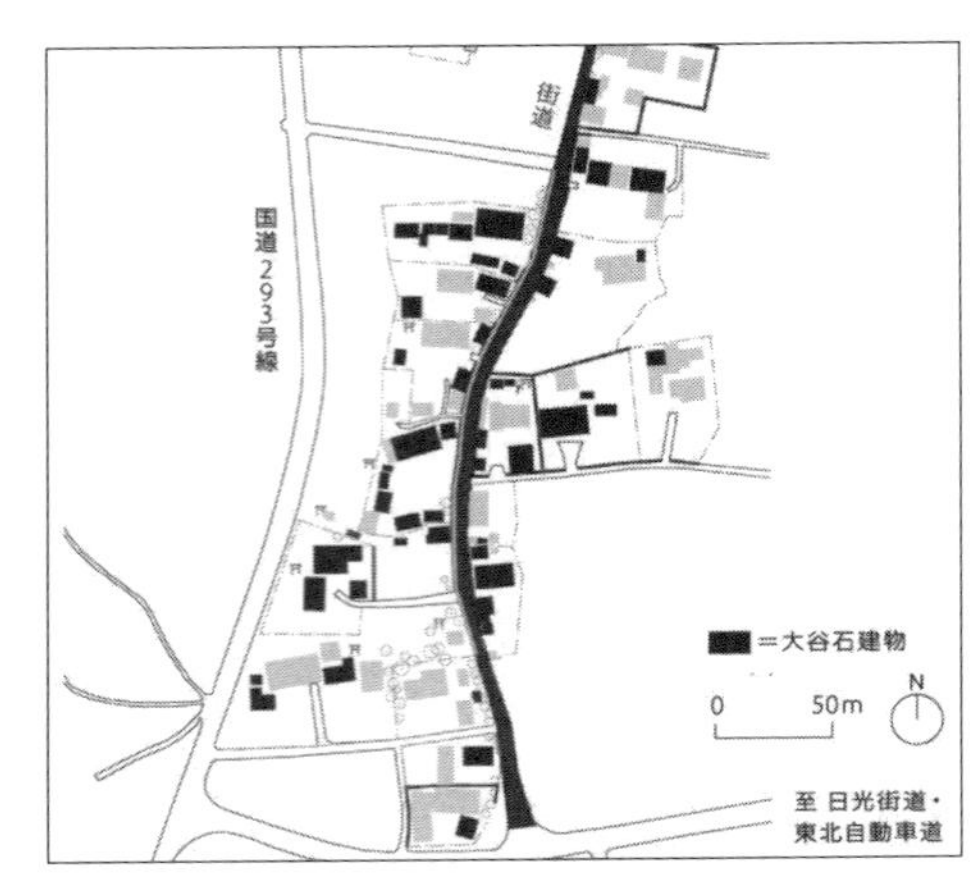

上:図4　徳次郎町西根地区の大谷石建物の配置　下:写真7　徳次郎町西根地区の町並み

火災が多く発生したため、防火性の高い石造の建物が普及し、石の町並みが形成された（図4・写真7）。現在でも、街道沿いの建物のうち約六割にあたる六二棟が石造の建物である。

一方で、市の中心市街地では、石蔵等の大谷石建物は敷地の奥に点在し、連続する町並みが形成されることは稀であるが、やはり貴重な景観要素となっている。栃木県建築士会宇都宮支部が、平成一三年に調査し、三〇〇棟以上あることが把握されたが、近年、建て替えや所有者の世代交代により減少しており、宇都宮市都市計画課のもと、建築士会が再調査、安森研究室が分析し、景観の継承を検討している。

大谷石建物の類型学

こうした調査をもとに大谷石建物のデータベースを作っており、その分析から明らかになった特徴について解説する。

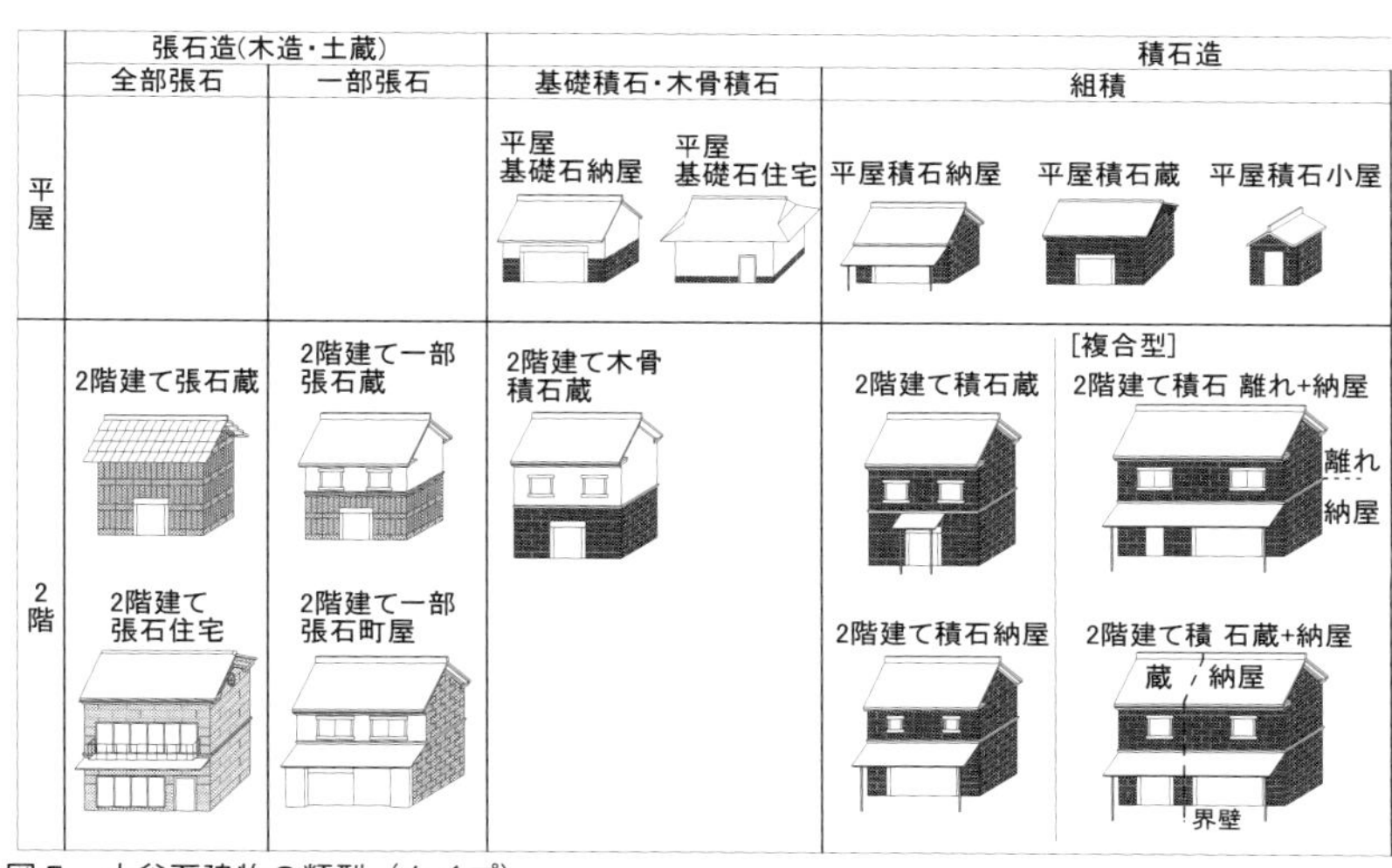

図５　大谷石建物の類型（タイプ）

まず、建物の構法は、大きく「張石（はりいし）」と「積石（つみいし）」に分けられる。「石造の建物」と聞くと、現在では、石を積む組積造（そせきぞう）を思い浮かべるが、江戸後期から大正初期までの古い石蔵は、木造の軸組に石を張った「張石」である。我が国には、昔から簡素な木造の板蔵があったが、江戸後期になると、防火性を高めるために、土や漆喰を外壁に塗った土蔵が出現する。宇都宮近辺では、防火性に優れた大谷石を張ったのが、石蔵の起源である。通常、厚さ二寸〜三寸程度の薄板が鉄釘で留められている。これに対して「積石」は、明治の近代化以降、西洋のレンガ造や石造の建物が輸入され、輸送手段が発達してからのもので、主に大正期以降にみられる。長さ三尺、高さ一尺、厚さ五寸（五十石（ごとういし））から六寸（六十石（ろくとういし））が定尺で、この寸法で石切場で整形掘りされるのが、大谷石の特徴である。また、建物の階数は、平屋と二階建てに分けられる。さらに、建物の用途は、財産を収めるための蔵や、農作業や器具庫として使われる納屋（なや）が多く、住宅や離れもみられる。これらの特徴が共通するものとして、大谷石建物の類型（タイプ）がみえてくる（図５）。

まず、「二階建て張石蔵」は、明治後期から大正初期の古いものが多く、屋根が石瓦（写真８）で葺かれたものが各地区に数棟ずつ

図６　徳次郎町西根地区の連続立面図

上：写真８　石瓦　下：写真９
窓周りの装飾

現存する。蔵は一種のステータスであるため、窓周りに吉祥図など凝った装飾を施すものもある（写真９）。こうした古い蔵は、敷地の奥にあり、奥行きのある町並みを形成する。西根地区では、石の産地ならではの特徴として、石を張った「二階建て張石住宅」がみられる。

　これらの稀少な張石の建物に対して、積石は数多く存在する。なかでも「平屋積石納屋」は、宇都宮近辺で「雨屋」と呼ばれるもので、間口が広く、大きな庇を張り出し、農作業などで半外部的に用いられ、長期にわたり作られてきた。また、「二階建て積石蔵」は、最も一般的な石蔵であり、石を積む構法が石塀と同じであるため、しばしば塀と一体的に作られ、石造の連続的な町並みが形成される（図６）。上田地区や芦沼地区では、蔵と納屋が界壁で一体化したものや、納屋の二階が離れとなっている「複合型」の類型があり、昭和半ばの農地拡大期に大規模な建物が建設された。これらの積石の仕上げは、つるはしで斜めに筋模様を付けた「ツル目」が、昭和三〇年代までの手掘りの痕跡を示すもので、機械掘りになるとチェーンソーの目に変わる。ビシャンや表面研磨などのより丁寧な仕上げもみられる。

　さらに、中心市街地では、隣地側が防火壁となっている「二階建て張石町屋」や、昭和半ばの建築基準法施行以降に建てられた、鉄筋コンクリート臥梁付きの積石造などの多様な建物もみられる。

　このような時代や地区に応じた大谷石建物の類型は、地域の暮らしや生業の中で時間をかけて形成されてきたものである。こうした類型学は、私たちが現在見ている建物の特徴から、それができた背景や仕組みを読み解き、人々によって生きられた空間と時間を、もう一度立ち上げる作業といえる。

3. 地域における多様な取り組み

これらを継承しつつ、新たな可能性を拓く取り組みについて紹介する。

宇都宮大学キャンパス

ここまで見てきたように、大谷石の産業は今も続き、その建築が残っている。

筆者が所属する宇都宮大学のキャンパスでも、大谷石の保存と活用に取り組んでいる。大正一一年（一九二二）に創立された宇都宮高等農林学校を母体とする峰町キャンパスでは、創建時に「フランス式庭園」が作られた（写真10）。キャンパス計画の中心的役割を担うとともに、造園を学ぶ教材としても使われ、舗道や鉢植えが大谷石でできている（国登録記念物）。それに隣接する旧図書館書庫(4)は、貴重な書物を収蔵するという点で学校の蔵にあたり、大谷石で作られている（写真11）。大正一三年築の組積造と、昭和三二年増築の鉄筋コンクリート造柱梁に大谷石を積んだ二棟からなり、近代産業倉庫の意匠の影響がみてとれる。近代技術者の養

上：写真 10　宇都宮大学　フランス式庭園　下：写真 11　宇都宮大学　旧図書館書庫

上：写真12　宇都宮大学　ＵＵプラザ　中：写真13　震災がれき大谷石の再利用による休憩所　下：写真14　宇都宮大学　陽東８号館改修エントランス

成の場が、地域の大谷石を用いて、西洋や近代の意匠で設計されたのは象徴的である。

これらのキャンパスの成立経緯をふまえて、現在の校舎のデザインも筆者が関わり設計している。フランス式庭園に面して建つ旧学生食堂を地域連携施設に改修した「ＵＵプラザ」（写真12）では、外部に大谷石を用いた縁側状のコリドーを設けた。このコリドーは建物の基壇として庭園の風景の一部をなし、旧図書館書庫や旧木造講堂（峰ヶ丘講堂、大正一三年築、国登録文化財）に至る動線になっている。手摺を兼ねた大谷石の壁面は庭園側と建物側に凹凸状に出入りし、スチール製の笠木がカウンターとなり、ベンチに座って数人が寛ぐことができる。

もう一つの陽東キャンパスには、「震災がれき大谷石の再利用による休憩所[5]」がある（写真13）。東日本大震災では、栃木県内で約二〇万トンの災害廃棄物が発生し、約半数が大谷石のがれきだった。一部は一般に無償譲渡されたが、多くは処理業者が回収し粉砕処理された。震災の記憶を留めるとともに、元々キャンパス内の喫煙所を統合する計画があったため、喫煙所の機能をもつ休憩所を作ることになり、大谷石のがれき約一五〇本を引き取り学生が主体となって施工した。こうした大谷石の廃材は震災に限らず、石蔵や石塀が解体される度に恒常的に発生している。古い大谷石は良質なものが多いため、再利用できるとよい。休憩所の外観は、石蔵を引き継ぐ屋根形を鉄骨で作り「小さな蔵」に見えるようにし、その屋根を囲むように、大谷石のベンチを「大きな家具」として作っている。

また、建築学科の校舎（陽東八号館）の改修[6]では、エントランスに大谷石の壁面を設けた（写真14）。地域の大学のシンボルであるとともに、帯状の石の段をすべて異なる仕上げにして教材としている。オープンな協働空間の中で、校舎自体を教材として学ぶ手段のひとつとして大谷石を用いている。

これらのキャンパスデザインでは、新旧の建物で大谷石という素材が呼応している。庭園や町並みに対応する「風景」と、身体に心地よい家具的な「居場所」という二つのスケールで、大谷石の素材感が時間と空間の連続性を創出しているのである。

写真15　地底湖ツアー（OHYA UNDERGROUND HP より）

石切場の利活用

石切場の跡地は約二五〇ヵ所あると先に述べたが、平成元年（一九八九）の落盤事故以降、負の遺産とみなされてきた。安全対策として、国・県・市の協力のもと地震計が九七ヵ所に設けられ、観測システムが整備されている。東日本大震災では被害はなかったものの、大谷資料館が一時閉館していたが、平成二五年四月に再オープンし、現在は多くの観光客で賑わっている。また、石切場の跡地に溜まる地下水は、これまで無用の長物であったが、近年、地域資源として見直す動きがある。地底湖を体験するボートツアーが「ＯＨＹＡ　ＵＮＤＥＲＧＲＯＵＮＤ」[7]の企画で行われ（写真15）、

写真16　大谷リノベーションの提案

石切場でのハイキングや食事会などの新しいツアーとともに人気を集めている。さらに、地下水の冷熱を活用したハウス栽培が実用化され、[8]「大谷夏いちご」の栽培やスイーツの販売が行われている。これらの観光や産業は、民間によって取り組まれている。

また、大谷の地域住民を主体とする活動も息長く続けられている。「フェスタｉｎ大谷」は、奇岩群のある大谷景観公園を中心に、毎年秋に開催される行事である。夜間ライトアップやプロジェクトマッピングも行われ、宇都宮市内で開催される国際自転車レース・ジャパンカップと同じ日に開かれ賑わいをみせている。また、石切場が第二次世界大戦の軍需工場として使われた記憶から、平和を祈念して作られた平和観音（昭和三一年開眼）の足下では、毎年の夏のお盆に「大谷石夢あかり」が開催され、キャンドル点灯やコンサートが行われている。

地域活性化と技術継承の取り組み

市の施策や大学の教育研究も、これらの取り組みを後押ししている。宇都宮大学では、筆者の意匠分野を中心に大谷石建物や町並みを調査するとともに、意匠と構造の分野が共同して市建築指導課と連携し、大谷石建物の補強活用の手法を研究している。環境分野では、前述した地下冷熱の利用を市産業振興課と連携して研究し、また土木分野では、岩盤の研究が長年行われている。学部の建築の授業では、毎年、大谷にまちの拠点を提案する設計課題があり、大学院では、空き施設を活用してエリアを再生する「大谷リノベーション」を提案し（写真16）[9]、石切場跡地で発表会を行うなど、大谷を対象とする課題解決型教育（ＰＢＬ）が展開されている。

市ではこれまで挙げたもの以外にも、都市計画課の「宇都宮市まちなみ景観賞」によって、大谷石の町並みや建物を選定顕彰しており、大谷石部門も設けられている。[10]また、大谷を活性化させる施策をまとめて立案する「大谷振興室」が発足し、教育委員会文化課による文化財の認定も重ねられている。こうした取り組みを総合して、大谷石文化が文化庁の日本遺産（11）に認定され、取り組みがいっそう推進される見込みである。

ＮＰＯや各種団体による活動も盛んである。ＮＰＯ法人大谷石研究会では、代表的な大谷石建物を紹介する「大谷石百選」[12]を編纂出版している。筆者の研究室との共同調査や、低学年向けの大谷石の読本の作成など、多様な活動を長年にわたり継続しており、大谷石をめぐるバスツアーも、同会や日本建築家協会（ＪＩＡ）栃木地域会によって定期的に開催されている。栃木県建築士会宇都宮支部も、前述した中心市街地の石蔵調査を二〇年以上前から実施しており、大谷石研究会とともに、宇都宮市景観整備機構に認定されている。ＮＰＯ法人宇都宮まちづくり推進機構では、大谷石建物を紹介するマップ[13]を発行し、所有者と利用者をつなぐ「石蔵バンク」を開設している。さらに、宇都宮美術館では、大谷石についての連続美術講座を皮切りに、開館二〇周年・市政施行一二〇周年を記念した「石の街うつのみや」の展覧会を開催した。[14]

写真 17　大谷アカデミー

最後に、大谷石の歴史や技術を次世代に伝えることも重要である。大谷石の石工の高齢化も将来的な課題であり、新たな技術者を養成するために、平成二六年に「大谷アカデミー」が発足した（写真17）。熟練した石工と、筆者らの宇都宮大学教員、石材会社などの産学連携により、学科と実技の講座を設け、老若男女の受講生が週末中心に研鑽を積んでおり、石材会社に就職するなど人材育成の成果も現れている。また、大谷地域の小中学校では毎年、大谷石を知り実際に彫る体験学習が行われている。

おわりに

ここまで、大谷石の産業・建築・地域から、その歴史と現在について述べてきた。そこで展開されてきたのは、大谷石という素材に人々が触れ、創造し、生きてきた、有機的に連続する時間と空間である。これは、二〇世紀の近代社会や近代デザインにおける過去との切断による進歩主義や未来主義とは異なり、また、その反動として過去を懐かしむ懐古趣味やそこに規範を求める歴史主義でもない。言い換えれば、生きることと作ることが重なった文化の総体の一側面が、大谷石を通して見えてくるのである。そこには、私たちの豊かな生活文化の創造に向けた地平が開かれているのではないだろうか。

註

（1）ここでは、空間を完成した時点だけではなく、人間が生活した経験の総体として捉える現象学的な視点（多木浩二『生きられた家　経験と象徴』岩波現代文庫、二〇〇一年〈初版　田畑書店、一九七六年〉）を援用している。

（2）「一、大谷の歴史と石切場」における歴史的経緯の知見は、以下の参考文献をふまえたものである。
宇都宮市教育委員会『「大谷の景観」調査報告書―名勝指定に向けた総合的調査―』二〇〇四年。

大谷石研究会『大谷石百選』二〇〇六年（初版）、二〇一六年（第二版）。

『大谷石をめぐる連続美術講座論集　大谷石の来し方と行方』宇都宮美術館、二〇一五年。

『石の街うつのみや　大谷石をめぐる近代建築と地域文化』宇都宮美術館、二〇一七年。

（3）「二、大谷石の町並みと建物の類型学」の詳細は、日本建築学会の拙稿を参照のこと（安森亮雄「大谷石建物と町並みに関する類型学的研究—宇都宮市徳次郎町西根地区を事例として—」〈『日本建築学会計画系論文集』第七四〇号、二〇一七年、二七三三—二七四〇頁〉、小林基澄・安森亮雄ほか「大谷石建物と町並みの調査と類型分析—宇都宮市上田地区を事例として—」〈『日本建築学会技術報告集』第五六号、二〇一八年、四二一—四二六頁〉、二瓶賢人・安森亮雄ほか「大谷石建物群の町並み調査と建物の類型分析—宇都宮市西芦沼地区を事例として—」〈『日本建築学会技術報告集』第五八号、二〇一八年、一二六七—一二七二頁〉、小林基澄・安森亮雄「宇都宮市中心市街地における大谷石建物の類型と断片的町並み」〈『日本建築学会計画系論文集』第八四巻、第七五六号、二〇一九年、四八九—四九八頁〉)。

(4) 安森亮雄「大谷石を用いた宇都宮大学旧図書館書庫の歴史的価値」(『日本建築学会技術報告集』第五二号、二〇一六年、一一五五—一一五八頁)。

(5) 安森亮雄研究室設計「震災がれき大谷石の再利用による休憩所」(二〇一三年度グッドデザイン賞 http://www.g-mark.org/award/describe/40388)。

(6) 安森亮雄研究室・教育施設研究所・総合設備コンサルタント設計「宇都宮大学工学部八号館改修」(二〇一四年度グッドデザイン賞 http://www.g-mark.org/award/describe/41634)。

(7) LLPチイキカチ計画によるOHYA UNDERGROUNDは下記ホームページ参照。http://ohyaunderground.jp/

(8) 宇都宮市・宇都宮大学・株式会社ファーマーズフォレストの研究会による実証実験をふまえ、地下冷水を活用したイチゴ栽培が平成二七年に開始された。

(9) 宇都宮大学大学院建築環境デザイン学コース：大谷リノベーション、宇都宮大学、二〇一七年八月。

(10) 徳次郎町西根地区はうつのみや百景、芦沼地区と上田地区は、宇都宮市まちなみ景観賞大賞(平成二七年度)に選定され、景観の継承と周知が図られている。

(11) 日本遺産ポータルサイト(https://japan-heritage.bunka.go.jp/ja/stories/story057/)。

(12) 大谷石研究会『大谷石百選』二〇〇六年(初版)、二〇一六年(第二版)。

(13) NPO法人宇都宮まちづくり推進機構歴史的建物活用特別委員会：石のまちうつのみや遺産と景観(http://www.machidukuri.org/oya/pdf/ishinomachi_utsunomiya2016.pdf)。

(14) 『石の街うつのみや　大谷石をめぐる近代建築と地域文化』宇都宮美術館、二〇一七年。

四　稲田花崗岩地域における採石産業の成立

乾　睦子

はじめに

茨城県の稲田は、東京にもっとも近い花崗岩産地のひとつである。明治時代後半から昭和時代にかけて東京に大量の石材を供給しており、東京のまちなみや近代建築物を見る時には必ず目にする花崗岩である。しかし、立地が内陸のため舟運に恵まれなかったことなどから、それ以前の時代にはほとんど開発されず、少なくとも遠方に出荷するような採掘はされていなかった(1)。稲田石の産出は、鉄道の敷設や東京の都市・建築物への石材利用の増大とともに始まってきたものである。したがって、稲田石産地は開発当初から近代の大規模な都市・建築向け需要を見込んで開発された近代的な産地であると言えるだろう。

稲田石は、全国の花崗岩石材（石材としては「御影石（みかげいし）」と呼ばれる）の中でも最も白いものの一つで、色合いは「白御影」と表現されることもある。一般に、花崗岩とは肉眼で見える大きさの鉱物の粒が集合してできている岩石である。鉱物粒子の色は白や透明・灰色・黒などがあり、白と黒の粒子の数の比率により白っぽいごま塩模様ものから、灰色や青味がかったものまである。中には黒に近いものもあり、それらは地質学的には花崗岩ではなくハンレイ岩であるが、石材としてはひとまとめに御影石とされている。稲田石は粗粒で、白い長石の比率が大きいため白い外観をしている。

近世までの関東地方で石材を産出していたのは主に小田原～伊豆半島にかけての地域で、[2]その地域に分布する岩石は花崗岩ではなく安山岩である。現在でも、真鶴の本小松石等は採掘が続けられている。安山岩は花崗岩より暗い色（本小松石等は緑色がかった灰色）で、細粒のため光沢が弱く落ち着いた色合いの石材である。そのような石が中心だった明治時代の東京のまちなみに最初に登場した花崗岩石材は、瀬戸内産のものであったとされる。[3]その白さによって人気が出たためか、花崗岩の使用がその後、大幅に増え、茨城県から大量に供給されることとなった。近世まではほとんど採られていなかった茨城県稲田の花崗岩は、このころ（明治三〇年代）までに大量供給の体制を整えていたことになる。大量の石材を継続的に供給できる産地の存在が、東京のまちの近代化を支えたと言ってよい。

このように、石材採掘業の成立は東京の近代化と密接に関連しているにもかかわらず、産地が成立した経緯についてはまとまった文献が少なく、主な用途が墓石向けに変化した現在[4]では当時の記録を辿るのが難しい。改修や建て替えが進む東京の近代建築物を正確に評価するためにも、その時代の東京に石材を供給した重要な産地について、できるだけ多くを記録しておく必要がある。また、日本の近代産業の発展とともに歩んできたそのような産地の産業遺産としての価値も、今後は考えていく必要がある。本稿は、稲田花崗岩産地の成立と往時の産地の物流体制などを、文献と聞き取り調査をもとに再構築してみたものである。

1. 稲田石の歴史

稲田産地の概要

筑波山一帯には、稲田花崗岩を含むいくつかの花崗岩体が露出しているが、稲田石はこの稲田花崗岩を採掘してい

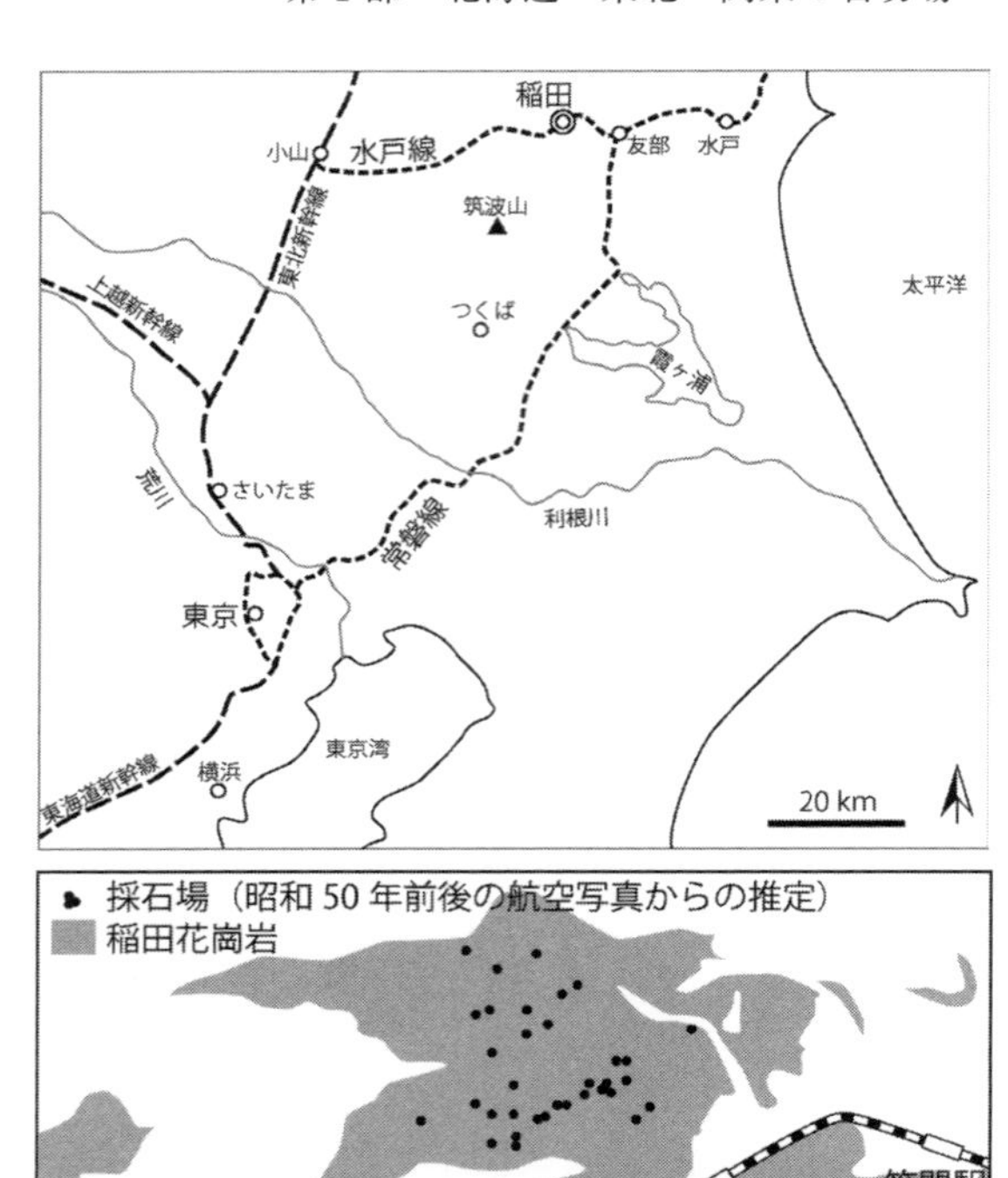

上：図1　関東地方における稲田の位置　下：図2　稲田地域における稲田花崗岩の分布

るものである。

稲田は、図1の地図に位置を示したように茨城県の内陸部にあり、舟運の便はよくなかった。水運の時代までは、採石場があったとしてもおそらく地元利用に留まり、遠方まで出荷した記録はほとんどない。稲田花崗岩は、約六五〇〇万年前～五二〇〇万年前に貫入した花崗岩である(5)。液体だった花崗岩マグマが周囲の岩石に割って入る形で上昇し、そのままゆっくりと冷えてできた。現在の水戸線稲田駅を囲む広い地域に露出しており（図2）、主な岩相は粗粒普通角閃石含有黒雲母花崗岩である(6)。

図2の稲田花崗岩の分布は、シームレス地質図（国立研究開発法人産業技術総合研究所）(7)に基づく。この上に、地理院地図ウェブサイト(8)で閲覧できる昭和五〇年前後（一九七四～一九七八）撮影の航空写真を用いて、白い岩肌から採石場と推測できた地点に印をつけてみたところ（昭和五〇年ごろは現在よりも多くの採石場が操業していた）、採石され

ていた場所は一部地域に集中していたことが見てとれた。集中していた理由は、資源の質と、搬出などの手間で採算が合うかどうかであることが、この後に述べる稲田地域開発の歴史から推測できる。地質調査結果からも、採石場があまりない南側地区は風化の程度が激しいという記載があり[9]、採石には向いていないと考えられる。地表面付近が風化している場合、たとえ地表面より下にまだ資源が埋蔵されていたとしても、搬出時に運び上げる形になり多くの費用がかかって採算が取れにくいということもあるだろう[10]。図2において、採石地を示す●の数は業者や鉱区の数を意味しない(航空写真を用いて、白い山肌が露出した場所を目視で採石場と推定し、広さに応じて●をつけたものである)。

写真1に、稲田石の代表的な採石場風景を示した。写真は中野組石材工業株式会社の採石場だが、現在は閉山している。一段の高さが約三・五メートルの階段状に計画的に採掘を進めていた。なお、稲田花崗岩の南には加波山花崗岩と呼ばれる別の花崗岩体が接しており、「真壁石」等の名称で採掘されてきた。初期の文献では、稲田という名をより広く使っていた記録があるため[11]、加波山花崗岩も含めて「稲田石」と呼んでいた可能性もないとはいえない。実際、加波山花崗岩のほうが結晶が細かいため「小みかげ」と呼ぶ、という趣旨の記述が見られる[12]。

写真1　稲田石の採石風景(2010年5月 筆者撮影)

石材産業の成立

稲田で石工が活動していた記録は、石造物の銘など、一八世紀半ばからあるようである。しかし、ある程度の組織的な採石・搬出を行った最初の記録は、一八八七年(明治二〇)の水戸線(水戸〜小山間)の鉄道敷設工事である[13]。以降、主に文献[14]の記述に基づいて稲田産地の成立を経時的に記載する。

水戸線敷設工事が開始された一八八七年当時、すでに稲田に移住していた藤原与太郎という人物がいた。この人物は小豆島出身で、石工も数名伴って来ていたということで、石材を加工する技術はすでに持っていたと思われる。大広・茅場の現場に事務所を置いたという記述があることから、採掘した位置はそのあたりと推測できる。運搬が困難だったと思われ、地域の農家の人々がさまざまな方法（牛・馬・手押し車・もっこ）を使って大勢で協力して運んだということである。水戸線は一八八九年（明治二二）に開通している。

次に、石が商売になると見込んだ三人の有力者（塙豊樹・武藤藤兵衛・笹目宗兵衛）が共同出資し、採掘権を得て一八八九年（明治二二）に有限責任笠間石材会社を設立して「笠間石」の名で採掘を開始した。当時の主な用途は、門柱・土台石・土留石・敷石・間知石などであったようである。水戸線が開通していたとはいえ、当時はまだ稲田に駅がなく、隣りの笠間駅まで大八車で運搬していたということである。なお、明治二八年（一八九五年）に常磐線（当時は海岸線）が友部まで延伸し、友部〜水戸間は常磐線に組み込まれたため、現在は小山〜友部駅間を水戸線と呼ぶ。

ここへ、一八九六年（明治二九）に東京から石材問屋の鍋島彦七郎が乗り込んできた。鍋島は、有限責任笠間石材会社と一〇年間の自由切り出し契約を結び本格的な開発を始めたが、特に大きな貢献は、水戸線稲田駅を開設させたことである。他地域の事例から、搬出手段の重要性を知っていた鍋島は、採石場から鉄道までトロッコ（手押し車）の軌道を敷く（図3）と同時に、鉄道新駅の必要性を陳情するだけでなく用地を買収して寄付したという。これにより新駅が建設され、一八九七年（明治三〇）六月には稲田駅から最初の貨物が出荷されている（駅が完成し、一般乗客が利用できるようになったのはその翌年）。一九一四年（大正三）に業務を高田愿一に任せて東京に移った。他に、一九〇〇年（明治三三）には小豆島生まれの石工中野喜三郎が石工を連れて稲田に来ている。同年に真鶴村岩村生まれの土屋大次郎も、藤原与太郎の事業を譲り受けて開発を引き継いでいる。

このようにいくつかの業者が生産体制を整えていたところで、一九〇四年（明治三七）に東京馬車鉄道が電化を決めたため、市電用の敷石の大量注文があった。この市電敷石のためには、稲田の業者が協力して石材を供給したという記述があり、産地にとって非常に大きな出来事だったに違いない。稲田地域で初めての組合もこの市電敷石の受注を契機に生まれ、一九〇四年（明治三七）に稲田花崗石材組合が誕生している。このような業者間の連携の試みは、全国的に見ても早い方である。この時期に、稲田石は東京の建築物にも使われるようになっており、代表的な例としては、三井本館（一九〇二年〈明治三五〉竣工）・表慶館（一九〇九年〈明治四二〉竣工）などがある（写真2a～c）。

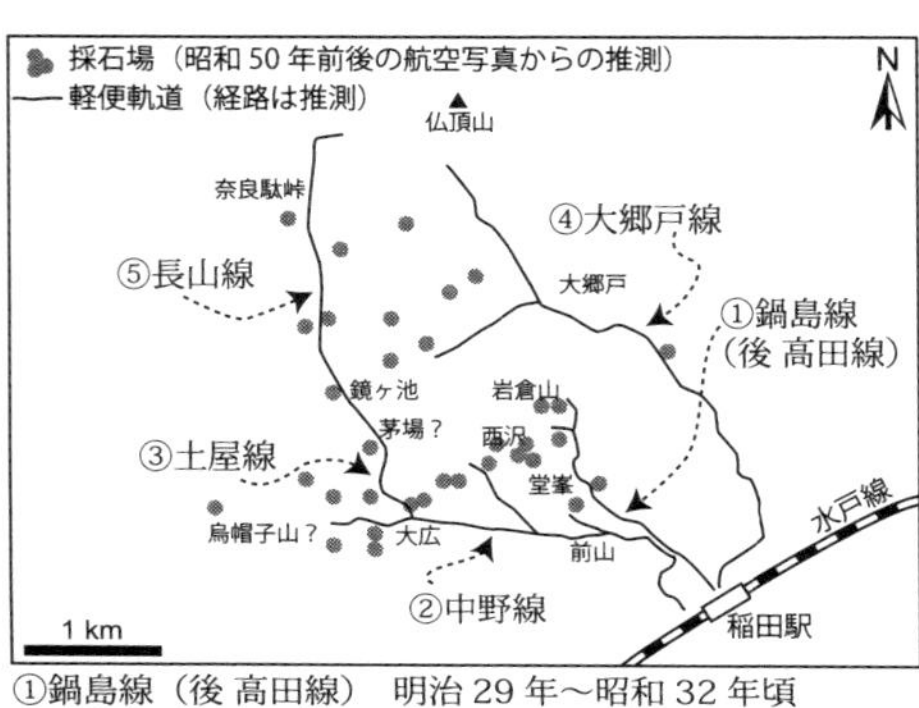

①鍋島線（後 高田線）　明治29年～昭和32年頃
堂峯・西沢から稲田駅まで2kmあまり。
途中「岩倉線（詳細不明）」とつなげられた。
②中野線　明治36年～昭和40年頃
烏帽子山から稲田駅まで。前山からの軌道が最後まで。
③土屋線　明治40年～昭和27年頃
大広から茅場まで。
④大郷戸線　大正9年～昭和33年頃
仏頂山の下から稲田駅まで約6km。
茨城鉄道株式会社が運搬業務請負。
⑤長山線　大郷戸線と同じ頃？数年足らずで閉山
茅場～鏡ヶ池～奈良駄峠～仏頂山の裏側まで約7km。

図３　軽便軌道車（トロッコ）の軌道（推測）と各軌道の稼働時期

これ以降、稲田石が特に多く使われた事業として文献記録に残るものは、一九二三年（大正一二）の関東大震災後の帝都復興事業、一九二七年（昭和二）の日本最初の地下鉄（上野～浅草間）工事などがあり、終戦後は進駐軍の兵舎や飛行場の整備など、またもちろん戦災復興にも稲田石が多く出たという趣旨の記述もある。このように、東京のまちが大きく作り変えることを余儀なくされたタイミングで、いつも稲田石が活躍していたということが見てとれ、日本の都市基盤形成において稲田石の貢献は非常に大きいということがわかる。

ただし、あまり派手な記述や数値を伴った記載が実は

上：写真２ａ　表慶館（東京国立博物館）明治42（1909）年竣工　中：写真２ｂ　三井本館　明治35（1902）年竣工　下：写真２ｃ　三井本館の外壁の稲田石　すべて筆者撮影

見当たらないので、数値的な裏付けを得ることが難しい。これは筆者の推測に過ぎないが、震災や戦災で犠牲者も多く出た後の復興工事である場合、その成果を誇示したり宣伝に用いたりすることは、一企業として得策でないという判断があったのではないかと思われる。この結果、稲田石が世に出たきっかけの出来事はと言えば、ほとんどが「市電の敷石」というストーリーに落ち着くのではないだろうか。

軽便軌道の変遷

稲田石産地の中でも採石場が集中しているのが、稲田沢周辺と大郷戸地域である。この地域にはトロッコ軌道（軽便軌道）が敷かれ、稲田駅までの運搬が迅速にできるように整備されていた。迅速とはいえ、トロッコは手押し式で危険を伴う運搬手段であり、難路ではたいへん時間がかかることもあった。トロッコの軌道の変遷は、産地の開発状況の変遷をよく反映しているのではないかと思われる。そこで、各業者のトロッコ軌道の経路と変遷を、文献[15]に掲載されている軌道の概略図と、関係者からの聞き取り調査結果[16]、および文中に出現する地名等から推測したのが前掲図3である。図中で「?」を付した地名は未確認であり、文献[17]に説明されている内容等から位置を推測した。道路沿いに敷設した、という記述があったことから、ほとんどは地形図上の道に沿って描いた。

最初、藤原与太郎が水戸線に稲田石を供給した時に開発した場所は、後に土屋が引き継いでいるので③土屋線のあたりと考えられる。そのころはまだ軌道がなかった。一八九六年（明治二九）に最初に軌道を整備した鍋島の軌道が①鍋島線と思われる。堂峯・西沢線とも呼ばれた。一九〇三年（明治三六）に②中野線が敷かれた。東京市電敷石の大量受注があったのは、この翌年である。大量搬出する手段がようやく整ったといえる時期であったことがわかる。一九〇七年（明治四〇）に③土屋線が中野線とつながった。一九二〇年（大正九）には大郷戸方面の採石場の開発が進んで④大郷戸線が敷かれ、また詳細時期は不明ながら同じ仏頂山方面に⑤長山線も延びたとされている。関東大震災とその後の復興があった時期には、これらすべての軌道が運行可能だった可能性が高く、稲田石の搬出能力自体がかなり高まっていた時代だったことから、貢献度は高かったであろうと推定することができる。

これらのトロッコ軌道は六〇年以上にわたり活用されたが、昭和四〇年頃までに順次廃止され、トラックに切り替えられている。トラックへの切り替えが比較的遅いように思われるが、道路の路面が悪くトラックの通行が困難な場所があって難しかったという記述がある。この軌道が到達しない位置にある採石場では、もちろん戦前からトラックを利用した搬出が行われていた。

第二次世界大戦後にかけて

第二次世界大戦後の日本の花崗岩石材業界における大きな出来事のひとつは、墓石に花崗岩を使うことが庶民にも普及したことである。主に墓石用の石材業者を対象とする専門誌「日本石材工業新聞」が昭和二八年に創刊されており[18]、そのころにはすでに市場が構築されつつあったと考えられる。また、その「日本石材工業新聞」の広告数の推移から推測すると、昭和三〇年代は石材の採掘作業の機械化が進んだ時代である[19]。特に風化していない花崗岩は、天然の節理（割れ目）がないため、手作業で切り出すのは困難が大きい。機械化が進んだことは、そのような産地の開発を大いに促進したに違いなく、稲田もそのような産地のひとつである。

戦後の石材業界におけるもうひとつの変化は、昭和四〇年代ごろから輸入加工産業へと形態をシフトさせたことである。前述の「日本石材工業新聞」の広告数の推移から、昭和四〇年代には石材加工作業の機械化が進んだと推測される[20]。そのころから、石材の原石の輸入実績も増えている[21]。主に地元で採掘した石材を加工していた産地が、輸入した原石を加工し始めたケースも多く、石材加工業の隆盛に対して国内での採掘は減り始めたと思われる。その後、時代はさらに変わって昭和の末ごろには、海外で加工した商品を輸入するのが主流となり[22]、少なくとも建築材としては、国産石材の競争力は失われた。

2．稲田石産地の現在

前述したように、花崗岩産地は全国的に減少を続けている。しかし、大理石石材の産地とは異なり、花崗岩には墓石や寺社建築への需要があったため、操業を続けている産地が多い(23)。これらの用途の場合は国産材であることが価値を持つ場合もあり、需要がまだあるからである。稲田でも、ここ一〇年ほどで主要な採石場が相次いで閉山し、厳しい状況ながら採石・操業は続けられている(24)。稲田石に限らず、花崗岩産地の多くは墓石材としてのブランドを確立し、付加価値をつける形で生き残りを図ってきた(25)。ただし、墓石材を高級化する戦略の欠点として、墓石になる部分を厳選するために採掘の歩留(ぶど)まりが低くなるということがある。キズ（見た目にムラがある、筋があるなど）のある石材は、間知石、割栗石(わりぐりいし)、埋め立て用の捨石などとされることになる。

左：写真３ａ　稲田駅の向かいにある鍋島翁の石碑　右：写真３ｂ　稲田駅前（右の建物が「石の百年館」）

産地の生き残り戦略としては、その他にも石材の用途を広げる試み（日用品やアートへの利用の促進）や、石材をもっと広く知ってもらう試み（記念館の開設、イベント開催）が行われている(26)。稲田では、駅前が整備されて「石の百年館」が開設され、石材採掘の歴史や道具類の展示、科学の解説などが展示されている（もともとは別の場所にあったが、二〇一〇年に一度閉鎖された後、場所を駅前に移して事業主体も笠間市となって再オープンしている〈写真3ａ・ｂ〉）。また、「いなだストーンエキシビション」など、アート作品とのコラボレーション展示も開催されてきた。見学者を積極的に受け入れるなど、情報の提供・発信の努力が行われている。

東京の近代化を支えた稲田石産地を産業遺産と捉えて保全することについては、今はまだ動きが難しい状況である。周辺地域では、「筑波山地域ジオパーク」が日本ジオパークネットワークに認定され、数多くのジオサイトが設定されている。しかし、ジオパークの枠組みの中では、操業中の採石場は地域保全とは相容れないため、活動の主体になることができないことになっている。現在も操業中の採石場がある稲田石産地は、保全の対象にはならないのである。

確かに、近年の自然保護への関心の高まりの中で、鉱業や石材採掘は自然破壊とされ、ともすると自然保護とは対極にあるもののように捉えられてきた。保護する地域と、産業的に採掘できる地域とを明確に分離し、主体も分けるという考え方が主流である。しかし、そのようなやり方を続ける場合、少しでも操業が続いている区域にはまったく保護や文化的価値の評価といった手が入らないことになる。近代の石材産地の中には、本稿で報告したように都市基盤形成に多大な貢献をしてきた例がおそらく多く、産業遺産としての価値を評価されてもよいと思われるが、実際には操業を停止するまではそれが不可能なのである。資源の採掘をしながらも人は自然と共生していくという、新しい共生のあり方を模索する時期に来ているのではないかと思われる。

おわりに

国内の花崗岩石材産業の歴史を概観し、近代産業としての成立から、（建築石材としては）ほぼ流通しなくなった現在までの産業の変遷を追った。また、比較的新しい産地である稲田について、採掘が始まってから産業として採算が取れ、石材産地として一定の地位を確立するまでの経緯を文献から整理した。

稲田の産地が明治末期から大いに躍進した理由は、首都圏から近いという立地が大いに有利に働いたことはもちろんであるが、各種の設備投資がおそらく東京で多くの需要が発生する時期に合わせて行われ、大量に出荷する準備が整っていたという時流の読みのよさも大きな要因であるということがわかった。また、そのようなタイミングの合致から、首都圏のまちづくりにおいて稲田石が実際にたいへん大きな貢献をしたであろうことが推測できた。

註

(1) 小林三郎『稲田御影石材史』稲田石材商工業協同組合、一九八五年。
(2) 日本石材振興会『日本石材史』日本石材振興会、一九五六年。
(3) 前掲註(2)。
(4) 乾睦子「国内の花崗岩石材産業の歴史と現状―「稲田石」を例として―」(『国士舘大学理工学部紀要』五、二〇一二年、七四―八〇頁)。
(5) 高橋裕平・宮崎一博・西岡芳晴「筑波山周辺の深成岩と変成岩」(『地質学雑誌』一一七、二〇一一年、二一―三一頁)。
(6) 前掲註(5)。
(7) https://gbank.gsj.jp/geonavi/geonavi.php
(8) https://maps.gsi.go.jp/
(9) 宮崎一博・笹田政克・吉岡敏和「地域地質研究報告 五万分の一地質図幅　真壁　東京(8)」第二〇号、地質調査所(現 地質調査総合センター)、一九九六年。
(10) 河野雅英(二〇一〇・二〇一七年)私信。
(11) 前掲註(9)。
(12) 前掲註(1)。
(13) 前掲註(1)。
(14) 前掲註(1)・(2)、小山一郎『日本産石材精義』竜吟社、一九三一年。
(15) 前掲註(1)。
(16) 前掲註(10)、川畑真彦(二〇一七年)私信。
(17) 前掲註(1)。

(18)「日本石材工業新聞（縮刷版）」（一九五三〜一九六一、一九六五〜一九六六）日本石材工業新聞社。
(19) 乾睦子・大畑裕美子「公的統計値と業界紙から見る二十世紀後半以降の日本の石材産業」（『国士舘大学理工学部紀要』七、二〇一四年、一七三―一八〇頁）。
(20) 前掲註(19)。
(21) 前掲註(4)。
(22) 前掲註(4)
(23) 前掲註(19)、『石材産業年鑑　二〇〇四年版』石文社、二〇〇四年。
(24) 前掲註(10)。
(25) 前掲註(19)。
(26) 前掲註(19)。

【付記】河野雅英氏には、稲田石について多くを教えていただき、感謝します。花崗岩採石場を自らご案内いただいた石原舜三氏には、教えていただいたことをもっと深く理解できなければいけなかったと反省しつつ深く感謝しています。長秋雄氏には、花崗岩採石場の研究に踏み込む第一歩を指導していただきありがとうございました。矢橋修太郎氏・川畑真彦氏をはじめ、これまで訪問調査をさせていただいたすべての石材業に携わる皆様に教えていただいた知識がすべて役立っており、あらためて深く感謝します。この研究は科研費　JP17H02008「変動帯の文化地質学」の助成を受けて実施しています。

五　千葉県富津市の「房州石」

金谷ストーンコミュニティー
宮里 学・西海真紀・鈴木裕士

はじめに

房州石は、千葉県富津市と鋸南町の境界、歴史的には上総国と安房国の国境に位置する鋸山が主要な産地である（写真1）。また、鋸山周辺の南房総で産出する元名石（鋸南町）や売津石（富津市）と呼ばれる凝灰質砂岩と同じである。近代以降は、これらを総称して「房州石」と呼んでいる(1)。岩石としての房州石は軟石に分類され、比較的簡便な道具で切り出せる利点がある。また、採石地から海路で運搬しやすい地理的好条件を背景に、幕末から近代にかけて膨大な供給を求められた。特に、幕末に築造された史跡品川台場や横浜開港時の護岸用材をはじめ、鉄道・河川・水道・街路・護岸等、江戸城下から首都東京発展のインフラ整備に大量消費された。

建築・建設用材として重用されたばかりではない。石の特質の強い耐火性と加工のしやすさから七輪やカマドの材料として、庶民生活の日常を支えた点からも房州石の歴史的価値は高い。しかし、時代の流れに逆らえず、安価で均質なコンクリートという建築材料に交代し、組織的大規模な房州石産出の歴史は昭和六〇年に終了した。

写真1　鋸山遠景（金谷市街地より南を見る）

1．文献史料からみた房州石

鋸山の採石は、一説には元禄年間にさかのぼるともいわれるが、これまで確認されている最古の文献史料は、小湊誕生寺の宝永五年（一七〇八）「諸役免除之儀に付誕生寺伺書」である。[2] これによると、同寺は船を所有、石材は江戸まで海上輸送されていた。しかしながら、周辺の村々における採石についてはいまだ判然としない。

その後、天保五年（一八三四）、武蔵国生麦村の名主の日記に、「房州石屋」から「土留石」や「石灯籠」などを購入したこと、同七年には「間地石」を購入したことが記され、「船ニ積来」の文言から海上輸送によるその流通を確認することができる。[3] 天保九年になると、はじめて鋸山直下の金谷村明細帳に「石屋」の文言がみられ、ここに産業として画期を見出すことができる（写真２）。なお、一八世紀前半の製品は、石燈籠・間地石（けんちいし）・七輪・仏・臼などで、幕末には江戸湾沿岸の台場建設用資材、横浜港築港用資材、外国人居留地などの建築資材として需要を伸ばした。

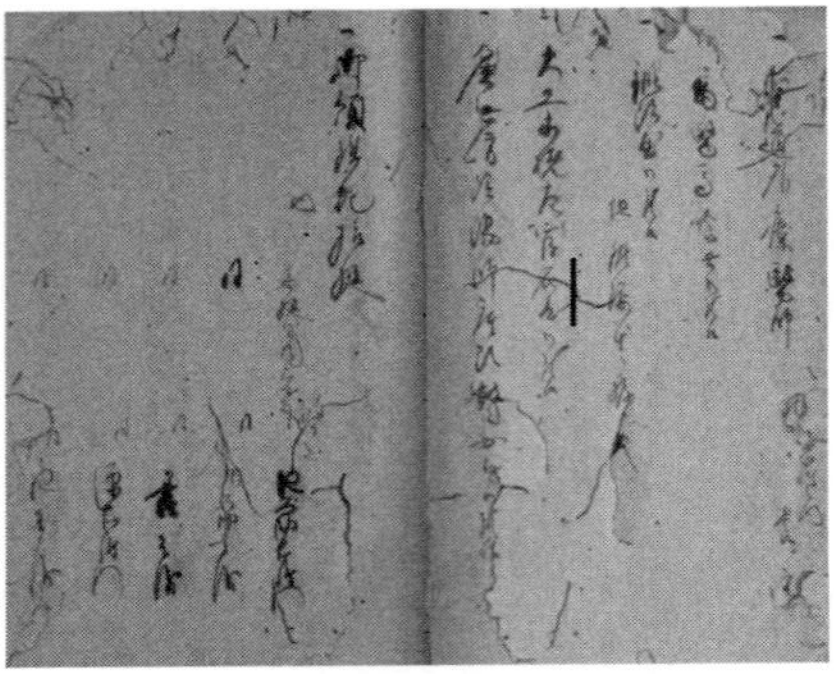

明治時代にはいると、加知山藩では藩の産物として石材業を重視、明治四年（一八七一）には統制下においた。同五年～七年には、周辺元名村を含む木更津県の石工（いしく）職人数は三〇軒に達し、同一三年、安房国と君津国の建築石の生産量はあわせて約五六万本にのぼった。同末期、金谷村でも住民の約八割が関わりをもつ村随一の産業となり、年間産出量は三〇万本となった。しかしな

写真２　天保九年金谷村明細帳（鈴木家文書）
下線部分が「石屋」である

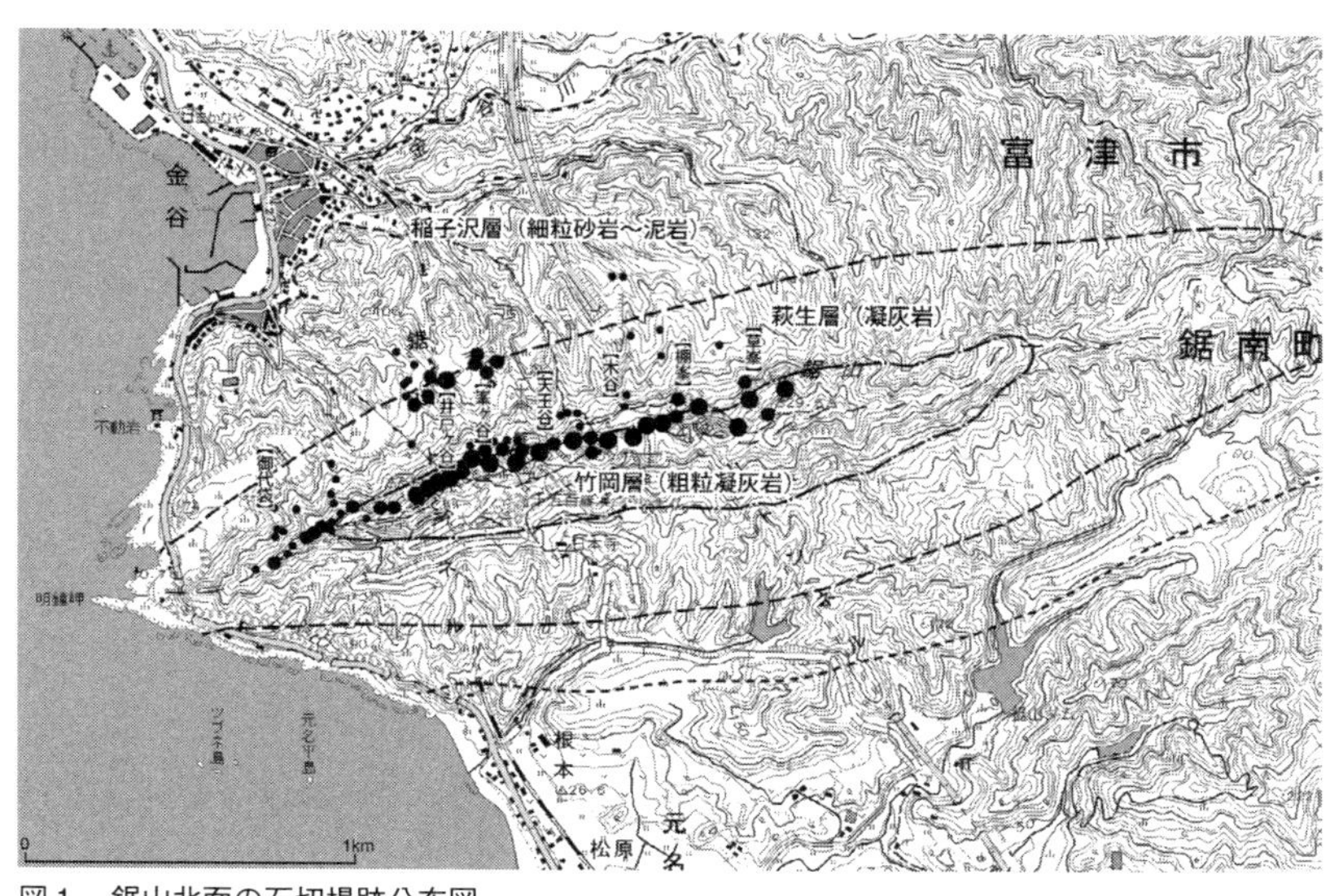

図１　鋸山北面の石切場跡分布図

がら、大正一二年（一九二三）の関東大震災の影響により、セメントが普及しはじめると需要はピークを過ぎ、昭和三三年（一九五八）、鋸山は南房総国定公園指定区域となり、同六一年に石切は終焉をむかえた。

2．鋸山の地質概況

房州石の主要産地の一つである鋸山は標高三二九・五メートルを測り、山頂部から金谷川河口部までは直線約一キロで到達する。

鋸山は、山頂部を中心とした褶曲構造による向斜が特徴である。また、周辺噴火噴出物と陸地海底化のなかでの堆積および侵食、海流の影響による斜交層理（しゃこうそうり）が発達している。対岸の三浦半島も東京湾を挟み同様な構造が連続し、同一性をもつ点が地域的特徴としてある。

図１に示すように、鋸山山頂部付近は上層にあたる上総層群竹岡層、山腹部は中層にあたる三浦層群萩生層、山麓部は下層にあたる三浦層群稲子沢層の三層に大きく分けられる。上層中

層の二層は凝灰岩、下層は泥岩（シルト岩）が主体で、竹岡層は斜交層理の発達した凝灰質砂岩と泥岩の互層、稲子沢層は泥岩を特徴とした凝灰質砂岩との互層が主体となっている。これにあわせ、現地では上石・中石・下石という用語が存在している。

3. 鋸山の採石遺構

富津市金谷側からの眺望で、瞭然に観察できる絶壁の採石地を「大規模な石切場」（前掲写真1）と呼称している。昭和六〇年（一九八五）まで鈴木士朗氏（屋号は芳家）により採石がなされていた。

大規模な石切場は、萩生層より上位の竹岡層に集中する。遺構としては、比高差一〇〇メートルを測るような垂直壁面が特徴で（写真3）、東西約二キロに及ぶ大規模な遺構群である。底部前面には作業場や索道設備、ズリ（石屑）の大量堆積がみられる（写真4）。また、代表例として樋道（といみち）（写真5）と呼ばれる石材搬出路が各石切場から山麓方面に毛細血管のように延び、車力道（しゃりきみち）に繋がる。

採石時期は近代を主体とし、採石痕跡は手掘り痕とチェーンソーによる機械痕がある。各石切場の壁面には、採石者ごとの屋号が刻印され、事業範囲が定められていた痕跡もみられる。

採石方法および採石具は、溝を掘る鶴嘴（つるはし）状の刃（は）づる、または両（りょう）づるを用いて縦横方向に溝を掘り、底部から矢で掬い上げる溝切技法である（写真6）。矢穴掘りと玄翁（げんのう）の機能を兼ね備えた玄翁づるも主道具で、尺三と呼ばれるような規格石材を産出し、小面に出荷管理の屋号を刻印した。

作業は、上場の作業面から下に向かい垂直壁を形成する露天掘りが基本で、良質の石材が産出すると横穴方向に掘

五、千葉県富津市の「房州石」

写真３　山頂部の大規模な石切場（比高差96 m）

写真４　大規模な石切場の風景（大正～昭和時代）

写真５　樋道と石段の石材運搬遺構

写真６　溝切技法の痕跡（山頂部）

写真７　小規模な石切場（山腹部）

写真８　割石丁場の事例（山麓部）

上：写真９　トロッコによる運搬風景（大正時代）
中：写真 10 「金谷港鋸南石材積込の景」（明治〜大正時代）　下：写真 11　明鐘岬の岩礁ピット（干潮時）

り進めるため独特の景観となる（写真３）。山腹の竹岡層から萩生層にかけて、小規模な石切場が相当数点在する。石切場の形態や採石方法は、大規模な石切場の規模が小形化したものである（写真７）。

ここで特筆しておきたいのは、これまで認識されてこなかった「割石丁場」の発見である。[4] 垂直壁をもつ大・小規模な石切場は存在せず、主体は二〜三メートルの転石を対象に、矢を主体的に用いて割り、採石していた遺構である。採石の時期は今しばらく検討する必要があるが、従来の鋸山の採石技術とは明らかに異なる点で注目すべき遺構といえる（写真８）。さらに、山腹から山麓、萩生層から稲子沢層を中心に「板石採石跡」を数例確認している。露頭表面から層理に沿って、板状石材を溝切技法や楔で剥ぎ取る痕跡をもつ特徴的な遺構である。

これらの遺構は近年確認され始めたもので、具体的な評価について今後の課題として調査を継続したい。

4. 房州石の運搬遺構

これまでに、房州石の主たる産地である鋸山について述べたが、鋸山を抱える富津市金谷地区を概観してみる。山麓から市街地には、石材運搬路や旧道、トロッコ（写真9）が敷設されたルートの足跡をわずかに認めることができる。明確な遺構として捉えられないが、現状では伝承や作業従事者から聞き取りを実施して記録化することが望ましいと考える。

なかでも特筆しておきたいのが、明鐘岬（みょうがねみさき）で確認された海上運搬に伴う搬出港の遺構である。これは、数年間の現地調査でも触れることがなく、地元でも深く認識されていない遺構の発見事例である。

房州石は、陸上輸送が昭和四年（一九二九）の内房線開通や高度成長期の車両輸送で主力化するまでは、専ら海上輸送が主な運搬手段であり、東京湾内の短距離運搬が最大のメリットであった。鋸山で切り出された石材の搬出港は明鐘岬であり、もう一ヵ所が東京湾フェリー株式会社金谷港付近といわれている。

両者とも岩礁地帯で、この自然地形を巧みに利用し、運搬船を繋留（けいりゅう）して石材を船積みした（写真10）。高田祐一氏は明鐘岬の現地踏査で、干潮時の岩礁に無数に穿たれた岩礁ピットを確認した（写真11）。等間隔で列状のピットは通路状の構造物と想定でき、単独のピットは、寛文一一年（一六七一）まで遡る福岡県福津市の船つぎ石の事例から、大正時代まで全国的にみられた船の繋留に関わる遺構と評価した(5)。

5. 房州石の消費地と凝灰質砂岩

前述したとおり、房州石は現在でも金谷地区の町並みに見つけることができ（写真12）、わずかだが生活具としても残っている（写真13）。しかし、最大の消費地は東京、神奈川を中心に関東一円に及び、特に、都内では靖国神社、

上：写真12　金谷に残る房州石の石蔵　中：写真13　房州石製のカマド（近代）　下：写真14　三浦半島の石切場（逗子市　三浦石）

早稲田大学、東海道品川宿沿線や横浜の外国人居留地など多くの「凝灰質砂岩」の遺構をみることができる。

高田氏の研究によれば、明治一七・一八年（一八八四・八五）の皇居造営に際し、鋸山の御代袋石丁場の石材を調達した具体的な場所の特定をするに至る成果もある[6]。

その一方で、房州石と同質の「凝灰質砂岩」が対岸の三浦半島一帯や伊豆半島南端を中心に産出し、流通している事実がある。

三浦半島を例にすると、採石技術は、鋸山でみられる小規模な石切場が久里浜市・横須賀市・逗子市・鎌倉市にみられ、代表例として高取石・池子石が挙げられる（写真14）。時代観についても同様で、嘉永六年（一八五三年）の江戸品川御台場築造にあたっては、三浦半島側の永嶋庄兵衛から房総半島金谷の鈴木四郎右衛門に宛てた書簡が残り、双方が連携しあい採石していたことが判明している。

つまり、先述した地質学的に房州石と三浦半島の石材は一連で、理化学的にも両者の同定は相当困難である点を踏まえると、消費地における「凝灰質砂岩」の産地は一概に房州石とはいえない課題がある。

6．房州石の取り組みと今後

鋸山には、房州石の一大供給地として文化財的価値を有する石切場および関連する遺構が多く残存する点に注目し、平成二〇年（二〇〇八年）から各地の文化財専門職員や学識者の有志で活動を始めた。地元の鈴木裕士氏による金谷ストーンコミュニティーを活動の中心に据え、石切場を実務的に調査研究している職員が中心となり、翌年より本格的な現地踏査を毎年四回程度実施している。

その成果は、本年度（二〇一五年度）で第七回となる「金谷石のまちシンポジウム」で広く公開している（写真15）。シンポジウムでは、毎年テーマを決めて全国から報告者を招き、時には地元の小学生が発表したり、発表の合間には県立天羽（あまは）高校吹奏楽部が演奏発表する等、少し風変わりなシンポジウムとなっている。古文書・民俗資料の展示会や現地視察とあわせて二日間の事業であるが、身近すぎるゆえ忘れがちな地域の歴史文化を学び、その価値を常に再認識しながら地域全体が発展していこうという地域と有志の熱意が、結果、石丁場と関連遺構の調査研究と保護活動につながっている。

写真15　房州石シンポジウム（第５回）

当面は、シンポジウムと広大な現地踏査を継続させ、現地情報を丹念に整理し、採石方法や遺構評価へのアプローチを探っていく。あわせて、採石や運搬の道具など民俗資料や、鈴木家文書を中心に絵図・古文書・古写真等も歴史史料として継続調査していく。

また、関東一円に流通していた房州石を消費地側から捉え、供給地と消費地の双方向からの評価に繋がる視点や伊豆半島・三浦半島・房総半島、そして著名な神奈川県鎌倉石・栃木県大谷石・山形県高畑石など、類似する採石技術や遺構をもつ地域とも連携し、我が国の凝灰岩系採石技術の系譜解明の契機となるような活動を展開していきたい。

石切場、特に近代以降の石切場は文化財として市民権を得られていない。しかし、石は多様な材料として盛んに産出され利用される、人々の生命や財産を守り、生活や文化を支えてきた価値ある材料である(7)。

石切場はその供給地であり、地域の重要な遺構となる可能性を確信し、いっそうの調査研究を進めたい。

註

(1) 金谷ストーンコミュニティー『図録　房州石』二〇一三年。
(2) 西海真紀「絵図・古文書から見る房州石の歴史」(『房州石の歴史を探る』第二号、二〇一〇年、七―八頁)。
(3) 横浜市文化財研究調査会編『関口日記』第七巻・第七巻(横浜市文化財調査報告書8)一九七六年。
(4) 西田郁乃・冨田和気夫「鋸山北面の石切場跡について」(『房州石の歴史を探る』第四号、二〇一三年、一三―三九頁)。
(5) 高田祐一「明鐘岬にみる石材積み出しの遺構」(『房州石の歴史を探る』第五号、二〇一四年、一九頁)。
(6) 高田祐一「明治一七・一八年の皇居造営をめぐる房州石切り出し」(『房州石の歴史を探る』第五号、二〇一四年、一一―一八頁)。
(7) 宮里学「房州石の課題と展望」(『房州石の歴史を探る』第四号、二〇一三年、一〇一―一〇五頁)。

六　近代洋風建築に使用された石材「白丁場石」の歴史

丹治雄一

はじめに

小稿では、明治中期から昭和戦前期にかけて、おもに近代洋風建築の外装材として使用された、神奈川県足柄下郡吉浜村鍛冶屋（現湯河原町）産のデイサイトである「白丁場石（しろちょうばいし）」について、筆者が担当し、白丁場石も取り上げた神奈川県立歴史博物館での特別展「石展――かながわの歴史を彩った石の文化」（以下、「石展」と略記する）の成果に拠りつつその概要を紹介する。そして、近代洋風建築での使用実態と近代洋風建築での当該石材使用の意味を検討するとともに、地域において石材産業の歴史を掘り起こす意義についても若干の考察を加えようと思う(1)。

1.「白丁場石」とはどのような石材だったのか

白丁場石の丁場跡所在地とその岩石学的特徴

白丁場石の丁場跡は、JR東海道線湯河原駅の北方約一・二キロの神奈川県足柄下郡湯河原町鍛冶屋に所在する（写真1）。採掘の開始時期は明確ではないが、近世期から行われていたようで、戦後の昭和三五年（一九六〇）ごろまで

写真1　白丁場石丁場跡の現況

は稼働していたとされる。

図1に見られるように、神奈川県内には丹沢山地の堆積岩（凝灰岩）である七沢石や、三浦半島を形づくっている堆積岩（凝灰岩）である鎌倉石・鷹取石などの石材産地があったことが知られている。また、箱根山周辺では、その火山活動で噴出したマグマを起源とする火成岩（安山岩など）が、根府川石・本小松石・新小松石などの名称で石材として盛んに利用されてきた。これらの箱根山周辺産安山岩は、中世には五輪塔・宝篋印塔、近世以降は「相州堅石」などの名称で江戸城の石垣修築、近世末から近代初頭にかけては品川台場・横浜港・横須賀製鉄所などの土木施設の築造に用いられたが、白丁場石も箱根山周辺産安山岩に位置づけられる石材の一種となるのである。

その白丁場石に関する地質学・岩石学分野からの研究には、小稿でも一部を紹介する明治・大正期の調査報告などが挙げられるが[2]、「石展」企画メンバーのひとりである山下浩之氏らによる近年の同石材の再検証により、その詳細が明らかになりつつある[3]。

山下氏らの研究によれば、箱根火山外輪山溶岩を起源とする火山岩である白丁場石は、岩石学の分類上、安山岩より二酸化ケイ素の含有量が多いデイサイトに位置づけられ、斜長石・輝石・磁鉄鉱の各鉱物の斑晶（結晶）と石基（細粒の基地の部分）からなる岩石である。箱根山周辺産安山岩は、灰色の石基の中に黒色の輝石の斑晶を含み、全体として灰色がかった色目のものが多い。白丁場石も、新鮮な岩石の石基は灰色もしくはやや黒色を帯びた色目となるが、変質した岩石では石基がやや青味がかった白色となり、全体として「白い石」となっている。この白く変質した岩石

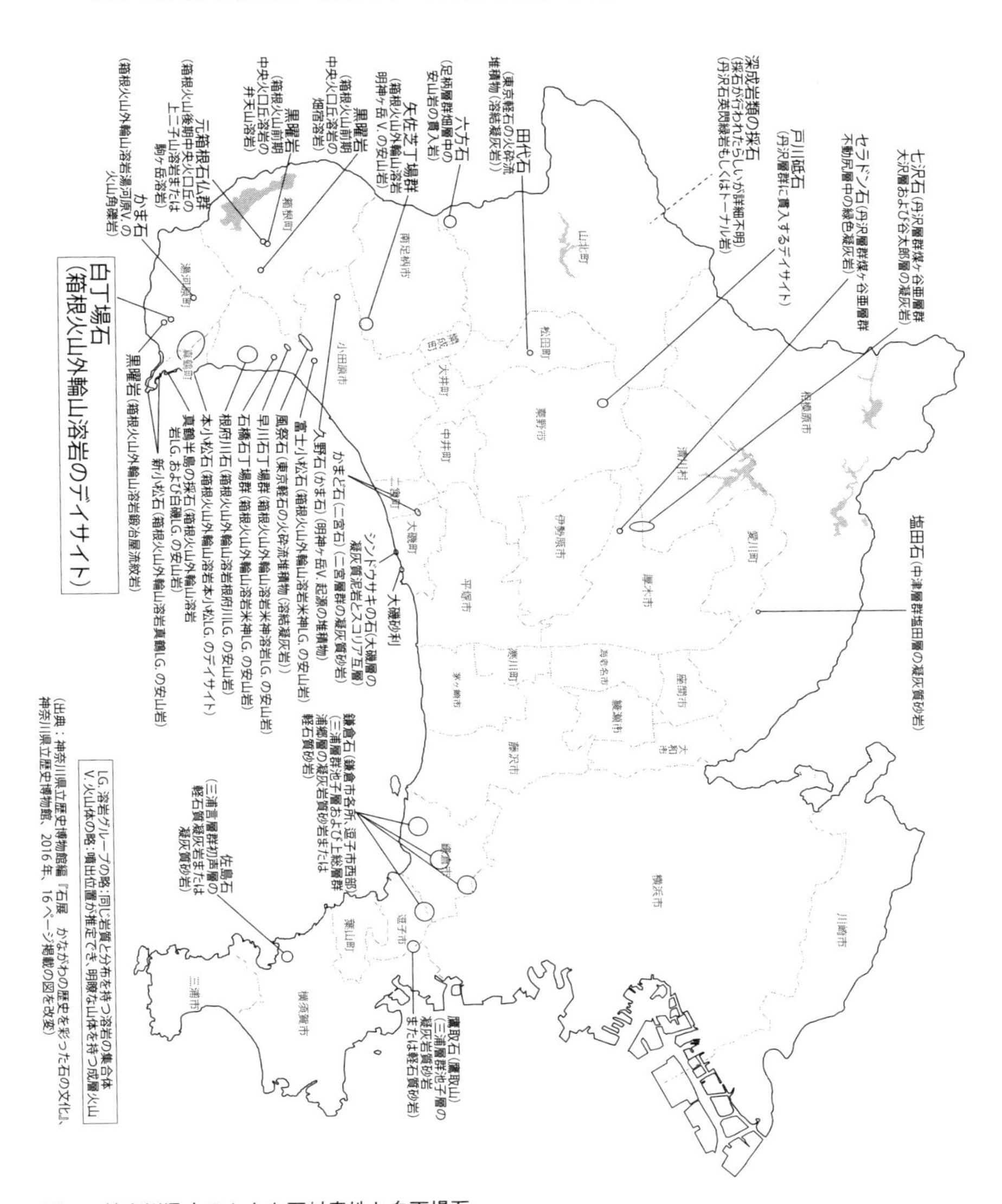

図1　神奈川県内のおもな石材産地と白丁場石

が、近代洋風建築に使用された石材「白丁場石」の正体ということになる。なお、どのような変質作用により石基が白くなったのか現時点では不詳である。

明治・大正期の調査報告などにみる「白丁場石」と丁場の状況

白丁場石に関する既往の歴史的あるいは建築史的視点からの研究は、石材産業史の通史である『日本石材史』のほか、原徳三氏と鈴木博之氏による研究などに限定され、地元の『湯河原町史』にも言及はない[4]。これまで研究が進展しなかったのは、白丁場石採掘の経営が零細規模で、地元に残存する史料がきわめて限定されることなどにその理由を求めることができよう。このような史料的制約のもとで、白丁場石とその丁場の実態を伝えるのが、現地調査に基づいてまとめられたいくつかの調査報告である。以下で、それら同時代の調査報告と筆者が「石展」で紹介した史料により、明治・大正期の白丁場石とその丁場に関わる情報を把握しておきたい。

白丁場石の調査報告のうち初期に属するものが、山田徳太郎「相州六ヶ村ノ石材」である[5]。鍛冶屋村（実際の当時の村名は吉浜村）の「白石丁場」は「浜出シ僅十二三町高サ百尺許石質色合頗ル良シ」と記載される。また、小山一郎「安山岩其他の石材」には、「相州白丁場」は「建築用安山岩としては第一等の石材」と紹介され、石材として優れている点を「色の白き事細工の易き事大材を得るに易く且つ揃う」ことと述べる一方で、「近時丁場荒廃し採掘に多少困難を来し以前の如く大材を出す事易からざるが如し」との現状も触れられている[6]。

さらに、小山と同時期に発表された清水省吾「神奈川県産石材試験報文」にも、「白石丁場一名白丁場」に関する詳しい報告が掲載され、その丁場には「奥丁場」「前丁場」の二ヵ所があり、前者は岩本幸八、後者は榎本吉太郎の所有と報告される[7]。採掘は江戸時代から行われていたが、鉄道の開通により茨城県産花崗岩の石材採掘が本格化したため、その需要は減少傾向にあり、「採石漸ク困難トナリ工費著シク増大」という現状と「東宮御所、東京帝国大学、日本銀行、正金銀行、高輪岩崎邸ノ建築ニ使用セラレタリ」という使用状況が語られている。

これらの調査報告の中で最も詳細な記載があるのが、帝国議会議事堂（一九三六年竣工、現国会議事堂）建設のために実施した全国の主要な建築用石材産地の詳細調査の報告書、臨時議院建築局編纂『本邦産建築石材』である（写真2）[8]。白丁場石は通称「白丁場、白石（相州みかげ）」の名称で掲載され、岩石学的分析にはじまり、丁場名、採石規模、販路・用途、産額、輸送手段、石工数と賃金、丁場所有者・経営者まで、多数の調査事項が列記されている。

記載内容を見ていくと、白丁場石の丁場には榎本吉太郎が経営する「奥」「中平」「三号」等の丁場と岩本幸八が経営する「岩本」丁場があり、榎本経営の丁場は吉浜村鍛冶屋の西方二〇〇メートルの山腹にあり、岩本丁場は独立してさらに高い場所にあったという。丁場所有者欄には「鍛屋村（ママ）　河津　某」「福浦村　露木眞作」「所有権利者東京　服部八右エ門」、丁場経営者欄には「鍛屋村（ママ）　榎本吉太郎　岩本幸八」「（吉浜村）組合組織」と記される。この石材が「大発展」した理由としては、「日本銀行正金銀行其他大建築ニ此ノ石ヲ多ク使用セシ」ことが挙げられ、「花崗岩、大理石以外ノ石材トシテ最モ重要」と評価される一方で、「近来石山漸次採掘ノ困難ヲ来タシ以前ノ如ク採石易カラズ」と採掘に困難を来たしつつある現状も報告されている。

写真２『本邦産建築石材』に収められた白丁場石の丁場風景

以上、同時代の調査報告などから白丁場石の概要を見てきたが、この石材は特に茨城県で花崗岩の採掘が本格化する明治三〇年代以前の時期に、建築用「安山岩」として重要な位置を占めた石材だったことがわかる。白丁場石が建築用材として使用されたのは、箱根山周辺産安山岩の中で例外的に色が白く、「安山岩」であるがゆえに花崗岩に比べて加工しやすい点にあったと見なすことができよう。しかしながら、複数の調査報告が指摘するように、徐々に採掘に困難を来たすようになり、「稲田石」（現茨城県笠間市稲田産）や「真壁石」（現茨城県桜川市真壁町産）という茨城県産花崗岩の建築用材使用の広がりとも相まって、産出額は時代を経るごとに漸減傾向をたどっていったのである。

なお、これらの調査報告には採掘に関わる石工（いしく）らの人数を記載したものもあり、山田報告では石工一〇名、臨時建築局報告では石工一五名、人夫数名と記される。臨時建築局報告に「いなたみかげ」として掲載されている稲田石は、同報告で石工・人夫あわせて四〇〇名以上とされており、そうした大規模な石材産地と比較すると、白丁場石の採掘は先にも述べたとおり比較的零細な規模であったことが想起されよう。

本節の最後に、白丁場石の丁場経営の担い手についても見ていきたい。先に触れた調査報告では、丁場の所有者ないし経営者として榎本吉太郎と岩本幸八の名が挙げられているが、明治二〇年代に丁場経営に関わっていたのが土屋大次郎（一八五七〜一九一〇）である。

土屋は足柄下郡岩村（現真鶴町）出身で、箱根山周辺産安山岩の採掘・輸送・販売・据付などの事業を展開し、明治三〇年代後半には稲田での花崗岩採掘にも進出した神奈川県を代表する石材企業家であった。「石展」の調査で、土屋は東京市芝区（現港区）の中村文蔵が借り受けていた「字白丁場石山」を明治二二年（一八八九）から八年間共同経営する約定を取り交わすが、同二四年には共同経営を解消し、土屋が権利を継承したことなどが判明した。(9) 同じく「石展」の調査成果となるが、白丁場石の採掘・販売を手がけた相陽白石合資会社の存在も明らかになった。(10) 同社は明治三一年四月に常盤半蔵ら吉浜村の有力者八名と東京市を住所地とする者六名の共同出資（資本金二万円）により設立され、同四〇年ごろまでは事業が継続していたことが確認される。設立の翌年からは榎本吉太郎が代表者となっており、先に紹介した調査報告に榎本の名前が記載されていることと関連して捉えることが可能かもしれない。『本邦産建築石材』に見られた「(吉浜村)組合組織」という記述も、実際には合資会社であった同社を示していると考えることもできようか。

現時点では断片的な史料と事実の紹介にとどまっているが、地域の史料から土屋・榎本、相陽白石会社といった地域における事業の担い手の存在を明らかにできたことは、一定の成果であると考えている。

2. 明治期を代表する近代洋風建築に使用された白丁場石

近代洋風建築の事例

【日本銀行本店本館】小稿の冒頭でも述べたように、白丁場石はおもに近代洋風建築の外装材として使用された石材だった。本節では、辰野金吾設計の日本銀行本店本館(一八九六年竣工、重要文化財)、妻木頼黄設計の横浜正金銀行本店本館(一九〇四年竣工、現神奈川県立歴史博物館、重要文化財・史跡)、片山東熊設計の東宮御所(一九〇九年竣工、現迎賓館赤坂離宮、国宝)という、明治建築界の三巨頭と称される建築家の代表作でそれぞれ白丁場石が使用されているという事実を紹介した上で、白丁場石が近代洋風建築で重用された理由について検討していきたい。

日本銀行本店本館は、日本人建築家が設計した本格的な古典主義様式建築の嚆矢で、石および煉瓦造三階地下一階の明治期における最大規模の銀行建築である(写真3)。外壁に使用されている石材のうち、地階・一階のすべてと二階・三階のオーダー(柱形)および窓まわりには岡山県北木島産花崗岩(現岡山県笠岡市北木島)が使用され、白丁場石は

上：写真３　日本銀行本店本館の現況　下：写真４　横浜正金銀行本店本館の現況

二階・三階の平壁に用いられている。

【横浜正金銀行本店本館】横浜正金銀行本店本館は、国際貿易港横浜に立地する外国為替および外国貿易関係業務を専門とする特殊銀行の本店で、補強煉瓦造・石造三階地下一階の日銀本店と並ぶ明治期の大規模銀行建築である（写真４）。現在、筆者が勤務する神奈川県立歴史博物館として保存・活用されている。使用されている石材は、創建当時の建築概要を示した史料によれば、外部化粧柱や正門および窓等に茨城県産花崗岩、軒蛇腹と階段その他には岡山県北木島産花崗岩が使用され、白丁場石は二階・三階の平壁に使われており、日銀本店と同様の使用状況だったことがわかる。[11]

【東宮御所】東宮御所は、のちに大正天皇となる皇太子嘉仁親王の住居として計画された、鉄骨煉瓦造二階地下一階の大規模な宮殿建築である（写真５－１）。最先端の建築技術や工芸技術を結集して建設された内外観は、日本の近代洋風建築の到達点を示しており、国宝指定を受けている。現在、外国の賓客を接遇する迎賓館として使用されており、平成二八年（二〇一六）四月からは「通年公開」も実施されている。

外壁に使用されている石材は、「真壁石」と称される茨城県真壁郡樺穂（かばほ）村・雨引村産花崗岩で、建物中央の東西に設けられた「角中坪」という名称の中庭の外壁に「相州江ノ浦産ノ石材」、東西に突出した翼部の付け根の位置にある中庭「三角中坪」の外壁には、岡山県の備前陶器株式会社製の「陶製白色煉瓦」が用いられたと記載される。[12] しかし、筆者による「石展」準備段階での宮内庁宮内公文書館所蔵史料の調査および迎賓館での現地調査により、「角中坪」の二階部分の外壁と「三角中坪」の一階部分の外壁および二階の窓廻りに「白丁場堅石」が使用されていることが判明した(写真5－2)[13]。これにより、明治建築界の三巨頭の代表作すべてに白丁場石が用いられたこととなったのである。

なぜ白丁場石が使われたのか？

白丁場石を外装材として使用した建築は、本節で紹介した三棟にとどまらず、現存する建物では旧岩崎彌之助高輪邸（一九〇八年竣工、ジョサイア・コンドル設計）、旧帝国図書館（一九〇六年竣工、久留正道設計、現国立国会図書館国際子ども図書館）、日本銀行増築棟（一九三八年竣工、長野宇平治設計）、非現存の建物では東京府庁舎（一八九四年竣工、妻木頼黄設計）、横浜正金銀行下関支店（一九二〇年竣工、長野宇平治設計）などがある。これらを合わせれば二〇件ほどで、記録上使用が確認されないものも含めれば、その数はさらに増えることになろう。[14] それでは、白丁場石はなぜ建築用材としてこのように広く使用されたのだろうか。前節でも色が白い石材だったことと、花崗岩と比較して加工しやすかったことをその理由として挙げたが、ここでさらに補強しておきたい。

上：写真５－１　旧東宮御所の現況　下：写真５－２　旧東宮御所「角中坪」２階の白丁場石据え付け箇所

まず、色が白い石材という点に関わる重要な論点として、白丁場石は上記のような近代洋風建築の外装材として使用される際に、単独で使用されることは稀で、多くの場合は花崗岩との併用だった点を挙げることができる。花崗岩と併用される場合には、白っぽい色目の石である花崗岩と併用して違和感のない白っぽい石が求められる場合が多く、白丁場石はこのリクエストに応えることができる貴重な「安山岩」であったため、花崗岩と併用可能な石材として重用され、ブランド化していったと考えることができよう。

次に、花崗岩と比較して加工がしやすいという点に関しては、「石展」でも紹介した「ジョサイア・コンドル発岩崎彌之助宛書簡」が具体的な示唆を与えてくれる。(15) この史料は先にも紹介した岩崎彌之助高輪邸建設にあたって、コンドルが白丁場石（Shiro Choba stone）の代わりに水戸花崗岩（Mito Granite）を使用した場合の予算増額を岩崎に説明した書簡で、石材価格は白丁場石（二二〇五八円）と水戸花崗岩（二一五二四円）でほぼ同額だが、工費（Labour to same）は白丁場石（二六三七六円）と水戸花崗岩（五五五八五円）で二倍以上の開きがあることが記載されている。岩崎邸では最終的に主として白丁場石が使用されたが、本史料は白くて加工コストが安い白丁場石を花崗岩と併用すれば、石工事のトータルコストを大幅に低減することが可能になることを示しており、その点こそが近代洋風建築で白丁場石を使用するインセンティブだったのである。

おわりに

以上、「石展」での調査成果を紹介するかたちで、白丁場石の歴史とその特徴などを見てきた。「石展」は、かながわの大地を形成する岩石を石材として利用し、人々が旧石器時代から現代まで営んできたさまざまな活動のなかから、各時代を象徴するトピックを取り上げ、岩石学・考古学・歴史学・民俗学を専門とする各学芸員による多角的な視点で紹介し、時代と分野を横断して石にまつわる多種多様な資料を紹介した展示であった。

石材産業は、地域の地質構造をベースにして成り立っている究極の地域密着型産業と捉えることができ、その実態を明らかにすることは地域の自然と歴史を明らかにすることと同義と筆者は考えている。史料不足によりその全容を解明できたとは言いがたいが、小稿で紹介した白丁場石は、歴史学・建築史学の分野でいまだ十分に研究が進展しているとはいえない近代の石材産業史、あるいは建築材料史研究の一成果としても位置づけられよう。

白丁場石は帝国議会議事堂の外装用石材の候補に挙げられたが、結局採用されることはなかった。昭和四年（一九二九）から昭和一三年（一九三八）にかけて、三期に分けて実施された日本銀行本店の一号館・二号館・三号館の増築工事で、本館同様二階以上の外壁に使用されたのが、建築用材としての最晩期の使用実績になると思われる。

写真６　湯河原町鍛冶屋地区のみかん畑に見られる白丁場石製の石垣

昭和三五年（一九六〇）頃で採掘を終了し、現在では地元でも忘れ去られようとしている「幻の石材」であるが、丁場跡に近い湯河原町の鍛冶屋地区や吉浜地区などでは、現在も神社やみかん畑の石垣などに使われている白丁場石を目にすることができる（写真６）。平成二八年（二〇一六）一〇月に地元の小学生に白丁場石の歴史について話をした際には、今までまったく聞いたこともなかった地元の歴史に、多くの児童が関心を持ってくれた。今後も調査を継続して埋もれた史実の解明を進めるとともに、それを残し伝えていくことにも努めたい。

註

（1）本稿は、神奈川県立歴史博物館で開催した特別展「石展―かながわの歴史を彩った石の文化―」（会期二〇一六年二月六日から三月二七日まで、主催 神奈川県立歴史博物館、神奈川県立生命の星・地球博物館）にて紹介した調査成果をもとに執筆したものである。同展については、神奈川県立歴史博物館編『石展　かながわの歴史を彩った石の文化』（特別展図録、神奈川県立歴史博物館、二〇一六年、以下「石展図録」と略記する）を参照のこと。なお、同展での白丁場石に関する調査成果には、丹治雄一「近代洋風建築への石材利用と『白丁場石』」（「石展図録」四章、六六～七一頁所収）、同「幻の石材『白丁場石』の実態にせまる」（「石展図録」論考・資料編、一〇〇～一〇三頁所収）、同「近代洋風建築に使用された〝幻の石材〟白丁場石の歴史」（県博講座「かながわの歴史を彩った石の文化」第五回、於神奈川県立歴史博物館、二〇一六年三月一九日）などがある。

（2）白丁場石の採掘状況を調査し、その岩石学的特徴にも言及した明治・大正期の調査報告には、山田德太郎「相州六ヶ村ノ石材」（『工学会誌』第一二六巻、一八九二年六月、三一九～三二八頁）、戦前の石材研究の第一人者と目される小山一郎による一連の著作のうち、小川一郎「安山岩其他の石材」（『地質学雑誌』第二四〇号、一九一三年九月、四三三～四五〇頁）、清水省吾「神奈川県産石材試験報文」（『地質調査所報告』第四四号、一九一三年一二月、五九～九七頁）、臨時議院建築局編纂『本邦産建築石材』（三菱鉱業、一九二一年）などがある。

（3）以下の白丁場石の岩石学的特徴に関する記述は、山下浩之・笠間友博「神奈川県湯河原町に産する通称〝白丁場石〟の岩石学的特徴」（『神奈川県立博物館研究報告―自然科学―』第四四号、二〇一五年二月、一～一〇頁）、山下浩之「湯河原が誇る石材〝白丁場石〟」（『自然科学のとびら』第二一巻一号、二〇一五年六月、七頁）、および前掲註（1）で触れた「石展図録」の白丁場石の資料解説（山下浩之執筆、同図録一四頁）による。

（4）日本石材振興会編纂『日本石材史』（日本石材振興会、一九五六年）、原德三「岩崎邸と開東閣の一〇〇年」（鈴木博之監修・開東閣史料編纂委員会企画・編集『岩崎彌之助高輪邸・開東閣―建築史料集―』開東閣委員会、二〇〇八年所収、一一九～一八八頁）、鈴木博之「旧岩崎彌之助邸　開東閣の世界」（同上所収、四一～五六頁）。なお、鈴木氏は上記論考等で、岩崎彌之助高輪邸で、白丁場石からおそらく稲田石と思われる水戸花崗岩へと材料変更がなされたこと、およびその建築史的意義を強調しているが、実際には原氏の論考が指摘するように、外装材の大部分には白丁場石が使用され、水戸花崗岩の使用は限定的であった。

（5）前掲註（2）を参照。
（6）前掲註（2）を参照。
（7）前掲註（2）を参照。
（8）前掲註（2）を参照。
（9）土屋大次郎と白丁場石の関わりについては、神奈川県立公文書館所蔵「足柄下郡岩村　土屋家文書」所収史料の記載による。なお、その後に土屋が白丁場石とどのような関わりをもったのかは、現時点では判然としない。
（10）以下、相陽白石合資会社に関しては、湯河原町の個人所蔵文書所収史料と『神奈川県統計書』各年版による。
（11）以上の記述は、横浜正金銀行編『横浜正金銀行建築要覧』（横浜正金銀行、一九〇四年）による。
（12）以上の記述は、「東宮御所御造営誌」（宮内庁宮内公文書館所蔵）による。
（13）旧東宮御所における白丁場石使用の詳細については、前掲註（1）「石展図録」を参照。
（14）白丁場石を使用した建築の件数は、前掲註（4）掲載の『日本石材史』の記述による。
（15）一九〇三年（明治三六）年七月二八日付、静嘉堂文庫所蔵。英文でつづられた本史料の翻訳は、鈴木博之『ジョサイア・コンドル書簡史料の研究』（平成一四年度～平成一五年度科学研究費補助金〔基盤研究〕〔C〕〔2〕研究成果報告書、二〇〇五年）による。

【付記】本稿脱稿後に、神奈川県立生命の星・地球博物館において、「石展」をリメイクした企画展「石展2――かながわの大地が生み出した石材」（会期二〇一六年一二月一七日から二〇一七年二月二六日まで）を開催している。

七　「甲州みかげ」の特質と採石遺構の文化財的可能性

宮里　学
宮久保真紀

はじめに

山梨県甲府盆地における近世以降の土木建築用石材としては、安山岩と花崗岩が主要石材であるといえる。両種とも、ほかの地域と同様に地産地消の時代が長く、人々の生活やインフラ整備に密着してきたが、明治三六年（一九〇三）に中央線が開通すると、市場価値が高まり商圏が一気に首都圏に広がった。

しかし、安山岩については、首都圏に流通はするが、おそらく質量ともに豊かで歴史的な産出地である神奈川県西部から伊豆半島で産出される伊豆石・小松石と称される石材に勝ることができず、地産地消型の歴史をたどった。一方、首都圏に販路を広げたのは花崗岩のほうである。山梨県庁も専属部署を設け、特に大正一二年（一九二三）の関東大震災以降の復興期に資材として大量消費された。しかし、その歴史は本県のなかでも忘れ去られている。

そこで、本稿では「塩山みかげ」「甲州みかげ」と称される本県峡東地域産出の花崗岩の歴史と採石について焦点をあてたい。なお、呼称については、「塩山駅より各地に搬出するものをもって「塩山みかげ」の称あり」「東京市内に於いて「甲州みかげ」と呼ばるるは悉くこの地の産」との記述から、塩山みかげと甲州みかげは同一石材であるといえる。この点については、現在も石材業関係者の中で同じ見解にあるため、本稿では甲州みかげの表記で統一する。[1] また、図・写真については、本章末尾に一括して掲載した。

1. 山梨県で産出する歴史的な主要石材

最初に、本県で産出する建築土木用石材について、その歴史的背景を把握するために主要石材の概観を述べておく。

【安山岩】主に、盆地北部から東側（甲府市～山梨市）で産出する。太良ヶ峠（たらがとうげ）火山岩で、普通輝石安山岩、角閃石（かくせんせき）安山岩を含む紫蘇輝安山岩。歴史的には、古墳の石室、近世城郭である甲府城石垣や城下インフラの各種資材、寺社の基壇や建物建材、石製品として、近代以降も市街地整備や鉄道、橋梁等で需要があった。現在は産出していない。

【花崗岩】主に、盆地北部から西部、北東部から南東部で産出する。甲府花崗岩体で、広瀬花崗閃緑岩や昇仙峡花崗岩などに分かれ、花崗閃緑岩、黒雲母（くろうんも）花崗岩の花崗岩類である。歴史的には後述するが、おそらく近接する産地と消費地の関係で、寺社の基壇や建物建材、石製品として使用される。

【粘板岩】特に、盆地南西部の南巨摩郡早川町で産出する。学術的には、泥岩砂岩互層（付近に混在層）に分類されている。歴史的には諸説あるため割愛するが、少なくとも江戸時代には徳川将軍家に献上されたとされる雨畑硯（あまはたすずり）が著名で、その石材として、粘板岩が使用されている。

2. 歴史資料から見た甲州みかげの採石史

【近世以前】近世以前の甲斐国で産出する石材については、『甲斐国志』巻之百二十三附録之五「玉石類」の項に、

「礐石（ドウス）」「禹余糧・太一余糧」「青礞石」「黒雲母」「青石」「磁石」「水精」「矢ノ根石」「砥石」「小豆石（アヅキ）」「板石」「火刀石（ヒウチ）」「御影石」「題目石」「落星石（ホシクソ）」「押手石」「寒水石」「白堊石（シラツチ）」「甲斐之峰」「雨畠石（アメハタ）」「貝化石」「焼米石」「蛇骨石（ジャコツ）」「石鍾乳」「石灰（スミ）」「含玉石」「玉髄」「木葉石」「雲砂」など、その名が列挙されている。(2)

しかし、甲斐国の主要な石材である甲州みかげの利用については、近世以前はあまり判然としない。というのは、江戸時代の村明細書上帳などを確認しても、甲州みかげを切り出した石工の存在や産物としての表記が現在のところ確認できないためである。よって、甲州みかげの採石が産業として位置づけられるのは、後述するように近代以降といえる。しかしながら、花崗岩の利用は県内でも石造物などで近世以前から確認できる。ここでは、江戸時代以前の甲斐国内の花崗岩の利用を文献史料から立証できる貴重な事例として、徳川家康側室養珠院（お万の方）の墓所を紹介しよう。

養珠院は、徳川家康の晩年の側室で、紀州徳川家・水戸徳川家の始祖の生母だが、承応二年（一六五三）に江戸で没した。熱心な日蓮宗信者だった彼女は、深く帰依していた日遠上人が開山となった甲斐国本遠寺を廟所に望んだ。(3)

先掲『甲斐国志』巻之百二十三附録之五「玉石類」のうち、「御影石」には以下のような記述がある。

一御影石　石村ノ京戸山ヨリ出ヲ上トス承応中養珠院殿ノ遺言ニ依テ廟石ヲ於此山採西河内領大野村本遠寺ニ挽テ建ラル紀伊殿ノ施主ナリ(4)

また、『甲斐国志』巻之八十七仏寺部「大野山本遠寺」の項には、以下のようにある。

養珠院石塔、紀州頼宣卿ノ建立造営頗ル壮麗ナリ銘ニ養珠院殿妙紹日心大姉承応二年癸巳八月廿二日逝ストアリ伝ヘ云大石和筋石村ニ於テ石工ヲ命ゼラルト此ヨリ凡十二三里ナリ大野ハ山間ニシテ石品乏シカラザレドモ養珠院殿嘗テ侍婢ニ遺言アリシ由ニテ此役アリ(5)

これによると、被葬者である養珠院本人の「遺言」により、甲斐国石村に「石工」(ここでは採石又は加工の意か)が命じられたことがわかる。廟所となる大野山本遠寺周辺では石材が乏しいわけではないが、約五〇キロ離れた石村京戸山で石材が採られ運ばれた。

また、墓所の石造物については、『甲斐国社記・寺記 第四巻』「本遠寺」の項に、「一、御廟所 五輪石塔 但シ高サ壱丈五尺」、「但シ三間弐尺四方石垣高サ四尺右上ニ高サ三尺石玉垣石門扉三尺同所前ニ高サ八尺五寸壱ツ石載祓門扉附左右ニ高サ右同断ノ石垣玉垣右外段九間ニ十間石垣四方ニ回ル高サ不定同所前ニ五尺下リ石坂左右共ニ矢来」と記述がある。[6] この廟所は、周囲に石垣をめぐらせ、墓石やその手前に位置する門、玉垣にいたるまで、白く美しい花崗岩がふんだんに用いられたたいへん壮麗なものである。旧石村(現在の笛吹市一宮町)は、本稿で扱う甲州みかげを産する甲州市塩山からは約一五キロほど離れているが、同じ岩帯から採石された花崗岩の使用事例として注目される。

【近代以降】『塩山市史 通史編下巻』[7] によれば、甲州みかげの積極的な利用がはじまるのは明治三九年頃で、中央線の開通によってはじまったという。東京・横浜・神奈川・新宿・青梅方面へ出荷され、明治四二・四三年頃には盛況だったが、県当局は明治四五年頃、出水や氾濫の防止のために河川沿岸転石などの採取の制限を行ったため、神金外三ヵ村恩賜県有財産組合は石山(採石地)の払下運動を展開したが、認められなかった。

主な採石地は、『東山梨郡誌』によれば、神金村上萩原および八幡村市川大平山(現山梨市市川)等で、ほかにも神金村小田原付近から大藤村・七里村に至る重川沿岸露出の大石も切り出された。[8]

明治後半から本格的な採石が始まった甲州みかげだが、最初の画期は、明治四〇年代前半の度重なる大水害をきっかけに訪れた。災害をひきおこした原因のひとつとして、江戸時代入会地とされていた山林の多くが官有林・御料林となって荒廃したことが挙げられ、明治四四年（一九一一）、御料林一六万四〇〇〇ヘクタールが山梨県に下賜されることとなったのである。これに対し、大正六年（一九一七）、舞鶴城公園内への謝恩碑建設が県議会で決議された。建設の経費をつくるために下賜された山林の一部が水源涵養林として東京市に売却され、下賜された山林から産出される「甲州みかげ」をその材とした謝恩碑は、大正一一年（一九二二）九月に完成した。[9]

『山梨県恩賜県有財産沿革誌』によれば、こののち大正一四年（一九二五）七月より山梨県が採石事業に乗り出すのだが、それに先立つ同一一年、農林省技師により調査が行われている。[10] 結果、採石地となった神金村の箕輪山恩賜県有財産内に存在する花崗岩の埋蔵量は約三六万立方メートルと推定され、「材質堅硬緻密にして道路、橋梁、其の他の基礎材料として、又長大材の生産可能量に於て他の追従を許さゞる所」と評価された。

甲州みかげは、その材質が建築資材に適すと評価され、埋蔵量も十分期待できるとされたため、のちに山梨県直営石材事業として大きな利益を期待される存在となったのである。

大正一二年（一九二三）九月一日、関東大震災が発生した。東京・横浜が壊滅的被害を受けたことは、採石事業に大きな影響を与えた。建築材や電車軌道下、その他の敷石にも適材である甲州みかげは、両都市の復興資材として大いに活用されることとなった。[11]

なお、県直営石材事業だった甲州みかげの採石は県山林課によって行われ、採掘や加工販売を行う「塩山石材事務所」がおかれていた。[12] また、石材事業開始に先立つ大正一三年（一九二四）三月、山梨県参事会は切り出した石材運搬のため、中央線塩山駅と箕輪山の作業現場約九キロの間を軌道で結ぶことを決めた。大正一四年（一九二五）九月までに用地が買収され、一〇月末日までには軌道（後述の神金軌道）が完成した。

石材事業は景況で、大正一五年度採取の石材は八万切、[13] うち五万切は東京電気局などへ販売されたと思われる。その後、戦時中は石材の需要が少なくなったが、終戦後は復活した。昭和三八年には民営化され、二社が事業を引き継ぐこととなった。民営事業は、戦後の道路整備で大いに景況となり関東地方全域・富山・石川県方面に大量出荷されたが、平成三年（一九九一）、石材の採掘が付近に災害をひきおこす恐れありとの理由で禁止され、現在に至っている。(14)

3. 甲州みかげの評価

我が国の近代化のなかで、甲州みかげが全国的な視点のなかでどのように評価されていた石材なのか。大正八年の現地調査結果をまとめた臨時議員建築局編纂『本邦産建築石材』（大正一〇年）に従い、当時の評価をみておこう。

・学名は黒雲母花崗岩、通称は塩山みかげ（東京では甲州みかげ）。
・産地は山梨県東山梨郡神金村（現甲州市塩山上小田原他）字高芝および番屋、そのほか河原の石をとる。
・丁場は高芝に二ヵ所、番屋に三ヵ所、ほか小松尾、踊石。
・坑区面積は十町歩。鉱物分は黒雲母・長石（白）・石英で、雲母の結晶は大きく、石英は少ない。
・組織は中粒で、ほかの花崗岩と比べて粗い。節理面は垂直に東西・南北の二面と水平面がある。石目は普通。
・当該地は、甲府盆地の北東部で、秩父古生層の粘板岩や砂岩とともに露出し、笛吹川の上流と支流の重川との間に北東から南西に走る場所である。
・風化の状態は、甚だしく風化して玉石となるが、場所によっては大きな岩盤である。
・産出地では、大材を採れる見込みがある。細かな細工には不向きだが、採石の寸法としては角石は五〇切、長材は一五～一六尺の石材が用意できる。

・販路は甲府付近で鉄道や土木工事に多く、板石も多く出荷。東京にも構造材として多少出荷。産出は一定ではなく、受注生産である。
・販売価格は、山元で一切七〇銭、塩山駅渡しで九〇銭、東京では一円五〇～六〇銭。
・丁場付近の地理は、塩山駅から北東三里で青梅街道からも数丁で運搬は至便。運搬方法は、軽量の場合は小車、重量があるものは橇で運び、その金額はおおよそ三～五銭。東京に出荷する場合は、街道から荷車に積み、塩山駅まで運搬。一車両に一〇切を積み、一切当たり一四～一五銭で飯田町駅[15]に輸送。
・大正期（大正八年頃か）には、石工（いしく）は二〇名、人夫二〇名が働き、石工の日当は一日三円、人夫は一日一円二〇～三〇銭。丁場は私有地で、塩山村の常盤鶴吉・金井忠次郎らが所有。

4. 甲州みかげの採石遺構

前述のとおり、甲州みかげの採石は明治時代後半から本格的に始まり、県営採石場が開設されてから産出ピークを迎える。この主たる採石地である県営採石場の範囲についてはおおむね把握され、現地で確認することもできるが、歴史全体のなかで捉えると資料不足でもあり、全体像を把握するには至っていない。そこで、甲州みかげの採石遺構にはどのような可能性があるか探っておきたい。

まず、遺構としての産出範囲だが『本邦産建築石材』では「其露出区域は約二十五方里に達するも石材採石地として知られたるは唯一の神金村あるのみ」と記述され、神金村地内が採石地のようである。範囲については、石切丁場の拠点的な意による山元をはじめ、箕輪・箕輪山石材発掘所・高芝・小松尾・重川など、範囲を示す地名や山が呼称として使われており統一性はない。しかし、これらの範囲が採石遺構としての分布範囲に含まれてくるであろう。

さらに、同書には遺構の形成を考えるうえで重要な記述がある。大正時代の産出の様態は、地山（岩盤）の風化した残塊（節理などで自然破断した石材）と河床に転在する転石の採取の二種類がある。

前者は写真4～6、19の景観が該当し、岩盤から石材を切り出すための矢穴や削岩機の痕跡をもつ遺構が形成されると推測される。このような遺構の形態が、県営採石地の基本形といえる。後者は、写真1・20のように河原の転石（大石）を母岩として活用した形態で、遺構の形成はされても自然環境の変化で残存しにくく、今後も遺構を確認できる可能性は少ない。事実、筆者は神金村から下流の下萩原地区の河川で矢穴の打たれた巨石の転石を確認したことがある。記録撮影を行い、後日、計測等の記録を計画したが、その後の台風による増水で見かけなくなった経験をした。

両者は石材の採掘や加工に関連する遺構で、このほかに運搬路、集積地、関連建物施設や設備（居住、作業、執務の空間や水路など）、水場、鍛冶場、祭神場などの遺構が付随することが容易に想定できるため、現在も全体把握に向けた現地調査を継続しているところであり、今後報告することとしたい。

5．甲州みかげの特質と文化財的価値

甲州みかげの採石の歴史は平成の時代まで続いたが、近代遺産として評価する場合、欠くことができない要素がいくつかある。特に、神金軌道・塩山技術補導所・塩山石材事務所の存在は後世に明記しておきたい要素である。

神金軌道（トロッコ、トロ線）

甲州みかげの採石で忘却されているのが、神金軌道（通称、トロッコ、トロ線）の存在である。採石地（山元）から出荷拠点である中央線塩山駅までの運搬は、当初、軽量の場合は小車、重量があるものは橇（そり）で運ぶことから始まった。『神金の歴史』によれば、「荷馬車」による運搬とある。村内に荷馬車は一五台くらいあり、河原のような道路をゴトゴトと塩山駅まで運んでいた。運搬能率は悪かったようである。大正一四年、県による神金軌道の敷設後は、採石用手押軌道とも呼ばれ（図2）、動力は馬、木炭瓦斯機関車（昭和九年）、ガソリン機関車機関車に変化しながらトロッコ（小型の貨車）運搬が続く。やがて昭和三五年以降にはトラック運搬に変遷し、トロッコは消滅していく。

同書によると、トロッコには石材（板石）を満載（荷馬車の二台分）して毎日四～五台を神金軌道で運搬した。塩山駅の石材集積地（塩山石材事務所または赤尾石材事務所が所在。以下、塩山石材集積地という）までの下りは適当の勾配があるので、すべり止めをかけながら下り、上りは空のトロッコを馬に引かせて戻った。雨の日は運行不可能で、地盤軟弱のため、たびたびトロッコが外れたこともあったという。なお、トロッコは幅一メートル三七センチ・長さ四メートルで、採石地（番屋地区）から塩山駅までの下りは三〇分以内で着いたようである。

神金軌道による石材運搬は、大正から昭和時代前半の甲州みかげの最盛期を支えた大きな存在で、当時、山梨県が採石事業を直営事業とし、軌道まで敷設したことは全国でも類をみない。神金軌道と関連遺構群は、全体としてたいへんよく残っていることが現地調査で判明した。残存する主な遺構は、塩山石材集積地・軌道跡（一部レールが残存）・分岐点（別路線隧道を含む）・橋梁である。当時の建設関係資料は残存が確認できていないため、今後も新たな遺構や遺物の発見があるかもしれない（写真11）。

塩山石材集積地は、神金軌道と中央線を結ぶ結節点で、きわめて重要な遺構である。場所は、塩山駅（昭和六一年に橋上化し、現行となる）の東五〇メートルほどの北側で、現在は公共広場として利用されている。資料によれば、専用線支線によって中央線と繋がっていたようで、線路に面した南側にプラットホームの石積みが現存している。また、古写真も残っており、塩山集積地は遺構として確認できる（写真10と写真22上段の「塩山駅積込ホーム」）。

軌道については、レール（一部残存）・枕木・道床などは確認できないが、敷地としてほぼ全線が確認できる。関連資料から、軌道敷地は県が公有地化しており、現在も赤道や公道となっている範囲がある。軌道敷の幅は一様ではないが、四ヵ所で計測すると約二・二〜三メートルを測る。

軌道は、塩山石材集積地を起点に北上し、総延長九・五キロを経て採石地（山元）に到達する。そのルートは、起点を出た後は、塩山赤尾地内の大手マンションの西側を北上（写真12）、塩山バイパス神赤尾交差点の南側で県道と交差し、量販店薬局の東側に出る。この付近は、現在でも石材を営む方が多く居住している点が興味深い。

赤尾付近からは、甲州市千野に向かって赤尾バイパスと重川の中間を並行しつつ北上し、千野に達する。この区間の軌道跡は、断続的だがほぼ踏査できる。千野には、神金軌道と三塩軌道（林業・硝石専用の軌道）の分岐点で、三塩軌道は専用隧道を西に折れ、山梨市牧丘三富方面に進む（写真13）。古老によれば、居宅が分岐点脇にあったため、軌道の騒音や貨車がスリップしたり、急カーブを曲がるため減速しすぎた場合には手押しで助力したとの証言を得た。千野を通過後は、重川右岸を並行するように軌道は北東に進み、竹森地区を経て下小田原に達する。大正から昭和にかけて石積技能者が多く集まった時代、下小田原付近はたいへんな賑わいで、飲食店も多かったようである。小田原地区からは青梅街道と重川と並走し、徐々に狭い谷部に入る（写真14）。また、神金地区に入ると、重川の支流を渡るため橋梁が建設され、現在も二ヵ所で橋梁遺構を観察することができる。

橋梁については、上条川軌道橋（写真15・16）や天狗沢軌道橋が当時の姿をよく残している。コンクリート製で、上条川軌道橋では、幅は平均一・八メートルを測る。現在、人は通行できるが、レール・枕木・道床は確認できない。

塩山技術補導所（通称、石工学校）

平成一五年に完成した甲府城跡稲荷櫓に伴う築城期の野面（のづら）積み石垣改修工事で、石積技能者である向山俊夫氏（甲州市中萩原在住）に石積み技術について聞き取り調査を実施した経過がある。その際、「石工学校」なる存在を初めて知って関心をもち、その実態を知るべく調査をしたが、当時は施設跡地が塩山上萩原の雲峰寺あるいは裂石周辺にあったという情報のみだった。今回、再度調査したところ、やはり補導所については資料が見つからず詳細は不明だが、いくつかの行政刊行物や書籍に記述があった。

石工学校は石積み技能者を養成する施設で、正式には「塩山技術補導所」（以下、補導所という）と呼ばれた。山梨県商工部が昭和二八年に設置し、同三九年には閉鎖している。設置の目的は、手工業の職業技術の向上や就業の促進を目的とした職業訓練校〈職業安定法〈昭和二二制定〉に基づく公共職業補導所または一般職業訓練所〉で、閉鎖後は塩山職業訓練所に変遷していくようである。入所者は、県内外の若い石工で、甲州市在住の石材業の方からも瀬戸内海からも参加者があったことは聞き取りで判明している。

当時の授業や技術講習の内容、講師・道具・テキストなど石積技術に関してどのような指導がなされていたのか、興味が尽きないため継続して調査するが、公立の石工学校が採石地に隣接して存在していたことは特色の一つとして明記しておきたい。

山梨県山林課と塩山石材事務所

山梨県が昭和五年頃に発行したと推測されるパンフレット「石材事業案内」（山梨県）が、山梨県立図書館に所蔵されていることを突き止めた（写真22）。パンフレットは縦二二・五センチ・横一一・二センチ、四つ折りの両面カラー印刷で、事業概要、販売方法と販路、生産数量表、位置図、丁場の作業や塩山駅出荷の風景の写真が掲載されている。また、奥付には当時の担当部署として、山梨県山林課（甲府市橘町）とあり、併せて塩山石材事務所（電話塩山一一八番）の記載からも、県が直営事業として甲州みかげの販売に大きな期待を寄せていたことがわかる興味深い資料である。

事業概要には、当時の様子が次のとおり書かれている。

・石材事業を県が直営で行うのは、山梨県が最初（嚆矢）である。
・採石地は東山梨郡神金村箕輪山で、花崗岩の埋蔵量は無尽蔵である。
・運搬も塩山駅や青梅街道があるため至便で、駅には専用線を設けている。
・石積技能者常時一〇〇名おり、急ぎの場合は七〇から八〇名の増員が可能。
・材質は堅く緻密で、道路・橋梁・建築材に適し、いかなる大きさでも採石できるが、運搬の都合一個八〇切までの注文に応じる。
・近くガソリン機関車を購入し、能率増進を図る努力をしている。

また、売払いの方法は、手紙または急な場合は電報電話とし、石材の寸法仕様、値段交渉が済めば一割の契約保証金を郵便為替か銀行小切手で送金すれば、採石準備に取り掛かるとしている。

石材は、原則として塩山駅の「県営石材置場（塩山石材集積所）」での引き渡しだが、実費で汽車輸送による到着駅渡し、大量注文の場合は現場渡しも行っていたようである。主な販路と生産量については、次節で評述する。

6．甲州みかげの価格と流通

甲州みかげの価格については、『本邦産建築石材』によれば、山元では一切七〇銭、塩山駅渡しで九〇銭、東京では一円五〇～六〇銭とある。県営事業における甲州みかげの価格は、『塩山市史　通史編　下巻』に引用された東京市電気局との石材売買契約では、一坪あたりの単価は一八円である。内訳を記すと、石材採掘請負料五円五〇銭、根掘費二円、貨車積み込みまでの輸送料が一円五〇銭、輸送料三円三〇銭、よって一坪あたりの利益は四～五円だった（『山梨県恩賜県有財産沿革誌』によれば、大正一四年一一月二二日付「山梨日日新聞」）。

販路と消費地については、『東山梨郡誌』によると、山梨県内だけでなく、主として東京・横浜・神奈川・新宿・青梅の諸地方とある。『本邦産建築石材』によると、甲府周辺では鉄道や土木工事に利用され、板石も多く出荷されたとある。東京にも構造材として多少出荷とあるが、大正一〇年当時、まだ県営石材事業として大規模に始まる以前の状況を記したものかもしれない。

また、「石材事業案内」には、産出量と販売先の記述がみられる。板石は主として東京市電気局の軌道用材で、角石および敷石、間知石、そのほかは、東京と横浜市の復興材料、多摩御陵参道用材、山梨県会議事堂や県庁舎（現存）、県立図書館、甲府警察署等の建築用材に使用されたと記載がある。さらに、そのほかの資料により、小樽運河・隅田川橋梁・大阪万博でも消費されていることが判明している。

生産量については、『本邦産建築石材』では、産出は一定ではなく受注生産だったとある。「石材事業案内」には、県営石材事業としての大正一四年から昭和五年まで生産量が切が掲載されている（表1）。石材の種類によってずいぶんばらつきの感があるが、採石地の設備や環境整備が整った大正一四年以降の業績は、好調に生産量を大幅に増加させていたようである。なお、表1の単位の切は一尺の立方体で、一立方メートル≒三六切と捉えておく。

表1 「石材事業案内」（山梨県発行）による産出量

	大正14年	昭和元年	昭和2年	昭和3年	昭和4年	昭和5年
板　石	44,342	67,218	95,945	96,325	101,984	120,307
角　石	928	8,829	5,286	20,763	3,170	3,053
鋪石間知石他	—	25,171	389	—	34,220	1,890
合　計（切）	45,270	101,218	101,620	117,088	139,374	125,250

おわりに

筆者らは、これまでに県指定史跡甲府城跡の史跡整備や調査研究に携わってきた。本稿で取り上げた甲州みかげはその過程で知り得た文化財情報だが、今日ほど近代遺産や近代遺構という用語が定着する前でもあり、記述する機会が希薄だった。

しかし、近年は各地で石切場の史跡指定や、特に近代の採石場（石切場）の地域研究が進み、日本遺跡学会による今企画は各地域の成果を集約するもので、我が国の近代化を支えた石材やその石切場、採石場の遺構の評価が躍進する好企画だと思う。

本稿執筆にあたり、甲州みかげの調査研究を再起動したが、その成果の一端をまとめておく。

・本県には、土木建築材料として活用できる膨大な質量の花崗岩を産出する地域がある。
・明治時代後半から昭和時代に採石業が盛んで、首都圏への石材供給の一翼を担った。
・大正時代に山梨県が石材事業を県直営とし、石材を運搬するため軌道・専用部署・技能者育成の県立補導所を新設した。
・採石業への就業や技能習得の場となって全国から人材が集まり、人口増加に伴って町も賑わった。

・甲州みかげは、採石地や軌道などの遺構が良好に残っており、文化財的な価値をもつ可能性がある。

また、石材に係る技能者の歴史的系譜や黒川金山との関わり、石工道具・民俗調査・遺構群の詳細分布調査など新たな課題や遺構遺物の保存活用など文化財としての取り扱いを将来的には望みたい。

甲州みかげを含む周辺地域の花崗岩は、間違いなく原始から現代にかけて石器や古墳石室などに利用され、遺構や遺物として認めることができる石材である。この石材に明治時代の山梨県が目をつけ商業化を進め、県営事業として採石場を経営するだけでなく、橋を架け、軌道を敷設し、補導所まで設置した歴史は単純におもしろく、全国に類をみない事業として歴史的にも文化財的にも評価できる。ただ、残念なことに甲州みかげの存在はほとんど忘れ去られ、知る人もわずかである。

本県は首都圏に隣接するが、関東山地が分断することで地の利が悪いなどの理由で、関東平野の産地との花崗岩販売競争に負けた。その一方で、現在も多くの石材関係者が事業を営み、地域住民がこの近代遺産を地域活性化のため再活用しようとする動きもあるようだ。

我々は、やはり調査研究を継続し、埋もれつつある文化財を考古学的手法だけでなく、歴史学など多様な分野と連携しながら積極的に調査研究のうえ評価し、社会に還元していくことが大切であるとあらためて考える機会となった。

註

（1）臨時議院建築局編『本邦産建設石材』一九二一年、四八―五五頁。

（2）『甲斐国志　第五巻』（大日本地誌体系四八）雄山閣、一九六八年。一一六―一二〇頁。「甲斐国志」は文化年間成立の官撰地誌。なお、校訂者の付した文字等は一部（返り点など）省略した。

（3）養珠院の墓所は、このほか山梨県身延山久遠寺、東京都池上本門寺などにも所在。

（4）『甲斐国志　第五巻』（大日本地誌体系四八）雄山閣、一九六八年、一一八頁。
（5）『甲斐国志　第三巻』（大日本地誌体系四六）雄山閣、一九六八年、三八三頁。
（6）『甲斐国　社記・寺記　第四巻』山梨県立図書館、一九六九年、四六〇頁（慶応四年成立）。
（7）塩山市史編さん委員会編『塩山市史通史編　下巻』塩川市、一九九八年、一五五頁。この部分は、山梨教育会東山梨支会『東山梨郡誌』名著出版、一九七七年、一八二頁を部分的に引用している。
（8）山梨教育会東山梨支会『東山梨郡誌』名著出版、一九七七年、一八二頁。
（9）飯島卓郎『神金の歴史』神金学校、二〇〇七年、三九頁。
（10）前掲『塩山市史通史編　下巻』一五五頁。
（11）註（10）に同じ。
（12）「石材事業案内」山梨県、一九三一年頃発行ヵ。
（13）前掲『塩山市史通史編　下巻』一五七頁。大正十五年二月二十八日「山梨日日新聞」記事を引用。
（14）註（9）に同じ。四一―四二頁。
（15）飯田町駅は、現在のＪＲ総武線水道橋駅と飯田橋駅の中間にあった旅客貨物駅。東京都千代田区飯田橋三丁目一〇に所在し、甲武鉄道飯田町駅跡の碑がある。
（16）『もみの木』塩川市文化協会、二〇〇三年年、図―3・5・9・10・11を掲載。
（17）『県指定史跡　甲府城跡　稲荷櫓台石垣改修工事報告書』山梨県、二〇〇三年、二八四―二八五頁。

【付記】拙稿執筆にあたり、岡敏郎氏・甲州市立図書館・甲州市教育委員会・軌道沿線の住民の方々から資料調査や写真提供など協力を頂いた。末筆であるが感謝申し上げる。

年	月	事項
明治 36 年		中央線塩山駅開通。
明治 39 年		首都圏への出荷がなされる。
明治 40 年		「明治 40 年の大水害」が山梨県に発生。重川に大石（花崗岩）が大量発生。
明治 42 年頃		首都圏への出荷量の増大。
明治 45 年頃		県が、河川保護などを理由に採石を制限。
大正５年		山梨教育会刊行の『東山梨郡誌』に「建築石材」として所収される。
大正８年		『本邦産建築石材』に伴う現地調査が行われる。
大正 10 年		臨時議員建築局編纂刊行『本邦産建築石材』に「塩山みかげ」が所収される。
大正 11 年		農林省調査にて、埋蔵量は 36 万㎥で、「材質堅硬緻密で基礎材料の生産品として他の追従を許さない」と評価。
	９月	謝恩碑建設（甲府市）。
大正 12 年		県は、農林省の調査結果を受け、県営事業化を決定（『山梨日日新聞』掲載）
	９月	関東大震災が発生。
大正 13 年		県参事会は、10 万円を起債し、軌道を敷設するため用地買収を決定。 県知事、山林課長が内務省、大蔵省に許可の陳情を行う。
大正 14 年	９月	用地取得完了。
		東京市電気局と電車軌道用の敷石として３万３千切を契約。
	10 月	軌道の敷設が完成し、県直営の石材事業が始まる。
大正 15 年		この頃、石材事業にかかる石積技能者や人夫は 150 名程度。 ・栃木、茨木、瀬戸内海の小豆島などから人員が集まり、農家の物置などに居住する。 ・荷馬車を 15 台程度所有し、30 分程度で塩山駅まで運搬。
		県が、塩山駅前に、販売促進の出張所を設置し、職員配置（塩山石材事務所か）。
		県が、東京に県営山林物産陳列所を設置。
昭和４年		アメリカ製インガーソルランド社製（※）の削岩機を２台購入。
昭和８年		東京市の財政悪化に伴い、経営不振に陥る。一方で、名古屋・関西方面に販路を求め、京都市と市電の延石等の大規模契約を得る。
昭和９年		木炭ガスの機関車を購入し、輸送の迅速化を図る。
昭和 28 年		県が、塩山技術補導所（同市裂石地内周辺）を設置。
昭和 29 年		同所を閉鎖（塩山職業訓練所に改組）。
昭和 35 年頃		トラックによる石材運搬が主流となり、軌道は廃止。
昭和 38 年		県営採掘所が民間２社（丸正石材・塩山石材）に払い下げられる。販路を関東一円・富山・石川方面に拡大し、地域経済を潤す。
平成３年		環境悪化、防災のため、営業を停止。

表２　甲州みかげの動向　※ 1871 年創立の削岩機メーカー。1910 年以降コンプレッサー、エアツールのトップブランドとなる。

七、「甲州みかげ」の特質と採石遺構の文化財的可能性

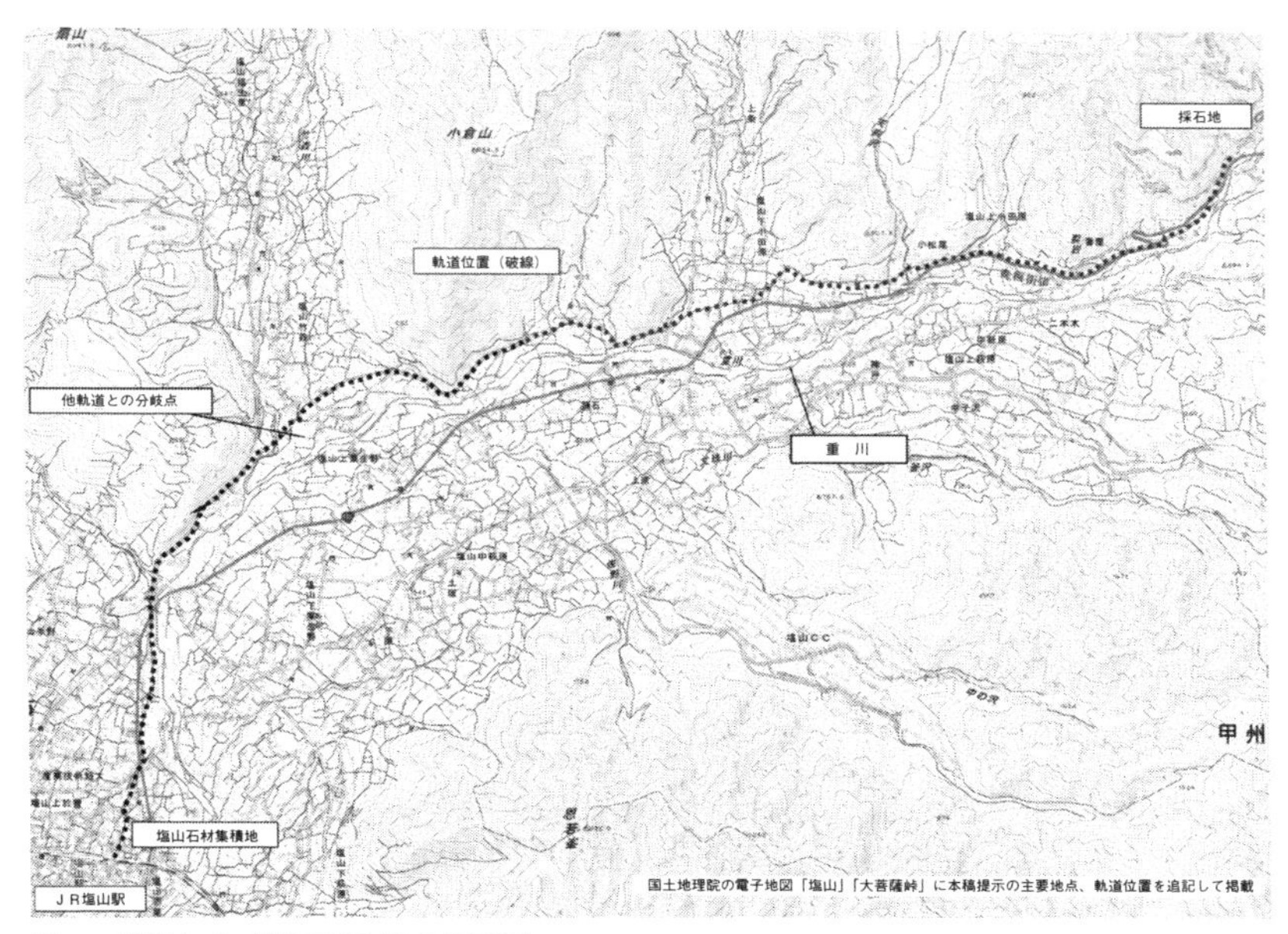

図１　軌道および関連諸施設の位置図

図２　「塩山」(昭和８年代日本帝国陸地測量部）図中に「採石用手押軌道」と記載

写真１　重川の転石状況（伊勢湾台風後）

写真２　大正５年初荷記念（手前に間知石）

写真３　大正 11 年の運搬状況（謝恩碑建設）

写真４　昭和 10 年県営採石場（第 70 号志村丁場）

写真５　昭和 10 年県営採石場（大割作業第 70 号丁場）

写真６　昭和初期の採石場風景

写真７　昭和初期の塩山石材集積所作業風景

写真８　昭和初期の塩山石材集積所と軌道(左側)

写真９　昭和時代の引揚げ機関車（並走する別軌道）

写真 10　現在の JR 塩山駅と塩山石材集積地ホーム

写真 11　塩山石材集積地に残置された石材

写真 12　現在の赤尾地区の軌道跡地

写真 13　現在の軌道分岐点（三塩軌道トンネル）

写真 14　現在の小田原地区軌道跡（幅約 2・2 m）

写真 15　現在の上条川軌道橋

写真 16　現在の上条川軌道橋の上部

写真 17　神金地区の軌道跡地（南より）

写真 18　小田原地内（地名「裂石」の由来）

写真 19　現在の採石場跡地

写真 20　重川の河床岩盤（採石地付近）

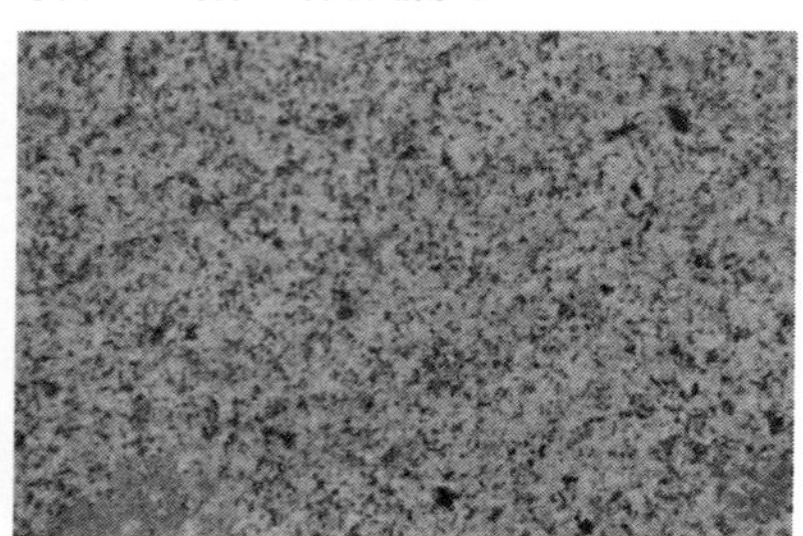

写真 21　甲州みかげの接写

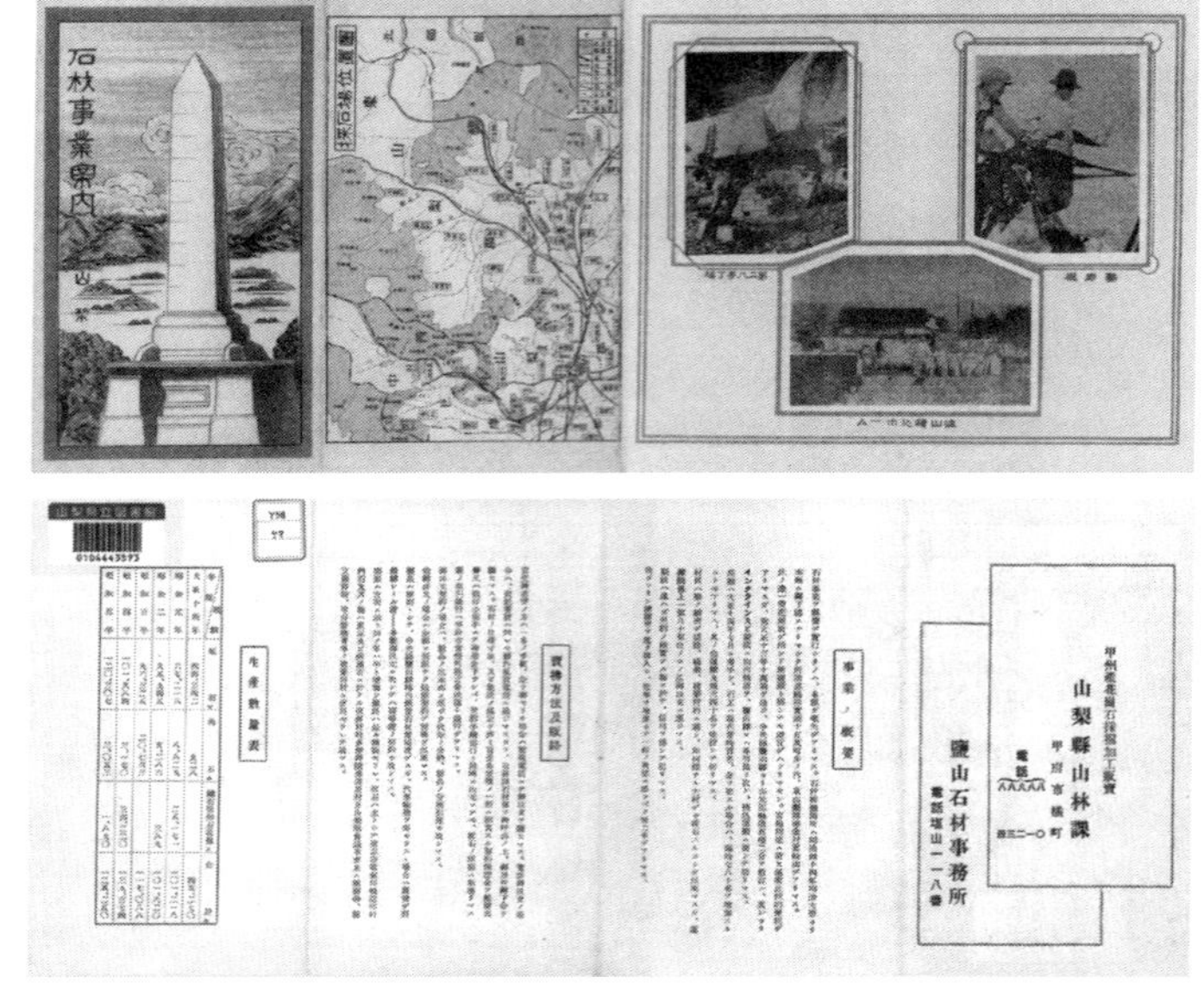

写真 22　石材事業案内（昭和５年山梨県発行）　上：表面　下：裏面

第Ⅱ部　中部・関西の石切場

一　石川県小松市域の凝灰岩石切場

樫田　誠

はじめに

小松市は、石川県南西部に位置する。南北に長い市域は、北西平野部で日本海に面し、南端は標高一三六八メートルの大日山を境に福井県勝山市と接している。市域の大半は山地と丘陵で占められ、平野部に残る潟湖から望む山並みは、流麗な白山を借景に、漸次高さを減じながらたなびく緑の景観として美しい。

白山・大日山周辺の山岳部こそ鮮新世～更新世の火山噴出物で覆われるが、平野部から見わたす丘陵部のほぼ全体が、新生代第三紀中新世前期のいわゆるグリーンタフ変動によって生み出された火山砕屑岩分布域である。特に、平野部に近い里山地域では、この岩盤が断続的に露出しており、戦前まで数多くの石切丁場が稼動していた。

1．石材の名称

市域の石材産出地は二五ヵ所以上を数え、地元では、それぞれの地名を冠して石材名としている。各産出地にはさらに複数の丁場が展開するが、なかには、丁場の小字名を冠した石材名で細別する例まである。観音下（かながそ）石と滝ケ原（たきがはら）石は、近代から現在まで継続して切り出しが行われている貴重な丁場で、前者が浅黄色の軽石質凝灰岩、後者が淡緑灰色の火山礫凝灰岩と、好対照をなす特徴的な石材である。小松の石材は、福井の笏谷石や栃木の大谷石のように総称を持たないため、中・近世の石造物流通を論述する上で、便宜上の総称を求める声もある。色調を基準に観音下石と滝ヶ原石の二者の名称で呼び分けようとする向きもあるが、それは誤解を生じかねない。

石材産地の分布図（図２）からわかるように、産地は広域に広がり、滝ヶ原石と観音下石の岩相がまったく異なることが示すとおり、産地ごと、あるいは丁場ごとのバラエティーは非常に豊かである。中・近世の発掘調査資料や墓石をみると、決して現在稼動中の二者が優勢を占めているわけではなく、むしろ、それ以外の産地石材が流通の主体だったようである。

上：図１　小松市の位置　下：写真１　木場潟から望む白山とその前山地帯

産出地が時代や時期ごとにどのように変遷したかは、本市の石材利用の歴史を考える上で大きな課題で、安直な総称は今のところ慎まなければならない。ただし、実は大正から昭和初期にかけて、小松の石材は全国的に販路を拡大し、複数の丁場の石材を一括した商品名としての石材名が

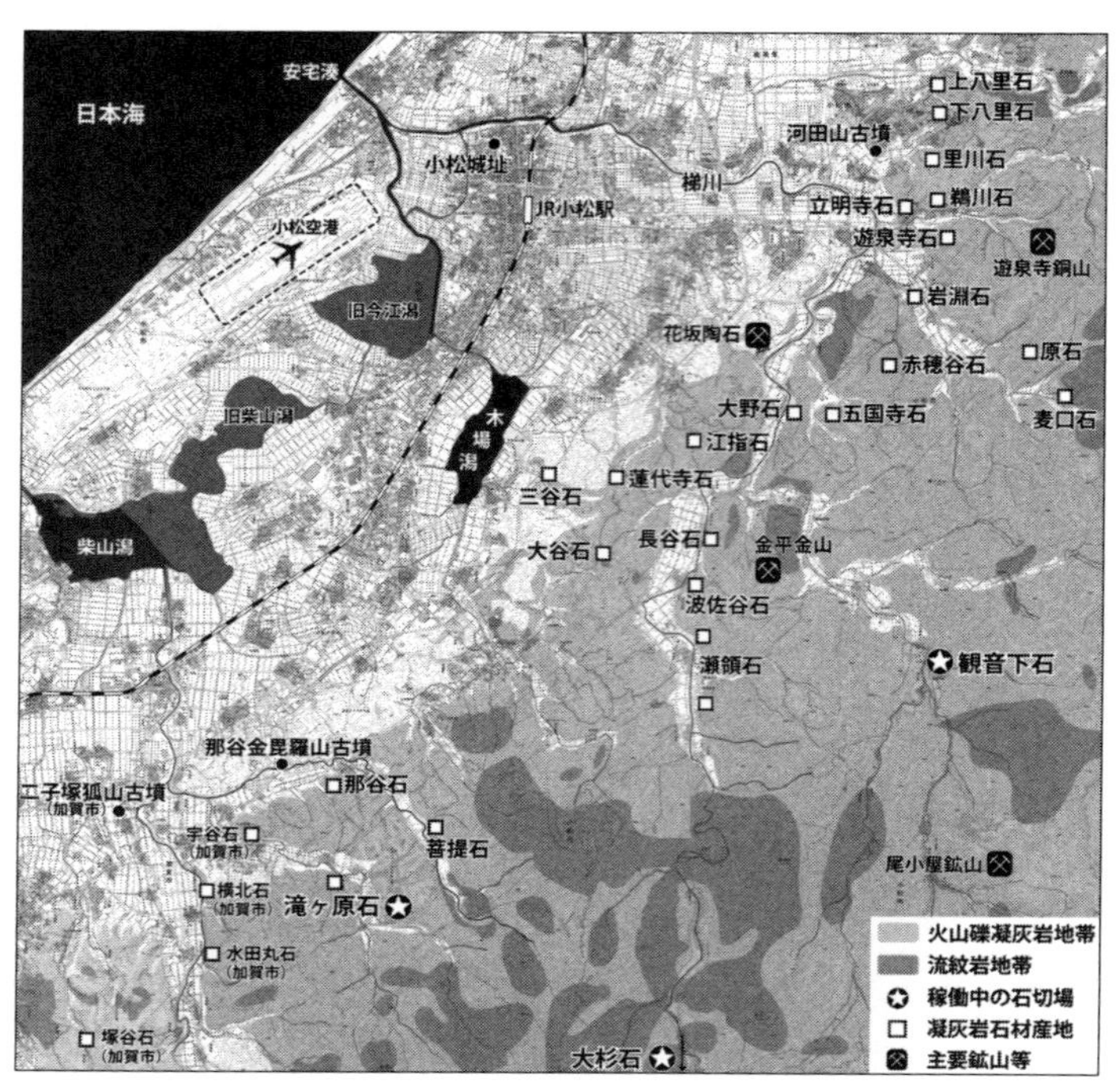

図２　小松市域を中心とした石材産地の分布

考案され、広く流通したことがある。これについては後述する。

2.　石材活用と流通の歴史

原始・古代・中世

縄文時代の石錘など自然礫利用ではなく、選択石材としての利用は、弥生時代中期の製玉用砥石が最古例である。特に、石材産地の那谷・滝ヶ原・菩提周辺は、碧玉の産出地とも重なりをみせていた。

古墳時代になると、隣県の越前地域では独特の刳抜式舟形石棺が前期から中期の盟主墳に採用されているが、加賀では加賀市二子塚狐山古墳の組合式箱形石棺（五世紀末）が最古例となる。一方、六世紀中葉から七世紀代になると、南加賀地域は凝灰岩製切石積横穴式石室が集中する地域となる。代表的な河田山一二号墳の石室（写真２）は、切り組技法（鍵手積）が駆使されている点で越前地域とも共通し、切石積石室の分布範囲は火山礫凝灰岩露出地域とも合致している。

小松市那谷金毘羅山古墳の横口式石槨（八世紀初頭）を最後に、同石材の目立った活用は一旦断絶し、再び活用が開始されるのは、室町時代を中心とする石塔群となる。また、一四世紀後半から使用がはじまる行火も特徴的な生産品であるが、流通は一国単位を超えるものではないと考えられている。(1)

小松市域のほとんどの石材産地は江戸時代からの採掘開始を伝承とするが、これらの考古学的成果をふまえた石材観察結果からすると、古墳時代や中世にまで確実にさかのぼる。

近世——小松城下の発展と石材

寛永一六年（一六三九）、加賀前田家三代の利常が小松城を隠居城と定め、城郭・石垣の大規模整備が始まると、地元石材が大量に用いられた。小松の浮城と称えられた広大な小松城の石垣は、明治維新とともに大半が破壊されてしまった。しかし、唯一現存する本丸櫓台石垣は、金沢の戸室石と地元凝灰岩を絶妙な配置で組み合わせた色彩の妙で著名である（写真3）。

上：写真２　河田山12号墳の切石積横穴式石室
下：写真３　小松城本丸櫓台石垣

利常のまちづくりで小松城下は著しく発展し、護岸から墓石、井戸枠や行火などの日用品にいたるまで、需要は急激に拡大したようである。また、安宅湊への北前船の寄港により、藩外への移出も盛んになる。寛文八年（一六六八）の『安宅浦津留品々書上帳』には、他国へ売り出す品として「宇川石（鵜川石）」

写真４　旧甲子園ホテル（千歳石Ｋ号使用）

が確認される。[2] やや年代は下るが、文久三年（一八六三）四月の『別小物成百歩壱等口銭取立品々書上帳』では、出荷商品の約四割が石製品となっており、灯籠や炉石、石火鉢など六〇品目近い石製生活用具や建築材等が出荷されている。[3]

近代——ブランド化と販路の拡大

本市の石材が、第二の活況を呈するのは、全国各地と同様、大正期から昭和初期にかけてである。記録で確認できる石材ブランド名に「日華石」と「千歳石」がある。日華石は、現在も石材を出荷している観音下石の商品名となっているが、大正～昭和初期に登場する日華石には不明な点が多い。詳細は省略するが、両石材については、昭和四年からの『建築土木資料集覧』に掲載されている「昭和石材商會」の広告から状況を知ることができる。[4]

昭和石材商會は、本店を東京麹町、支店を大阪市西区、そして工場を小松駅前に構えた。その前身は大正期に「日華石」を販売していたらしく、改元にあわせて社名を改め、新たなブランド「千歳石」の全国販売に乗り出した。現在も残る建物では、昭和五年竣工の甲子園ホテル（現武庫川女子大学甲子園会館）が著名で、「東の帝国ホテル、西の甲子園ホテル」として並び称されたフランク・ロイド・ライトの建築様式を見事に引き継いだ傑作である。ほかに、国会議事堂や大阪商船ビルディング（現ダイビル）、大林組本店、前田侯爵邸など、北海道から九州まで全国展開していた。

先の広告によると、千歳石はＡ・Ｂ・Ｃ・Ｄ・Ｋ号と、丁場石材の違いに基づいて分類して出荷されていた。現存する建築物から推測すると、千歳石Ｋ号が観音下石に合致するらしいが、ほかは、小松市内のいずれの石材を指してい

たかは明確にはしがたい。昭和八年の集覧には、静岡県下で新たに発見した凝灰岩も千歳石のY号・S号などとして新発売しており、結局、産地は広域に混在していたようである。

現在、市内石材業界の納品関係資料はほとんど失われ、各所の石材がどの号に分類されていたかは不明である。ただし、先の広告には各号の納入実績が明記されており、現存する建物との石材照合により、確かめられる可能性がある。

3．主要石切場の現況

【全体の概要】平成一四年度、小松市立博物館は石切場の現地調査を実施し、各産出地の石材サンプルを作成した。また同年、石川県教育委員会により、金沢城調査研究事業の一環として県内石切場調査が実施され、小松市域を担当した筆者が、採掘坑の数と位置、その形態についての記録カードを作成した。住民にも忘れ去られた石切場が多く、丁場を網羅したとはいえないが、文献で確認できる石材産出地は、ほぼ位置を確認した（前掲図２）。現地では、まさしく時間が止まった状態で放置

写真５　切り出し途中や切石が放置されたままの丁場

上：写真６　遊泉寺地下工場入り口　下：写真７　遊泉寺地下工場内部

されたものが大半を占めていた。

石材の切り出しは、入り口の小さな横穴式も多く、内部が広い空間になると残柱式をとる。露天掘りは、小規模なものは三方に垂直な壁が立つ平面コの字で山塊ごとに散在する。横穴式は、被覆する砂礫層や表土層を残し、岩盤の露出している地点から森林を残した状態で地下に網の目のように展開するため、省力化と山林の保全が両立している。その一方で、知られざる危険な地下の空洞にもなっている。

次に、大規模な丁場が展開した鵜川・観音下・滝ヶ原の三つの石材産出地について、現況を紹介しよう。

【鵜川石】鵜川町は、小松市街地東部の丘陵地にあり、加賀国府推定地をもつ旧国府村にあたる。周囲には、里川、遊泉寺(ゆうせんじ)、立明寺(りゅうみょうじ)などといった石材産地が連続しており、北前船での流通や、金沢城の修復にも登場する「宇川石」は、この国府地域石材の総称だったのかも知れない。国府地域は、古代から梯川の水運により安宅湊(あたかみなと)と直結し、近世には途中に小松城下を経由した。国府地区最古の切石活用となる河田山古墳石室（前掲写真2）は、隣接する里川大谷地区の石材と考えられる。

天明五年（一七八五）の『村鑑』によると、鵜川村では「農業之外男稼石切仕申候、当村領山之内ニ而石切場拵、品々石切出シ申候」とある。[5] その年の産物は、切石井筒が四十本、板石が三千枚、土台石七千本、囲炉裏五百など相当量の出荷数である。

採掘は昭和三〇年代で途絶えた。図３の上図は、地元の歴史サークル有志が調査した石切坑入口の位置図である[6]。現在、里川のほぼ全地区がゴルフ場や産業団地の地下に埋もれてしまっている。ほとんどが横穴式の坑内掘りで、内部は網の目のように広がり、全貌を知る人はいない。

その状況の一端を示すものとして、終戦時の米国戦略爆撃調査団による調査報告に、中島飛行機会社の遊泉寺地下工場が登場する（図３下）。昭和二〇年二月から海軍管理の下で、石切坑を飛行機工場へ転換する作業が行われた。若干の部品生産をしたのみで、完成には至らなかったようだが、狭小な範囲とはいえ、網の目全体の計画面積は二一四〇〇〇平方フィートで、約八六〇〇〇平方フィートが使用可能状態に整備されたという[7]。周辺には外にも、軍需品の保管に利用された採掘坑は多い。また、立明寺地区には、観光施設として利用されている採掘坑がある。「ハニベ巌窟院」と名付けて昭和二六年に開洞。彫塑家の院主が仏像や鬼像など自らの作品を洞窟内に配置し、地獄巡

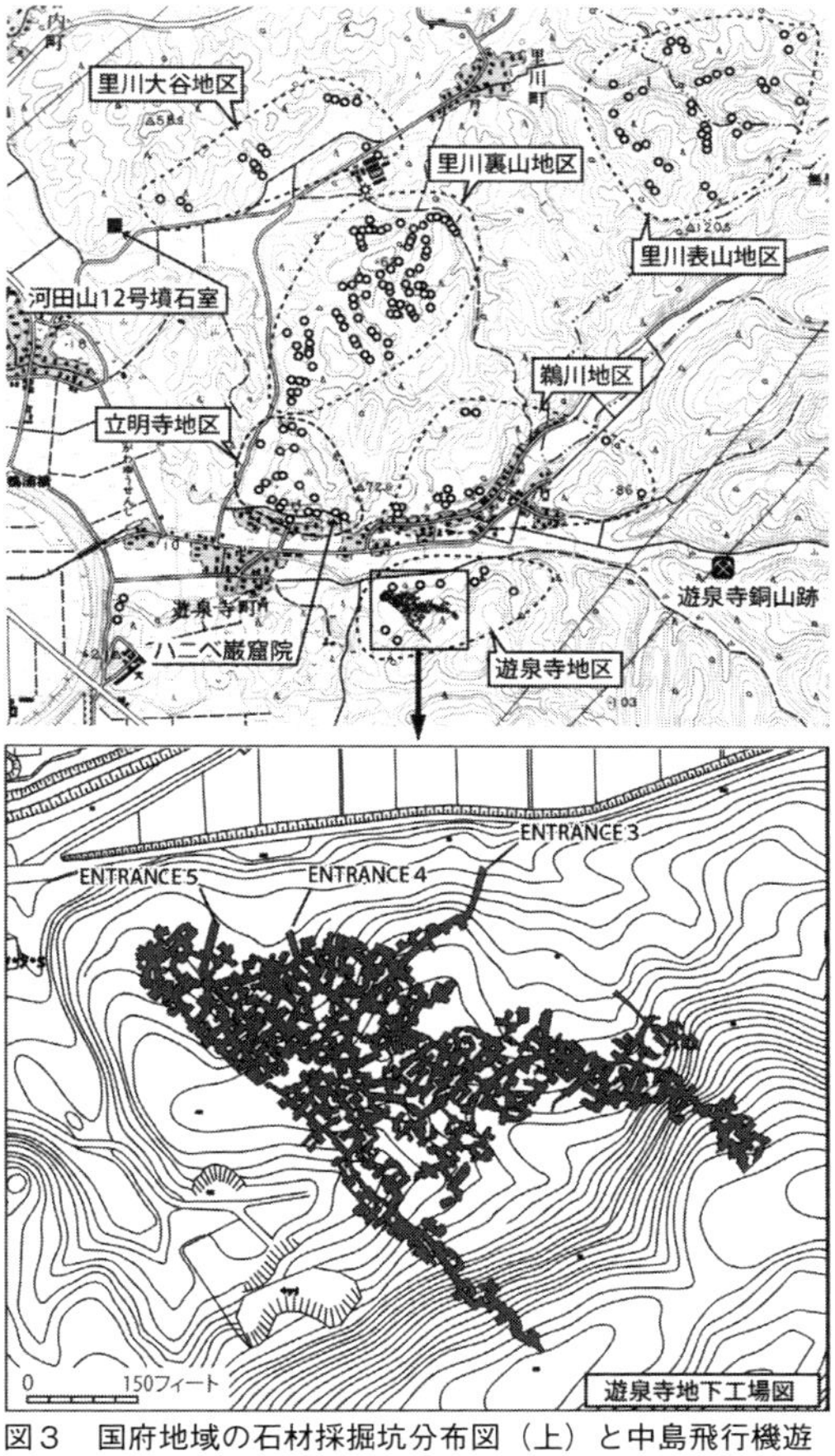

図３　国府地域の石材採掘坑分布図（上）と中島飛行機遊泉寺地下工場図（下）　※原図から現況地形図に推定照合

写真８　石蔵の窓飾り彫刻（登録文化財東酒造道具蔵）

りと称して採掘坑ならではの独特の雰囲気を活用している。

【観音下石】 観音下（かながそ）石は、現在も切り出しが続けられ、「日華石」の商品名で流通している。軽石質の凝灰岩で、黄色～浅黄色の独特の風合いが特徴。ときには美しい流紋、ときには蜂の巣状と変化もさまざまで、市内の大形倉庫や民家の塀、門柱などに多用されている。黄色い蔵と、その窓を飾る見事な彫刻は、独特な石の風景をつくっている。また、昭和初期に全国に流通し、多くの名建築に使用されたことは先に述べたとおりである。近年の例では、平城京第二次大極殿（だいごくでん）の基壇などに使用されているため、ぜひ見てほしい。石材の切り出しは大正初期からとされるが、発掘資料からみると、利用は中世まで遡る。

石材は、山塊一つがまるごとこの独特な風合いの石材で、周辺地域への広がりは見られない。採掘は露天掘りで、比較的やわらかい石材のため、長尺物は得にくい。現在の切り出しは、チェンソーで上から縦横に切れ目を入れて、

写真９　観音下石のタニ丁場と切り出し風景

下部に玄能(げんのう)で割矢を直接打ち込んで、下から起こす方法をとっている。

【滝ヶ原石】滝ヶ原石は、耐久力のある堅牢な石材として知られ、現在も切り出しが続けられている。近年の使用例では、復元整備された平城京朱雀門の基壇に見ることができる。比較的均質な層厚があり、かつ堅牢なため、採掘坑は天井が高く大規模かつ壮大である。広い範囲に多数の丁場が展開していたが、現在は一箇所のみの稼働である。

採掘は観音下石と同様、機械化が進んでいるが、丁場の形態は対照的である。横穴式で、壁にチェンソーを差し込むかたちで縦横に切れ目を入れる。奥壁際に沿って割矢を打ち込むが、硬いため、前もって電気ドリルで孔を一列に

上・中：写真10　滝ヶ原石の上山丁場と切り出し風景　下：写真11　現在稼働中の滝ヶ原上山丁場外観

写真12　滝ヶ原アーチ石橋群（市指定）の西山橋

開けておく。観音下の方法をまさに垂直にした切り出し方法である。

滝ヶ原町には、本州では数少ないアーチ形石橋が五基集中して残されており、壮大な石切場とともに石材産地としての文化的景観を形成している。豊かな自然も含めた「石の里」を観光資源とする取り組みが町民によって進められている。

おわりに――日本遺産認定と今後

平成二八年四月二五日、小松の石文化が日本遺産に認定された。「『珠玉と歩む物語』小松～時の流れの中で磨き上げた石の文化～」と題されたのは、弥生時代中期に高度な管玉（くだたま）生産技術を開花させ、広域交流拠点集落「八日市地方遺跡」の発展に導いた碧玉（へきぎょく）原産地をストーリーの根幹に据えたことによる。

しかし、それは象徴に過ぎず、グリーンタフ変動によって生み出された火山礫凝灰岩と流紋岩、それに熱水作用で生み出された碧玉や瑪瑙（めのう）、あるいは銅鉱石や陶石などの鉱物・鉱石、これらを考古学的な研究成果と近代化産業、最終的には伝統工芸九谷焼（くたにやき）や世界的建機メーカーの誕生にまでつなげて、石をキーワードにした二万年のストーリーを描いたものである。構成資産は、決して小松固有のものではなく、また、市民にとってもあまりにも身近であるがゆえに、むしろ日本遺産認定は意外性をもって受け止められている。逆に言えば、これまであまり注目されてこなかった文化資産だった。

日本遺産の認定を機に、本市の埋蔵文化財センターをはじめ、博物館や尾小屋（おごや）鉱山資料館などで、石をテーマとした特別展が企画され、明らかに地元石材への関心は高まりつつある。また、市史編纂や学校の地域学習、観光など、石文化を発信する動きは活発化している。博物館が過去に収集した石工道具なども、ようやく日の目を見ることになった。周辺の地質調査や石切場の現状調査、そして民俗学的調査や、産地ごとの石材流通の解明といった研究課題は多い。こうした意味では、今回の日本遺産認定は、本市にとっての調査研究が、ようやくスタートを切るにあたって大きな弾みとなったことは確かである。

註

（1）川畑誠「石川県の様相」（『中世北陸の石文化Ⅰ』北陸中世考古学研究会、一九九九年）。
（2）小松市史編集委員会編『新修小松市史資料編6　水運』二〇〇四年、一五―一七頁。
（3）小松市史編集委員会編『新修小松市史資料編2　小松町と安宅町』二〇〇〇年、三四九―三五一頁。
（4）建築土木資料集覧刊行会編による本集覧は、昭和四年（一九二九）から隔年で発行。昭和12年まで閲覧。
（5）小松市史編集委員会編『新修小松市史資料編13近世村方』二〇一六年、一一五―一二一頁。
（6）田中稔記「国府の石材産業」（小松市立国府公民館歴史サークル編著『ふるさと国府―移り変わりゆくわがまち―』一九九八年）。
（7）大西勉「小松における石材産業の盛衰」（『加南地方史研究』第四五号、一九九八年）。

二　大阪府大東市龍間の近代石材業

黒田　淳

はじめに

大東市は大阪府の北東部に位置する（図1）。東西七・五キロ、南北約四・一キロの市域は、西は大阪市、北は門真市、寝屋川市、四條畷市、南は東大阪市、東は四條畷市と奈良県生駒市に接し、市域の東半分は大阪府と奈良県を隔てる生駒山地の北部に属する山地となっている。

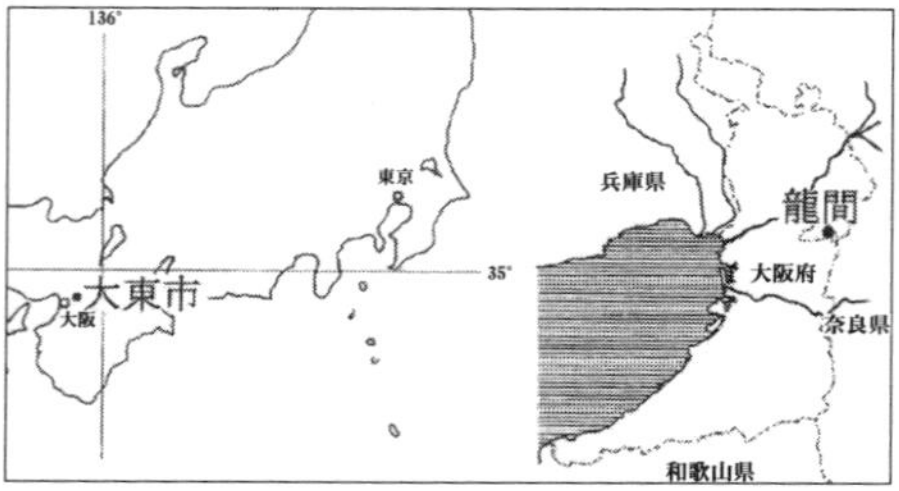

生駒山地は、約一〇〇万年前に始まる六甲変動期に形成された隆起山地で、地質構造区分では内帯の領家帯に属し、花崗岩が広範囲に分布している（図2）。龍間は、生駒山（標高六四二メートル）が北へ向かって徐々に高度を下げ、北端の飯盛山（標高三一四メートル）へと続く標高二〇〇〜三五〇メートルの山間部にあり、まさに花崗岩帯の中に位置している。

図1　大東市龍間の位置（残念石研究会 2017 より転載）

河内平野に面する生駒山地西斜面から産出される花崗岩は、元和六年（一六二〇）に始まる徳川大坂城再築工事の際には、石垣用石材に利用され、龍間でも当時の石切場跡が発見されている。（図3）。石切場跡に残されている矢穴のタイプには、近代のものが混在し、[1]近代でも同じ場所で石を切り出していたことが報告[2]されている。

近年、筆者も関係する「残念石研究会」では、生駒山地西斜面における徳川大坂城築城の石切場跡について、立地と空間的復元、採石から搬出、その運搬ルート等の解明のため分布調査を実施してきた。前述のように、近世の石切場と近代の石切場が重複することから、近代の石の切り出しについての調査の必要性を認識するに至り、近代に龍間で石材業を営んでいた子孫[3]の方からの聞き取り、伝世された近代の石工道具[4]の調査等の民俗学的調査を行い、その成果について報告[5]している。本稿では、民俗学的調査で明らかになった、龍間における近代石材業について紹介する。

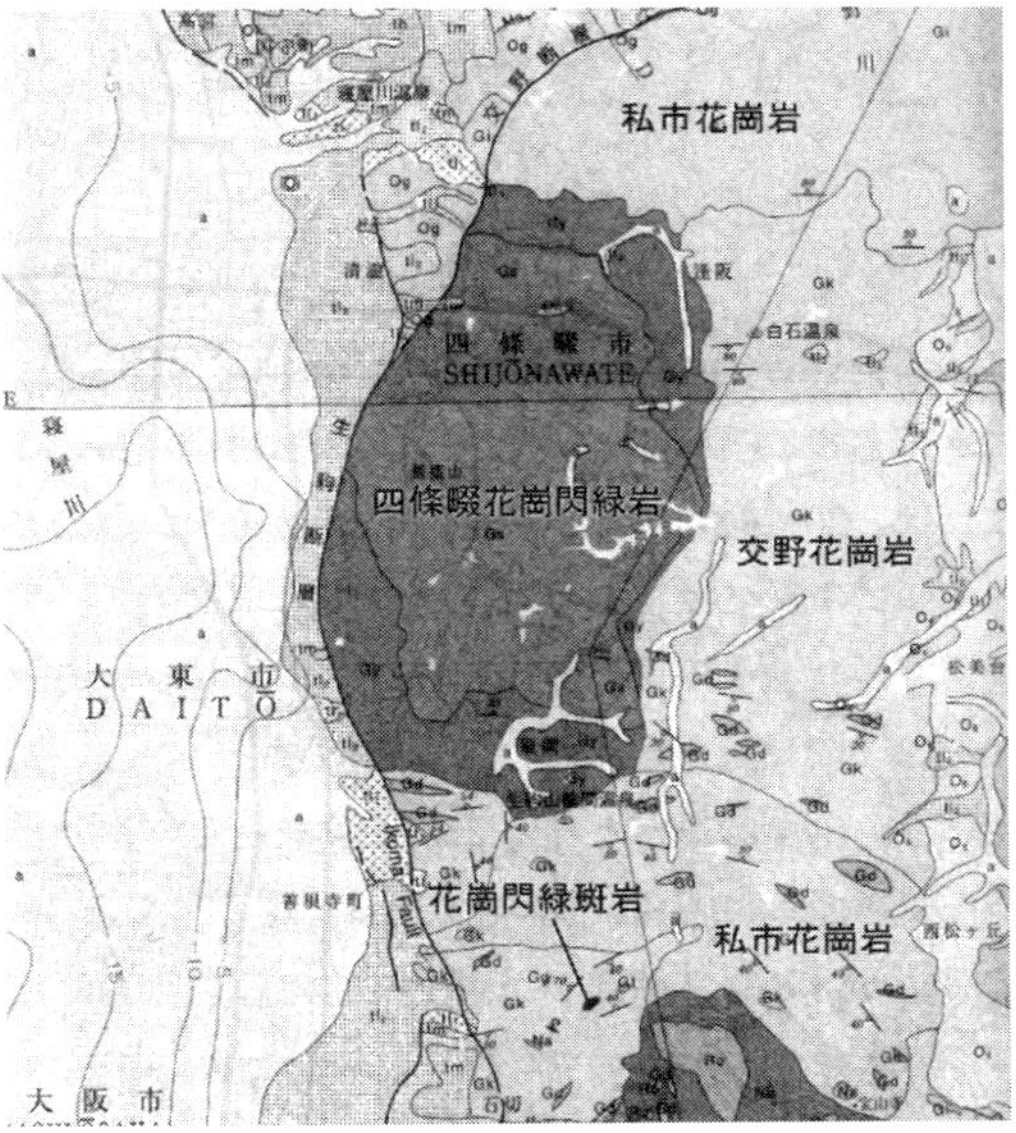

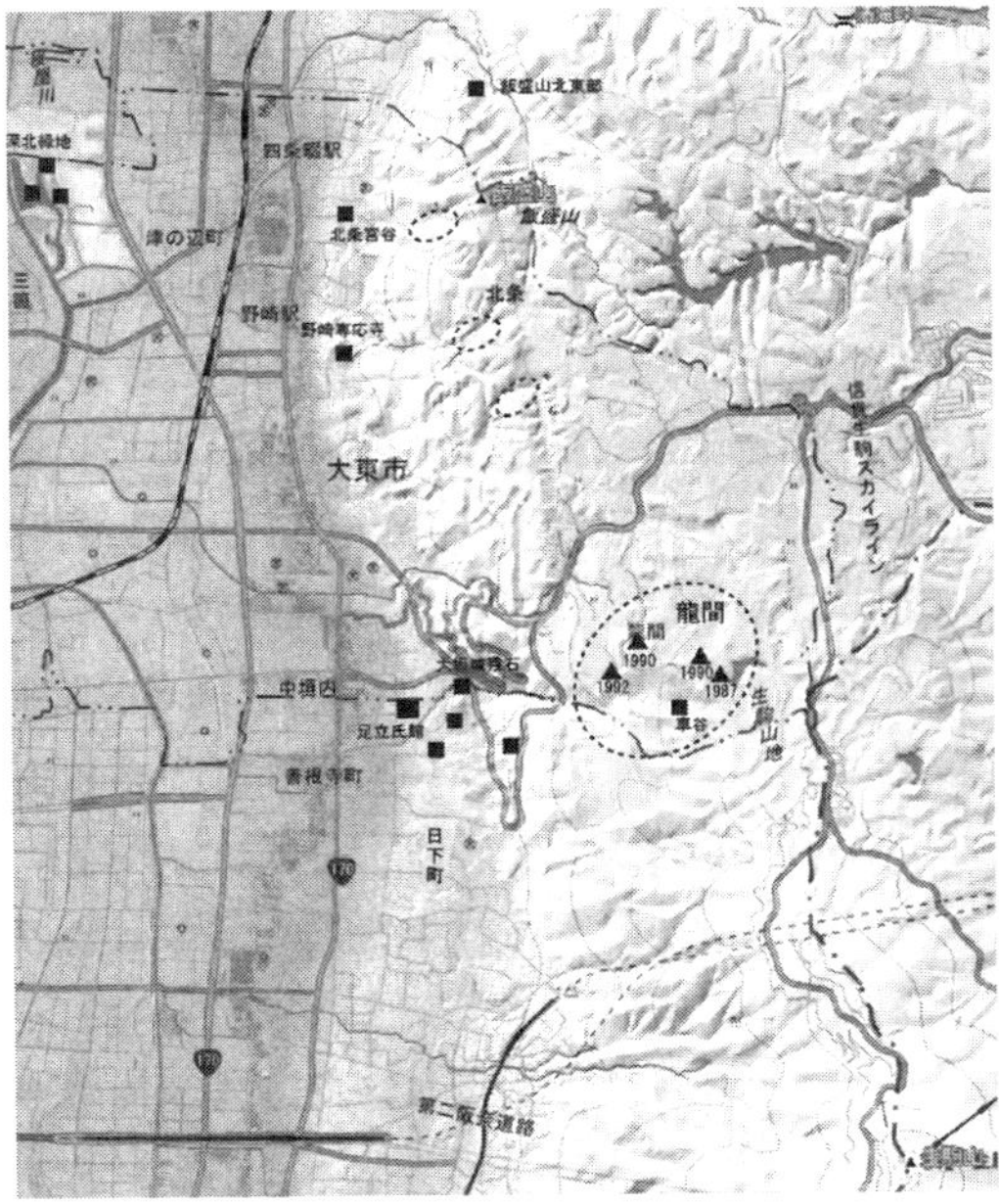

上：図２　生駒山地北部の地質図（残念石研究会 2017 より転載）　下：図３　生駒山地西斜面の石切場跡と関連遺構

写真１　大坂城の石切場跡

1．龍間の石切場の歴史

生駒山地西斜面の花崗岩を大量に運び出した初めての事例は、豊臣秀吉の大坂城築城のため行われた、石垣用の石材の切り出しであろう。

天正十一年（一五八三）九月一日は、秀吉の大坂城築城が開始されたとされる日で、『兼見卿記』には河内飯盛山の周辺に築城のための石の採取に従事する人々が大勢行き交っている様子が記され、花崗岩が採れる龍間地域からも石が運び出されたことは想像に難くない。徳川期に入ると、元和六年（一六二〇）に大坂城再築工事が開始される。天下普請によって行われたこの事業は、西日本の外様大名に工事を請け負わせたもので、そのため各大名は石垣用の石材を各地に求め大坂城へ石を運んでいる。飯盛山を含む生駒山地西斜面も石材の供給地となり、龍間地域にも当時の石切場跡が点在している。

石材の供給地になり得た理由として、龍間から大坂城までは直線で約一三キロ、築城のための石材供給地の中ではおそらく最短の距離であること、石の運搬手段として、水運を利用できたことが挙げられる。特に石の運搬に関しては、切り出した石を麓まで運べば、当時は深野池が存在し、そこから寝屋川を通じて直接大坂城へ運ぶことが可能であった。

このように、龍間ではすでに近世初頭に石材産地としての好条件を満たしていたといえよう。

2. 近代の龍間

龍間は大東市の南東端に位置し、江戸時代は讃良郡龍間村、明治二二年（一八八九）の市町村制法施行で大字龍間となり、讃良郡四條村に編入される。明治二九年（一八九六）に河内国が三郡（北河内・中河内・南河内）に分かれ、四條村は北河内郡に含まれる。（大正一二年（一九二三）郡制廃止）昭和二七年（一九五二）に四條村が四條町に昇格して、昭和三一年（一九五六）の市制施行で現在の大東市龍間となった。

明治から大正、昭和初期の龍間の様子は、「……大字龍間ハ四面皆山嶺ヲ負イ中序ハ岡陵頗ル起伏ス、田圃人烟其間ニ散在ス以テ一大字の形勢ヲ為ス古堤街道アリト雖モ運搬頗ル便ナラズ、近年之レガ阪路改修セラレ牛馬車ノ便利ヲ増進セリ……」（『四條村沿革史』）や「四面山を繞らし、岡陸起伏し、田圃人煙は其の間に散在せり」（『大阪府全誌』巻四、一九二二年刊）と記され、大阪と奈良の境に位置する周囲を山々に囲まれた農業を中心とする山村として記録されている。

また、山間の寒冷な気候を利用した天然氷製造、谷筋の急流を利用した水車による薬種・調香味・金属粉の製造が行われていたことが、『大東市史（近現代編）』に記載されている。

天然氷製造については、『大阪府誌』によれば明治一一年（一八七八）頃から需要が高まり、河内国東北部と摂津三島郡南東部地方で産出していたことが記載されている。河内国東北部は、龍間・四條畷地域の山間部を指していると考えられる。

3. 龍間の近代石材業

【石材の需要】明治八年（一八七五）、小楠公墓所（四條畷市雁屋所在）の拡張に伴って建てられた墓碑（高さ約四メートル八〇センチ・幅約一メートル五〇センチ）が龍間から切り出されている。石材産地として長い空白の時期があったにもかかわらず、すでに明治初期には龍間が花崗岩産出地として知られていたことがわかる。明治二二年（一八八九）には四條畷神社の創建に石材が必要となり、このとき、龍間では伊賀から石工職人を呼び寄せ、主に間知石（けんちいし）と呼ばれる石垣用石材や階段などに使われる石材を採取している。これが、龍間における近代石材業の始まりとされている。それ以降、石の建築資材としての需要が高まっていく。

明治二一年（一八八八）に天然氷の氷質検査が行われ、浮遊物の混入などにより飲用には不適切なものもあったため、明治三三年（一九〇〇）九月に『氷雪営業取締規則』が施工され、天然氷を製造する池の構造について定められた。

①氷池ノ周囲ハ石垣又ハ板堰トスルコト

②池底ハ砂利石（厚サ三寸以上）ヲ散布スルコト

とあり、水質向上のため石の使用が義務付けられたため、一層石の需要が増えた。

明治三八年（一九〇五）、古堤街道改修工事等にも龍間から石材が運ばれた。古堤街道は大阪京橋を起点として奈良へ通じる主要道で、旧大和川・新開池・寝屋川の堤防を東へ進み、麓の中垣内から山道となり、龍間地域を南北に走り、奈良方面に繋がっている。この改修工事で石材の運搬が容易になり、石材業が盛んになることを加速させたと考えられる。大正二年（一九一三）に始まる大阪電気軌道（現在の近畿日本鉄道）の生駒トンネル工事にも、石材が運ばれている。

このように、龍間地域では明治～大正期にかけて石の需要が高まる時期に呼応するかのように、石材業を営む者が現れ、最盛期には八軒存在していた。次に、その実態についてみていくことにする。

【石材業の実態】龍間で石材業を営んでいたのは、「石膳」「石藤」「石徳」「石吉」「石宇」「石末」「石由」「石与」を屋号にもつ八軒である。

創業者「石膳」は樋口善蔵、その二代目が清太郎、「石藤」は樋口藤吉で、その弟が「石宇」の宇之吉、「石由」の由太郎、「石徳」の徳次郎で、兄弟関係にある。また、「石末」の樋口末次郎は「石膳」の二代目清太郎の弟である。「石吉」の創業者は高山吉太郎で、「石与」の高木幸次郎は、かつては「石吉」で石割職を勤めていた。

つまり、「石吉」「石由」以外は兄弟関係にあったことがわかる。

上：写真２　小楠公墓碑　下：写真３　四條畷神社石垣（ともに残念石研究会 2017 より転載）

おわりに

以上のように、明治から大正期にかけて盛んだった龍間の石材業もしだいに姿を消し、石材業として定着することはなかった。龍間で石材業が続かなかった理由としては、以下が原因として挙げられよう。

・石材の質の問題。四條畷神社建立時こそ大量の石材を供給しているが、主は石垣に使用されるのは間知石で、鳥居等の特別なものには他の地方からの石材を使用していることから、質において評価されなかった。
・石材の用途は、庭石・墓石・灯篭・手水鉢（ちょうずばち）等、多岐にわたるが、龍間の石材は主に土木建築資材であったことから、コンクリートの普及によって需要が減少した。
・石の質の評価が低かったため、「御影石（みかげいし）」「庵治石（あじいし）」のように石自体がブランド化されなかった。
・最盛期には石材業を営む家が八軒も存在していたが、主体は血縁関係にあたる間柄で、同業の組合的な組織を形成するに至らず、発展しえなかった。

このように、龍間の近代石材業は、立地の優位性、大消費地である大阪の近くにありながらも、産業として定着することができなかったのである。

註

（1）元和〜寛永年間のAタイプと、近世中期以降のCタイプが残る石材が混在する。
（2）黒田淳『石切場跡発掘調査報告書―徳川大坂城関連の石切場跡調査―』大東市教育委員会、二〇一二年。
（3）樋口清春氏（一九二六〜二〇一四）。本稿で記述した石材業「石膳」の三代目にあたる。
（4）樋口氏が所有していたビシャン・テッポウノミなど四三点で、大東市に寄贈され、二〇一五年に市指定文化財となった。
（5）残念石研究会『龍間の石工用具と石材業―生駒山地西斜面における石材業の調査―』二〇一七年。

参考文献

大阪府 一九七八『大阪府史　第1巻』
大阪府教育委員会 一九八八「奈良街道」『歴史の道調査報告書』

岸本直文 二〇〇九「生駒山系の石切丁場」（ヒストリア別冊『大坂城再築と東六甲の石切丁場』大阪歴史学会）
黒田淳 一九八九『大東市埋蔵文化財発掘調査概報 一九八七年度』大東市教育委員会
大東市教育委員会 一九七三『大東市史』
大東市教育委員会 一九八〇『大東市史（近現代編）』
樋口清春 二〇〇五『古堤街道を駈けて』ホノカ社
森岡秀人・藤川祐作 二〇〇八「矢穴の型式学」（『古代学研究――森浩一先生傘寿記念論文集』一八〇号、古代学研究会）

三　「和泉石」をキーワードとした文化財保護の取り組み

三好義三

はじめに

一般的に和泉砂岩と呼ばれる「泉州和泉石」は、大阪府南部の和泉山脈を中心に中央構造線の北側に分布する和泉層群に含まれる砂岩のことである。古墳時代の石棺に使用されたことに始まり、中世から昭和三〇年代頃までは燈籠や石塔、墓標などの石造物、石臼などの日常生活品、石垣などの建築資材として利活用されていた。

とりわけ、江戸時代では、寛政年間刊行の『和泉名所図会』に地元の名産品「名産和泉石」として詳細に紹介されている（写真1）。また、『摂津名所図会』には大坂長堀の石問屋浜の様子が描かれた図があり、「長堀の石浜は山海の名石あるいは、御影石、立山、和泉石など諸国の名産をあつめ」と記され、広く流通していたことが知られている。

この和泉砂岩の産地である大阪府阪南市では、一九八〇年頃から自治体史編纂過程で、石造美術の観点から行った調査により、慶長年間以前の石造物の所在状況や全国各地に残る和泉国出身の石工の動向に注目し、一定の成果をまとめていた。さらに、同年代後半には関西空港建設工事に伴い、石切場跡の発掘調査が行われていた。

こうしたなか、二〇〇〇年には同市文化財保護条例が施行され、同条例に基づく文化財保護審議会で、他の自治体が行っているような所謂優品指定でなく、「阪南市らしい」文化財を多角的に捉え、総合的・継続的に調査を行い、指定することで、市の文化財保護の特色を出していくべきとの提言を受けた。この例として、「和泉石」「瓦」「蛸壺等の漁労関係用具」等が挙げられた。

そして、この提言により、これまで、「和泉石」関連のほか、船大工道具や蛸壺、瓦関係（瓦製造道具・瓦製墓標）について、自治宝くじ等の地域活性化のさまざまな補助事業を活用し、計画的・継続的に調査を行い、地域の文化財としての重要性を位置付けたうえで、市条例による指定文化財として保護を図っている。

そこで、本稿では、同市に所在する和泉砂岩の石切場跡の概要や「泉州和泉石」をキーワードにした同市の取組みについて、簡単に紹介したい。

写真１　『和泉名所図会』に描かれた和泉石

1．和泉砂岩の石切場跡と発掘調査の概要

阪南市では、市内の山間部にて昭和三〇年代まで和泉砂岩の採石が行われていたことが伝承として残り、また江戸時代以降、石切産業が存在していたことが多くの史料に記されている。

学術的に石切場跡の存在が調査把握されたのは、上記の関西空港建設に伴う土砂採取事業地内で行われた分布調査が端緒である〔大阪府埋蔵文化財協会　一九八七〕。その後、市教育委員会が行った市内の詳細分布調査により、箱作地区・桑畑地区・山中渓地区の三地区で、それぞれ数ヵ所の石切場跡が埋蔵文化財包蔵地として周知されている〔阪南町教育委員会　一九八八・一九八九〕（図1―1）。

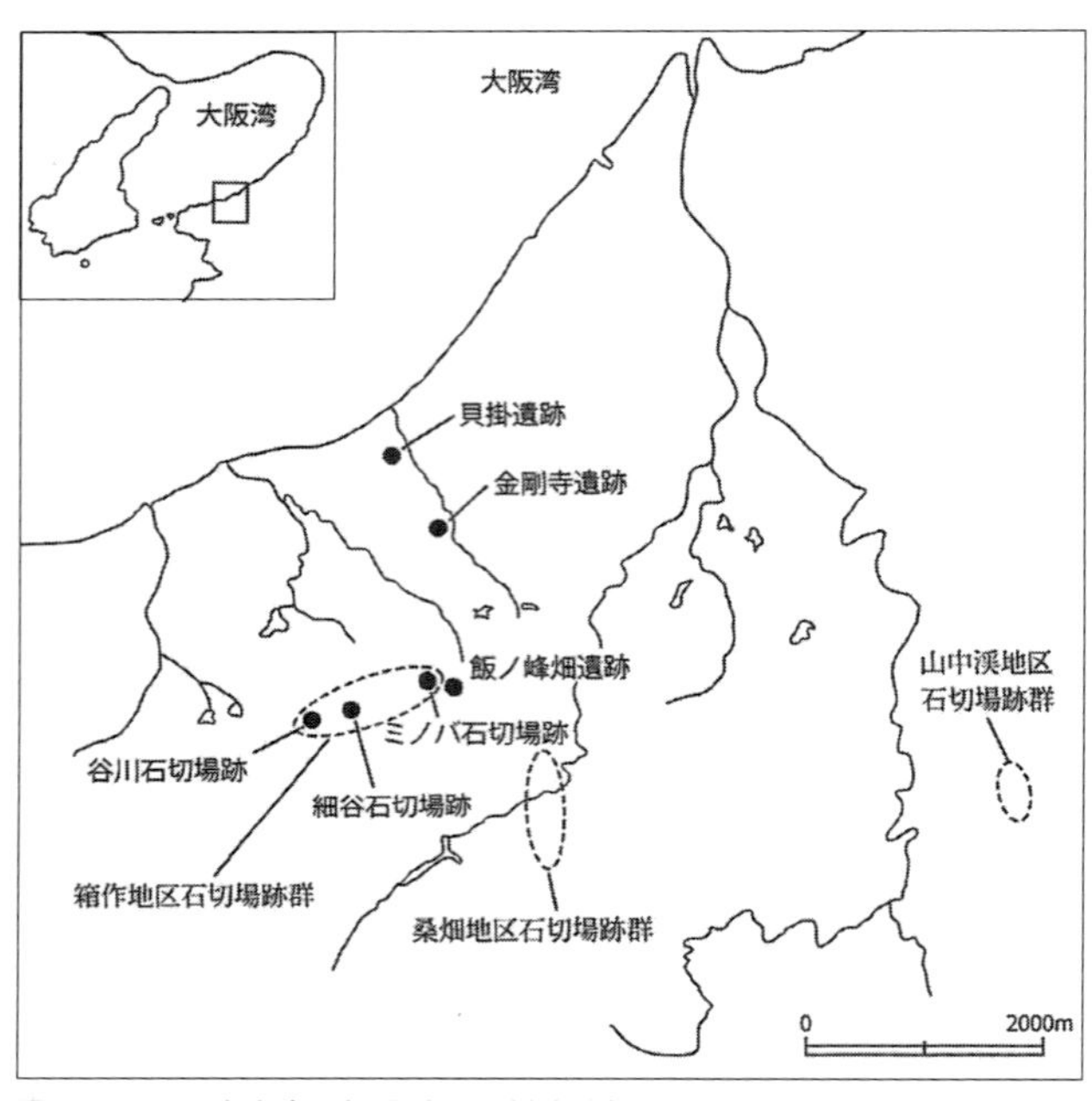

図１－１　阪南市内石切場跡、関係遺跡位置図

このうち、箱作地区内の箱作ミノバ石切場跡は、一九八七年に全面発掘調査が行われ、初めて和泉砂岩の石切場跡の全様が明らかにされた〔大阪府埋蔵文化財協会 一九八八a〕。同石切場跡は、同市の西南部の山間部、和泉山脈から延びる丘陵尾根上、標高にして一三〇～一八〇メートル地点に位置する。自然科学的な観点から、和泉層群は、下部より砂岩優勢部層・砂岩泥岩部層・砂岩部層に分かれるが、この地点は、最上部の砂岩部層の基底部に当たり、均質な塊状砂岩が存在している尾根の斜面で、良質の砂岩の採掘が行われたとされている。

採掘坑は一三ヵ所確認され（図1―2）、さらにそれぞれの採掘坑には小規模な坑が存在していたことが明らかにされた。坑内は、砂岩と互層で堆積している泥岩を掘り残したため、各所で鋸歯状・オーバーハング状になっている。

また、矢穴が残る岩盤も確認され、この矢穴が一定の方向を向いていることから、節理面を利用して採掘していたと推測されている。さらに、坑内の埋土の観察によって採石には短期間の中断期があることが確認され、農閑期のみ作業に従事していたのではないかとされている。さらに、坑内からは石臼や手水鉢の未成品が出土し、坑内で製品のある程度の段階までの加工が行われていたとの指摘もある。なお、坑内からは未成品のほか、ツルハシやサキノミ石材を割るヤなどの鉄製品、キセル等が出土している（図1―3）。

このほか、同じ箱作地区にある谷川石切場跡でも、開発事業に伴う試掘調査が行われ、谷部分において粘土を敷いた小規模な平坦地の存在等が確認されている。この平坦地からは、一八〜一九世紀の磁器が出土していることから、その創業期間がある程度特定されることとなった[1]。

発掘調査の概要は、以上の通りである。現時点では、中世に遡る石切場跡は確認されていない。これは、良質の岩

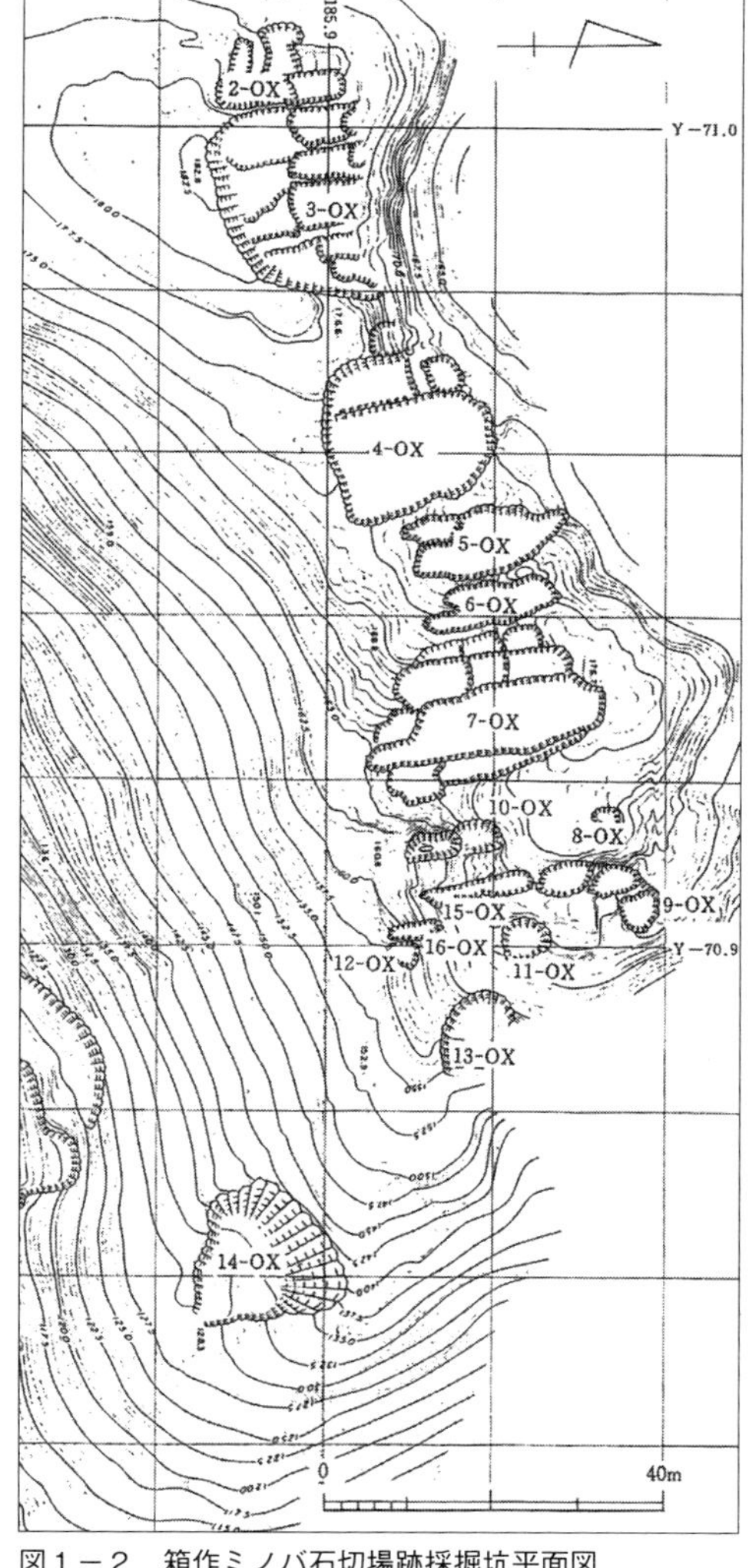

図1－2　箱作ミノバ石切場跡採掘坑平面図

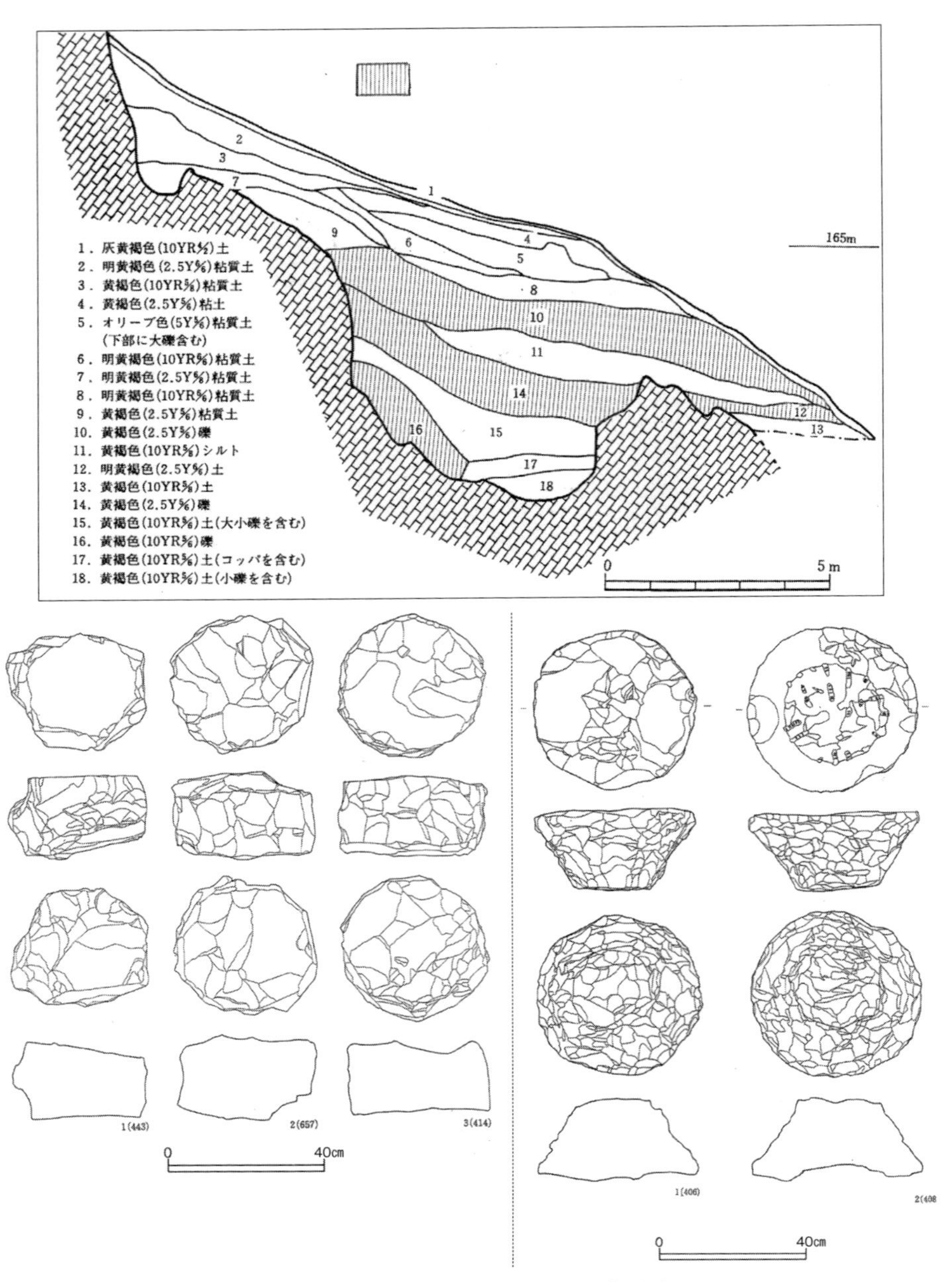

図１－３　箱作ミノバ石切場跡採掘坑断面図（上）と出土遺物①（下）

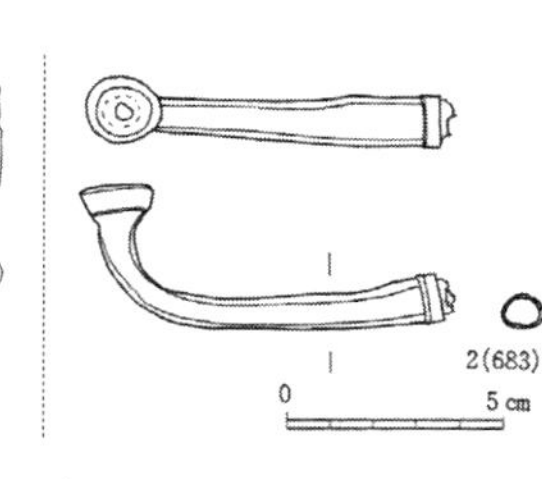

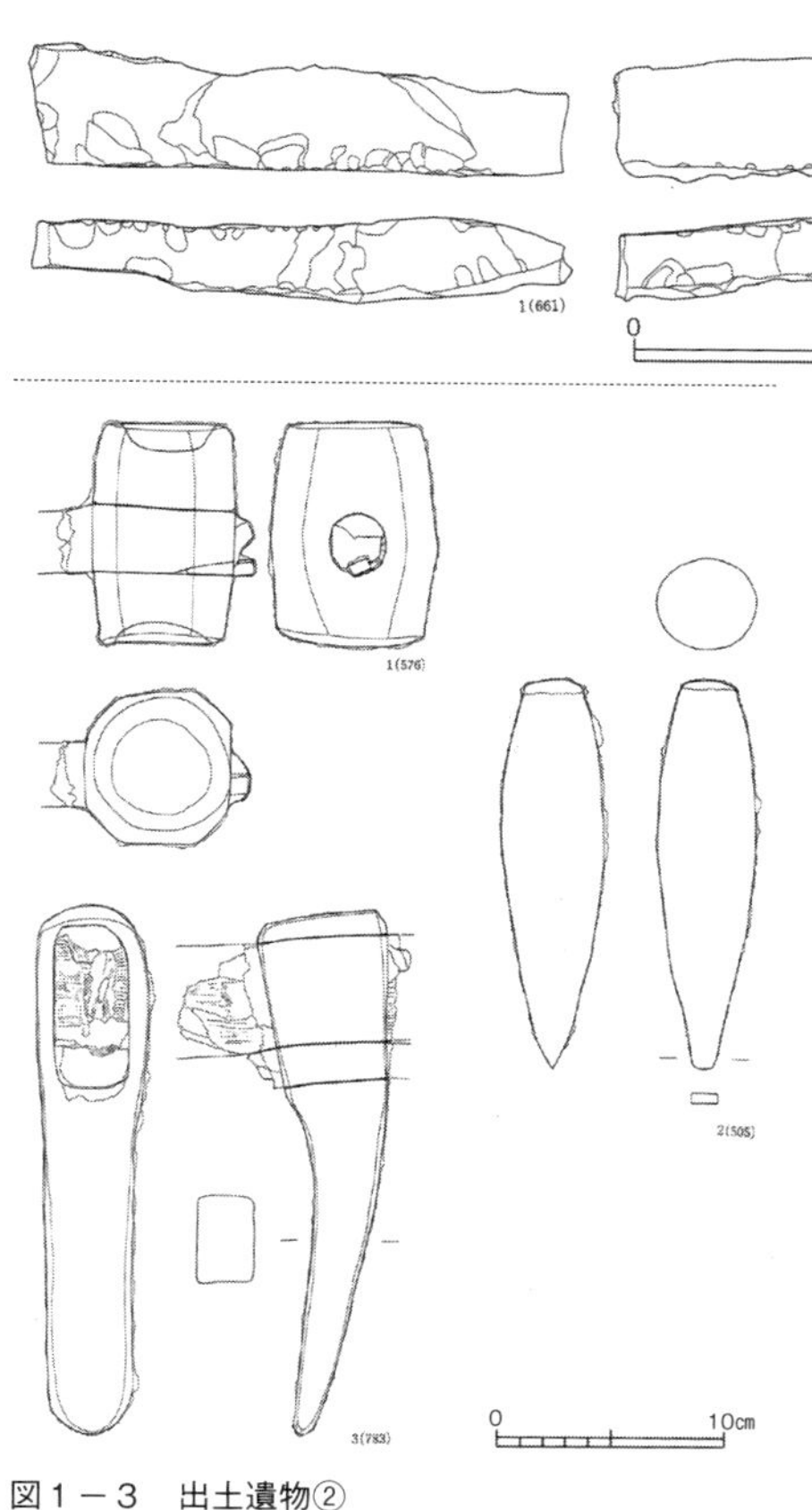

図1－3　出土遺物②

脈があれば、それを掘り進めることで、それ以前の採掘坑が消滅していくことによるのではないかと想定している。しかし、一方でこれらの石切場跡の麓を流れる小河川の岩床に矢穴が存在しているものがあるとの伝承から、こうした自然に露呈した岩盤からの採石は古代・中世からなされていた可能性はある。

また、このミノバ石切場跡の麓にあった集落跡――飯ノ峰畑遺跡の発掘調査では、石材を割った際にできる石材屑であるコッパや石臼の未製品が出土しているほか、ミノバ石切場跡と山をひとつ隔てた谷筋では、発掘調査により検出された近世集落跡でも石臼の未製品や鍛冶炉跡などが確認され、同市域の広範囲で多くの石切産業関係者が存在していたことが知られている〔大阪府埋蔵文化財協会　一九八八b・一九八八c〕。

なお、阪南市以外では、和泉山脈が紀淡海峡に没して島となっている和歌山市の友が島における石切場跡も知られている。ここでは、海岸の波打ち際に露呈している岩盤に矢穴の痕跡があることから、岩盤から石を切り出していたとされている〔織豊期城郭研究会　二〇一四〕。

2.「名産和泉石（和泉砂岩）遺産現状調査」、石造物調査

同市では、上述したように、自治体史編纂事業の過程で石造美術の観点から主に中世の紀年銘をもつ石造物の所在の把握がなされていた。このまとめを行ったのは『大阪金石志』（奥村・天岸 一九七三）を集成した天岸正男で、これにより、同市の在銘最古の石造物は、箱作地区にある応永一〇年（一四〇三）銘をもつ和泉砂岩製の「舟形光背地蔵」であること、同じ「舟形光背地蔵」で下出地区にある天文一五年（一五四六）銘の資料は、高さが約二八〇センチあり、この時期の石仏としては大阪府内最大のものであることなど、中世における石造物の状況は早くからほぼ知られることとなっていた。

しかしながら、近世以降の石造物は対象とされていなかったことから、まず二〇〇〇〜二〇〇一年に市内の数ヵ所の寺院墓地や共同墓地で墓標の悉皆調査を実施し、近世以降の資料の把握に努めた。さらに、二〇〇九年には「名産和泉石（和泉砂岩）遺産現状調査」事業を行った。この調査では、市内ほぼ全域を踏査し、和泉砂岩の製品（遺物）はもとより、和泉砂岩が使用された構築物（石垣や橋、礎石等の遺構）についての所在確認、資料化を行った。この調査では、和泉砂岩を、優品的な資料をピックアップする「点」としてではなく、「群」として捉えることに留意した。これは、上述した文化財保護審議会の委員からの提言・意見に沿ったものである。

調査結果としては、廃屋となった空き地の傍らや路傍に廃棄されている石臼や「流し台」などの日常生活品をはじめ、民家の石垣や石段、小河川の橋脚などの構築物、稀な例としては、海岸の突堤の先端に備え付けられた「舫い石」や民家の柱を支える控え等、約四五〇点が資料化された。以下にいくつかの事例を取り上げてみたい。

石垣は市内各所で多数存在していた。民家に伴うものや段々畑を造成するためのもの、また切石や間知石を整然と積んだ例や加工されていない川原石を主体的に積んだ例等、多様な事例が確認された（写真2—1・2）。写真2—3は、幅数メートルの小河川の護岸と川底である。護岸は間知石を谷積みして整えられており、川底も人頭大の川原石が敷かれている。間知積みの護岸は、ほかの場所でも確認されているが、河床の例は稀である。民家に関する事例では、土蔵の基礎や土塀等での使用例がある（写真2—4・6）。後者では基礎部分に間知石を布積みし、塀は土と粘土で構築されている。また、写真2—5は、民家の渡り廊下の柱の控えを石製の角材を使用している事例である。

写真2—7は、海岸の突堤とその先端にある舫い石である。同市の北側は大阪湾に面しており、石積みの突堤が多く存在している。和泉砂岩製の突堤は六ヵ所で確認され、そのうちの一ヵ所では舫い石も残存していた。

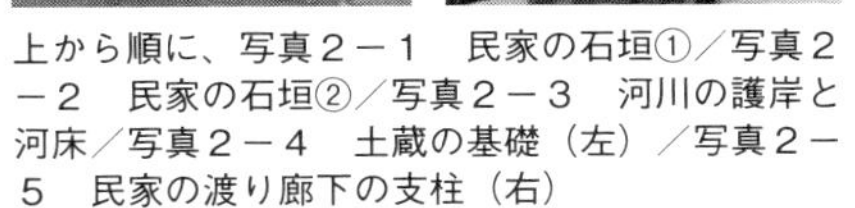

上から順に、写真２－１　民家の石垣①／写真２－２　民家の石垣②／写真２－３　河川の護岸と河床／写真２－４　土蔵の基礎（左）／写真２－５　民家の渡り廊下の支柱（右）

上：写真２－６　民家の土塀　中：写真２－７　突堤と舫い石　下：写真２－８　流し台（左）、写真２－９　「孝行臼」（右）

次の例は、日常生活に密着するものである。写真2—8は「流し台」で、右手前には排水用の孔が穿たれている。写真2—9は直径三〇センチ程度の臼で、『和泉名所図会』に「孝行臼」として特記されている。絵図の右側立っている人物が両手に持っているもので、「強き魚物の類、此春に入、則、同石の杵を以て舂和らげ、歯のなき老人に進む。味損せずして可也」との記述があり、歯の抜けた高齢者のために、魚などを搗いて柔らかくして食べやすくするために用いられたことから「孝行」との名称がある。

同市では、この「孝行臼」についても地域の特色ある文化財として、同市の文化財保護条例に基づく有形民俗文化財に指定している。

3. 石工道具

『和泉名所図会』には、石工の作業風景が描かれ、「鳥取荘、箱作尓石匠多し」との記載がある。この「鳥取・箱作」

はともに現在の阪南市に含まれる地域で、かつては多くの人々が石材産業に従事していたとされる。町場には石材店や加工場所、山間部の石切場には採石をする業者が数社あり、多数の石工（いしく）が存在していた。しかし、昭和三〇年代頃を境に石切産業が急速に衰退したことで採石業者は次々と廃業し、多くの石工が転職を余儀なくされたようである。

同市の教育委員会では、和泉石の歴史を記録保存する観点から、加工に従事していた石工の聞き取りとそれらの石工が使用していた道具の状況調査を二〇〇八年頃から行い、これまで四件、計七六九点の石工道具を同市の文化財保護条例に基づく有形民俗文化財として指定している。

次に、その指定された石工道具の概要を紹介してみたい(2)。石工には、上述したように山間部の石切場で採石等に従事する「山石工」や石材店等で石材加工を行う「細工石工」等がいる。同市が文化財指定をしている四件のうち、一件は石材店を営む「細工石工」の道具で、残りの三件はいずれも「山石工」が使用していたものである。

【薮本家石工道具】薮本家は、同市の中心部にあたる尾崎町で石材店を営んでいる。指定された道具は、当主（昭和一二年生）がその親方から受け継いだ道具で、一部機械化されたものもあるが、そのほとんどは石材加工に機械が導入される以前から使用されていた伝統的な道具である。

薮本家は「細工石工」であることから、墓標や狛犬、石祠等を製作する道具が中心となっている。石材を斫（へつ）る「コヤスケ」や表面調整等を行うビシャン等のほか、数種類の字彫ノミや両先ノミ等（写真3―1）が使用されていたことが特徴である。また、墓標の頭部を調整するときに使用するゲージ（写真3―2）や「モンチョウ」と呼ばれる図案集（写真3―3）等も「細工石工」特有の道具といえよう。

さらには、現場で道具の製作や手入れを行うための携帯式の鞴（ふいご）（写真3―4）に至るまで、二九四点にも及ぶさまざまな道具が揃っており、「和泉砂岩」を語るうえで重要な資料として指定を受けている。

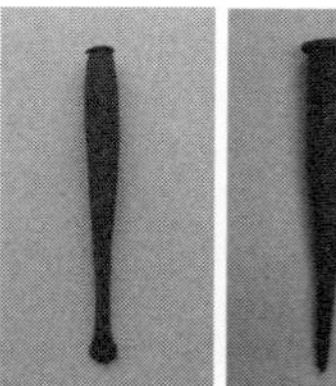

写真３－１　字彫ノミ・両先ノミ

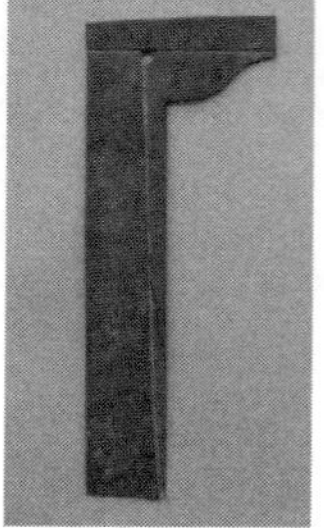
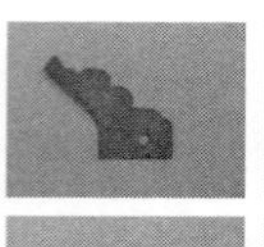

写真３－２　ゲージ

写真３－３　モンチョウ

写真３－４　携帯式鞴

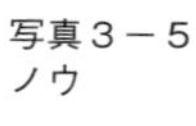

写真３－５　オオゲンノウ

【來田家石工道具】來田家は、上述した同市の桑畑地区において現在も採石業を営んでいる。しかし、その採石の需要のほとんどは土木や建築工事の資材として使用される砕石で、間知石や相応の大きさの石材の供給については、文化財等の修復に用いられる程度とのことである。「山石工」の道具として、石材を大きく割り、また「ヤ」を敲く「オオゲンノウ」が代表的だろうか（写真3―5）。

同家の石工道具については、同市が市内の石工道具の所在確認を行う以前に香川県の「高松市石の民俗資料館」に寄贈されており、研究・保存がなされている。

4．和泉石工の全国への拡がり

和泉国出身の石工銘が刻まれた石造物が全国各地に存在していることは、前述のように自治体史編纂時から知られていた。当時は、岐阜県関市や岡山市からの問い合わせが契機となり、また編纂時に確認された市内の旧家等が所蔵する戸口関係史料にでも、諸国に出稼ぎに行っている石工が存在することが確認されていた。

このほか、天岸正男〔天岸 一九八二〕・古川久雄〔古川 二〇〇〇〕・金森敦子〔金森 一九八〇〕・高木嘉介〔高木 一九七八〕等の研究の成果を踏まえ、全国における「和泉石工の活躍」についてさらに調査を進めるため、全国の都道府県の教育委員会の協力を得て、全国の市町村へのアンケート調査を実施した。これにより、全国から多数の貴重な情報が寄せられた。

石造物等に刻まれた銘文には、「泉州〇〇村住　石工△△」といった明らかに当該地への出稼ぎによるものが明確な事例のほか、屋号が「和泉屋」というものや先祖が泉州から来たという石材店の情報など不明確な事例を含めると、一〇〇〇余のデータが集成されている。これによると、和泉石工銘の刻まれた資料は、北関東から北陸地方を除いて、東北仙台から江戸、東海、中国、四国、九州にまで存在している。また、同市に残る史料から「石工稼ぎ」に全国各地に赴いていた先をみると、やはり遠方では江戸や九州にまで及んでいる（図2）。以下に代表的な作品を数例挙げてみたい。

最も代表的でこれまでにも紹介されているのは、高野山奥の院に所在する崇源院の供養塔である。崇源院は、浅井長政の娘で「お江」として知られ、徳川第二代将軍秀忠の正室である。この供養塔は、五輪塔で奥の院の「一番石」

図２　和泉石工の拡がり

と呼ばれ、奥の院一の規模を誇る。この塔の台座裏面に「石作泉州黒田村甚左衛門」との銘がある。「黒田村」は現在の阪南市域にある村である。さらに、江戸増上寺に所在する秀忠（台徳院）と崇源院の墓誌には、普請奉行らの名前が記され（東京府　一九三四、港区二〇〇九）、この墓誌の末尾に「甚左衛門」の名が刻まれていることから、出身地等の記載はないものの、高野山の供養塔の「泉州黒田村甚左衛門」と同一人物との見方がなされている。

高野山には、これ以外にも奥州伊達家の供養塔や紀州藩の支藩水野家等の大名関係の墓所に和泉石工の銘が刻まれた資料が確認されている。

また、甲州塩山にある武田信玄の菩提寺の恵林寺には、信玄の百回忌に造立された宝篋印塔と五輪塔がある。このうち、宝篋印塔には台座の背面から右側面に銘文があり、最終行に「石工泉州産黒田伝蔵藤原安吉」との銘がある。

このほか、仙台市で石材業を営み、所蔵している石工道具が同市の有形民俗文化財に指定されている黒田家は、初代が泉州黒田村の出身と伝えられ、その墓標には「元文三戊午八月□日　生国泉州日根郡黒田屋八兵衛」との銘がある。

なお、一例だけだが、作品の石工名と史料に記された石工名がおそらく同一人物であろうという事例がある。まず、作品は写真4の狐像で、岡山県真庭市月田の春日神社に所在する。この像の台座に「和泉國日根郡／西鳥取村／波有手／杉谷喜七／明治廿六年」との銘がある。この「西鳥取村波有手」は現在の「阪南市鳥取」に当たる地域である。一方、史料は、同市が所蔵する明治二六年（一八九三）の「出寄留簿」（西鳥取村役場）で、図3のように記されている。西鳥取村波有手の「杉谷喜七」が同年九月に岡山県月田村に出かけているとのことである。史料に記された年代と出稼ぎ先とがともに資料の所在地・紀年銘とも矛盾しないことから、同一人物であろうと考えられている。なお、史料にはこれより前の明治一七年に「喜七」が同じ真嶋郡高田村に出かけ明治二一年に波有手に戻っていること、後年の明治三四年に「喜七」が妻と子ども二人を「月田村」に呼び寄せ同居した旨の記述もあり、石工の動向が知れる興味深い事例である。

この「喜七」の事例は、地域の歴史を明らかにしていくには、史料だけでなく、金石文や石造物資料も必要で、重要な役割を果たすことがあることを示していると言えよう。

「出寄留簿　明治二十六年十月　西鳥取村役場」

西鳥取村大字波有手
杉　谷　喜　七
右明治二十六年九月廿日岡山県真嶋郡月田村ヱ寄留九月二十六日
発送ノ届書九月三十日受領ス

上：写真4　岡山県春日神社狐像　下：図3「出寄留簿」（西鳥取村役場）

おわりに

以上、和泉砂岩に関する石切場跡の調査をはじめ、その産地である阪南市が取り組んでいる「和泉石」をキーワードとしたさまざまな事例を紹介した。

文中にも触れたが、和泉砂岩の「製品」としての採石はすでに終了し、同市内に唯一残る関連業者も土木建築資材としての砕石を供給しているに過ぎない。この業者への聞き取りによると、一年に数回は文化財の補修に用いる石材の需要があるとのことである。近年では、和歌山城や名古屋城の修復に使用したいので、相応の石材の確保を依頼されたとのことだった。名古屋城の場合は、岡崎から数人の石工が来て本地に滞在し、数週間もの期間をかけて、石材を修復に見合った形状にある程度加工して搬出して行ったという。

こうした修復材としての使用例を和歌山市内で確認したため、その事例を紹介したい。なお、この事例が阪南市内から供給されたという確証はない。

写真5—1は、和歌山市の国の史跡・名勝に指定されている和歌の浦の一角にある「三断橋（さんだんばし）」である。この橋は、和歌川河口にある小島、妹背山（いもせやま）を結ぶ橋で、紀州藩初代藩主徳川頼宣により、妹背山整備時の慶安元年（一六四八）に架けられたものである。以降、さまざまな箇所で補修がなされているようで、現地での観察の限りでは、明確な年代は把握できていないが、近年においても修復されている部分が認められる（写真5—2）。和泉砂岩の必要性を訴える事象のひとつとして捉えておきたい。

江戸時代に「名石」のひとつとして知られた「和泉石」も、今はまさに風前の灯状態にあるといえる。阪南市内で唯一となった石材産業業者が廃業すれば、文化財の修復材としての供給も行われなくなり、同市から完全に和泉砂岩の流通が止まることになる。上述したように、同市が文化財保護審議会の提言を真摯に受け止め、「和泉石」に関わるさまざまな事象を「群」として位置付け、調査や指定等の文化財保護施策を講じていることは、大きく評価されるべきであると思われる。将来的には、「和泉石」をテーマとした資料館等の建設というようなハード事業も念頭に置きながら、現在継続的に行っている調査等のソフト事業をさらに継続・発展して実施し、「和泉石」の歴史を後世に伝えていくことを願っている。

最後に、阪南市では宝くじの「活力ある地域づくり支援事業」の補助事業を活用して、「泉州石工と和泉砂岩」と題する映像を制作している。この映像では、本稿で取り上げた同市内の和泉砂岩の作品や全国各地で活躍した和泉石工の事例をはじめ、「ヤ」と「ゲンノウ」を使用して石を割る作業、一石五輪塔の制作復元作業等が収録されている。この紹介をもって、まとめとしたい。

上：写真５－１　和歌の浦の三断橋　下：写真５－２　三断橋の補修箇所

註

（１）阪南市教育委員会からの情報提供による。

（２）阪南市教育委員会からの資料提供、および阪南市文化財保護審議会資料による。

参考文献

天岸正男　一九八一「和泉国近世石工資料」（『歴史考古学』一七号）

大阪府埋蔵文化財協会　一九八五『阪南町内埋蔵文化財―分布調査報告書』
大阪府埋蔵文化財協会　一九八七『阪南丘陵開発事業に伴う金剛寺遺跡発掘報告書』
大阪府埋蔵文化財協会　一九八八ａ『ミノバ石切場跡―発掘報告書』
大阪府埋蔵文化財協会　一九八八ｂ『井山城跡―発掘報告書』
大阪府埋蔵文化財協会　一九八八ｃ『貝掛遺跡―発掘報告書』
奥村隆彦・天岸正男　一九七三『大阪金石志』
金森敦子　一九八〇「和泉石工―近世における移住についての一考察―」（『日本の石仏』一四号）
織豊期城郭研究会　二〇一四『織豊期城郭の石切場』
高木嘉介　一九七八「石工県一族のこと」（『日本の石仏』八号）
東京府　一九三四『東京府史蹟保存物調査報告書』第一一冊
阪南町　一九八三『阪南町史』上巻
阪南町　一九七七『阪南町史』下巻
阪南町教育委員会　一九八八『阪南町埋蔵文化財分布調査概要』Ⅰ
阪南町教育委員会　一九八九『阪南町埋蔵文化財分布調査概要』Ⅱ
古川久雄　二〇〇〇『畿内とその周辺の近世石工―本拠地別の石工銘集成』
港区立港郷土資料館　二〇〇九『増上寺徳川家霊廟』
三好義三　二〇一二「和泉砂岩に関する研究の現状と諸問題」（『石造文化財』四号）
三好義三　二〇一五「和泉砂岩の生産と流通について」（『石造文化財』七号）

【付記】なお、本稿をまとめるにあたり、阪南市教育委員会事務局の方にはさまざまな面で協力をいただき、図版等の提供や掲載にも快諾いただいたことを感謝したい。

四 兵庫県東六甲における近世「御影石」石材業の変遷

高田祐一

はじめに

現在、花崗岩質岩石のことを「御影石」と通称する。[1] 寛政一一年（一七九九）刊の『日本山海名産図会』によると、摂州武庫・菟原郡（兵庫県神戸市～西宮市域。東六甲山系）の山谷より出し、海浜に「御影村に石工ありて、是を器物にも製して積み出す故に御影石といえり」と述べ、積み出し地が御影村（神戸市東灘区御影本町周辺）だったことから、「御影石」と呼ぶようになった[2]（写真1）。石は「是萬代不易の器材、天下の至宝なり」と評される。村名が全国的に石材種の通称に使われるほど、かつて兵庫県東六甲山系では大量の石材が切り出され、地域の重要産業であった。

本稿では、地域の「御影石」石材業の変遷を整理し、それが地域に与えた影響を考察する。あわせて地域にとって石切場がどういう機能を果たしていたか、という点も検討する。この二点を明らかにすることで、当該地域において「御影石」がどのような役割を果たしたか考えたい。

写真1　『日本山海名産図会』　国立国会図書館蔵

1. 御影石の自然環境と切出しの経過

御影石と呼ばれる六甲花崗岩は、角閃石黒雲母花崗岩（かくせんせきくろうんもかこうがん）である。六甲花崗岩（御影石）を産出する六甲山は、活断層の運動による隆起によって形成された山地であり、そのため断層による割れ目が多く大型石材を採取しにくい[3]。風化した花崗岩は崩れやすく、急峻な六甲山系では水害による土石流が発生しやすい。しかし、岩塊の土石流堆積物から石材を産出することで、容易に大量の石材が入手可能となった。

古墳時代、兵庫県芦屋市の八十塚（やそづか）古墳群の横穴式石室に花崗岩が使われている[4]。古代寺院では、芦屋廃寺の礎石に使われている。中世では、多数の石造品に六甲花崗岩が使用され、域外に広く流通していた。天正一一年（一五八三）には、豊臣大坂城の築造に使用された。天正一七年（一五八九）、京都鴨川に架けられた三条・五条大橋の橋脚・桁には「津国御影天正十七年五月吉日」という刻銘があり、御影から運び込んだとみられる。

元和・寛永期の徳川幕府による大坂城再築では、多数の大名が東六甲山系に石切場を開き、膨大な石材を大坂城石垣にて使用したことは周知のとおりである。

2. 石材切出しと運搬の状況

東六甲山系の石材業に関係する村落

地誌類の記載から、一七世紀ごろには「御影石」産業が地域の生業として確立していたことが知られる。寛永一五年（一六三八）『毛吹草』、元禄一四年（一七〇一）『摂陽群談』、正徳三年（一七一三）『和漢三才図会』などの地誌類に名産物として「御影石」を記載している（表1）。石材業には、石材切り出し（写真2）、車による陸送（写真3）、船による海送（写真4）の各工程があった。

近世・明治初期の東六甲山系には石屋村（神戸市東灘区御影石町）、住吉村（神戸市東灘区住吉各町）、魚崎村（神戸市東灘区魚崎各町）、芦屋村（芦屋市）などの村落が石材業に従事した。享保三年（一七一八）六月、陸送のための石を運ぶ車の数が、住吉村七六輌・芦屋村一一輌・郡家村一〇輌・河原村四輌・野寄村三輌・魚崎村一輌であった(5)。車の保有数が各村の採石量に比例していると考えられ、住吉村の採石量が他村に比べて突出していることが判明する。海送のための石船の保有数は御影村が多く、六三艘（明和六年（一七六九））、魚崎村二艘（安永二年（一七七三））である。御影村は住吉村の石材を運搬していることから、住吉村から御影村へのルートが「御影石」の大きな流通経路であったとみられる。なお、住吉村は享保年間が最も採石が盛んだったという(6)。

東六甲山系という狭い地域に、それぞれの工程で各村落が石材関連に従事し、一八世紀なかごろには最も盛んに採石された。

上：写真２　採石の様子　中：写真３　車を使った運搬の様子　下：写真４　石船への積入れの様子　すべて『摂州御影石匠之図』（大阪城天守閣蔵）より

1583	天正 11 年	豊臣大坂城の築造に使用。
1589	天正 17 年	京都鴨川に架けられた三条・五条大橋の橋脚・桁には「津国御影」の刻銘。
−	元和・寛永	大坂城再築に伴い、東六甲山系で各大名採石。
1638	寛永 15 年	摂津の名物に御影飛石を記す（『毛吹草』）。
1691	元禄 4 年	石屋村に山城の衛門（時枝家）と奈良の兵衛（長谷家）の石工グループを記す（「時枝家由緒書」）。
1701	元禄 14 年	産物として御影石を記す（『摂陽群談』）。
1713	正徳 3 年	御影山大石村の山中より白石多くでる（『和漢三才図会』）。
1718	享保 3 年	石車の数、芦屋村 11 輛、野寄村 3 輛、魚崎村 1 輛、郡家村 10 輛、住吉村 76 輛、大石村 7 輛、河原村 4 輛。
1734	享保 19 年	御影村、石船 39 艘。
1736	享保 21 年	菟原郡の産物として石を記す。御影村の石工が製するため御影石と呼ぶ（『摂津志』）。
−	享保年間	住吉村、荒神山の採石は享保年間が最も盛んであったという。
1759	宝暦 9 年	西宮町・横屋村・魚崎村・野寄村・住吉村の石場役人が石場御定を定める。
1769	明和 6 年	芦屋村、石稼ぎの者、30 人。
1769	明和 6 年	御影村、石船 63 艘。
1770	明和 7 年	芦屋村、石運上銀 130 匁。
1772	明和 9 年	住吉村、石置場運上として銀 68 匁 1 分、石運上として銀 400 目。
1773	安永 2 年	魚崎村、石船が 2 艘。
1786	天明 6 年	天明 6 年から芦屋村、営業税の課税なし。石稼ぎの者、4 人。石を取り尽し、石稼ぎの廃業願い出。
1787	天明 7 年	大石村の明細帳に石船 72 艘。
1795	寛政 7 年	寛政 7 ～ 12 年、芦屋村、石稼冥加銀 6 匁。
1798	寛政 10 年	名産として御影石を記す（『摂津名所図会』）。
1799	寛政 11 年	「御影村に石工ありて、是を器物にも製して積み出す故に御影石といえり」と記す。山奥に丁場が後退（『日本山海名産図会』）。
1800	寛政 12 年	野寄村の割石が減少。魚崎村と住吉村・御影村の石材流通をめぐる訴訟。
1802	享和 2 年	摂津武庫郡や兎原郡芦屋村・篠原村などにある残石置場のリストを記載。
1809	文化 6 年	石屋村、石工職仲間を結成し石工職を独占しようとし、篠原村・芦屋村と訴訟。
1819	文政 2 年	住吉村の石工が村外へ出稼ぎ。代官所が取り調べ。
1849	嘉永 2 年	魚崎村、石船が 5 艘。
1849	嘉永 2 年	住吉村、石置場運上銀 68 匁 1 分、石運上として銀 424 匁、石取場冥加銀として銀 75 匁。
1861	文久元年	魚崎村、石船稼業を記録。
1863	文久 3 年	和田岬砲台築造、大坂表から江戸表へ和田岬石堡塔築造概算費用の伺い。御影は山が遠く費用がかさむため、備前備中島石を使う。
1871	明治 4 年	住吉村、職業別戸数　3 番目に多い職業が石工職渡世。
1871	明治 4 年	魚崎村、石船が 3 艘。
1873	明治 6 年	住吉村、石置場税として金 1 円 13 銭 5 厘、石税として金 7 円 17 銭 1 厘、石取場税として金 1 円 31 銭 3 厘が課税。
1883	明治 16 年	住吉村、石を 1 年に 2500 材代価金 625 円。東京・大阪等へ輸出。
1912	大正元年	住吉村、13300 切を産出。
1922	大正 11 年	住吉村、23950 切を産出。
1941	昭和 16 年	住吉村、700 切を産出。

表 1　兵庫県東六甲「御影石」をめぐる動向

『毛吹草』、「時枝家由緒書」、『摂陽群談』、『和漢三才図会』、「石車之者共証文」、『住吉村誌』、『摂津志』、『新修神戸市史』歴史編Ⅲ、「井床家文書」、「御影村文書」、『魚崎町誌』、「明細帳」（大利家文書）、『摂津名所図会』、『日本山海名産図会』、「御石員数寄帳」、「魚崎明細帳」、『和田岬御台場御築造御用留』から作成。

魚崎村と住吉村・御影村の石材流通をめぐる争い

一八世紀末頃より採石が容易な場所では石を取り尽くし、石切場が山奥へ後退する。芦屋村では明和六年（一七六九）に石稼ぎのものが三〇人いたものの、天明六年（一七八六）には四人に減少し、石稼ぎの廃業願いまで出されている。[7]寛政一一年（一七九九）の『日本山海名産図会』によれば、「石も山口の物は取盡され今は奥深く採りて二十町も上の住吉村より牛車を以て継て御影村へだせり」という状況で、山奥に丁場が後退していた。[8]

幕末期の和田岬砲台築造においても、当初は東六甲麓に砲台石材を求めたものの、大石を切り出す丁場が山奥に後退しており、採算が悪いという理由で、小豆島（しょうどしま）や塩飽（しあく）諸島の瀬戸内海島嶼部に石切場を変更している。[9]一八世紀末の石材産出量の減少は、石材流通の枠組みに影響を与え、競業関係にある村落の対立は訴訟に発展している。

魚崎村の「渡海船」「小廻し船」は、従来、野寄村が生産する割石を大坂へ積み出ししていた。しかし、野寄村の割石が減少してしまい、「私共積入荷物一向無御座候様相成」りという状況となった。また、住吉村の割石を大坂から注文するときは魚崎村が取り次ぎ、「相対を以買入其荷物積入」していたが、寛政一二年（一八〇〇）から「住吉村石稼之者共と御影村船持共と申合仕候哉、私共より是迄通割石買ニ参候而も、一切売方不仕、却而私共之迷惑仕候」となった。住吉村の石稼ぎ人たちと御影村の船持が共謀して、魚崎村の者が割石を購入しようとしても、住吉村は石を売ってくれないという。住吉村は漁業権がないため、船を持つことができない。石材の出荷には必ず海村と結びつく必要があり、住吉村は御影村と強固に結びつくことで、魚崎村を石材流通からしめだす事態となり、五条代官所を巻き込み訴訟となったのである。[10]

魚崎村は、御影村に運び込まれる住吉村の荷のうち、「毎日五六艘も住吉村より当村支配之荷物之内、積方仰付被為候ハハ、渡世相続仕、広大之御慈悲難有奉存候」と、毎日五～六艘分だけ魚崎村に運搬させてほしいと幾度となく主張したが、結局、住吉村と御影村の石材流通の枠組みを崩すことができなかった。

石屋村と篠原村・芦屋村の石材加工をめぐる争い

石材産出量の減少は、採石を主体にしている村落にとって悪影響を与え、石材加工工程に波及し、訴訟沙汰に発展している。山形隆司氏は、芦屋村の石材関係史料を分析し、石工職仲間の結成をめぐった訴訟の実態を明らかにしている。(11) 文化六年（一八〇九）、石屋村は冥加銀を納入することで、石工職仲間を結成し、石工職を独占しようとした。この動きによって訴訟となり、石屋村と篠原村・芦屋村は五条代官所に言い分を主張した。

石屋村は、石材の小細工をする石工職と石垣・造園等の普請をする石稼職を区別した。石稼職は、「鉄道具之内げんのふ・たがね右弐品ニ而石之方直し荒石垣并庭造り等(12)」に従事できるとした。篠原村・芦屋村は、玄能（げんのふ）(13)と鏨（たがね）(14)に加え、「かなつち・おしわけ・つゝき此三品道具相用」いるという。金槌（かなつち）(15)・押分（おしわけ）(16)・突っつき（つゝき）(17)の使用規制を争っている。芦屋村など、従来は採石が主体であった村々では、採石事業の縮小を補うため、石材加工によって商品価値を高める動きが活発化した。加工を主体とする石屋村の対抗処置として、山形氏は「道具の使用規制により職分の独占化」をはかったと指摘している。

一八世紀末の石材産出量の減少が引き金となり、各村落間で軋轢が生じ、訴訟が多発したのである。

4. 村落による石材業の運用

石材切り出しのルールを定めた石場御定

各村落間に競業関係が存在する一方で、各工程における共通ルールも存在した。宝暦九年（一七五九）九月、西宮町・横屋村・魚崎村・野寄村・住吉村の石場役人（庄屋）が石場御定を定めた。[18] 村役人である庄屋が石場役人を務めていることから、在地レベルで石材業を管理し、公共性を帯びたルールであった。定めでは、石車に焼印を押し、仲間外の車は禁止することや大石の出荷禁止、通常は柱下居石・屋根石・路次石・飛石・くり石・庭石を出荷することなどを取り決めている。

また、享保三年の証文では「石切者共証文　仕上ル一札之事」「石車之者共証文」「石船之者共証文　仕上ル一札之事」「石場役人江被仰付御法度書　石場役人野寄村住吉村魚崎村横屋村庄屋共へ申渡覚」が残っている。[19] それぞれ石切（採石）・石車（陸送）・石船（海送）の各工程に対し、ルールを定めていた。その中で注目すべきは、大名御用石の存在である。「一、御大名様方御切置之石不依大小毛頭割取申間敷候御事」と、大名の残石に手を付けてはならないと規定している。前述のとおり、近世初期において各大名が大坂城石垣のために大量の石材を切り出した。実際に使われず、石切場に残置された石は御公儀の「御囲石」として管理されている。大坂城代関連史料として、「大坂城代青山下野守家来御石役書留」がある。その中の「御石員数寄帳」に、摂津武庫郡や兎原郡芦屋村・篠原村などにある残石置場のリストを記載し、大坂方で残石の数量を把握している。[20] 近世の水車新田村（神戸市灘区水車新田）を描いた絵図には「御石出し道」と記入され、「海辺まで三拾五・六町」（約三・八キロ）とある[21]（写真5）。「御石」と石に敬称をつけ、御公儀の石であると強く意識した表現である。

故若林泰氏によれば、「御用石」と呼ばれる場所があり、大坂城石垣の残石といわれる大石があった。古老がいうには、この石は御用石に指定されたため、動かすことを禁じられたという。[22] 古老の伝承を裏付けるように、東六甲山系では大名御用石を切り出してはいけないという定めが近世には存在し、在地で定めの順守が求められていたのである。

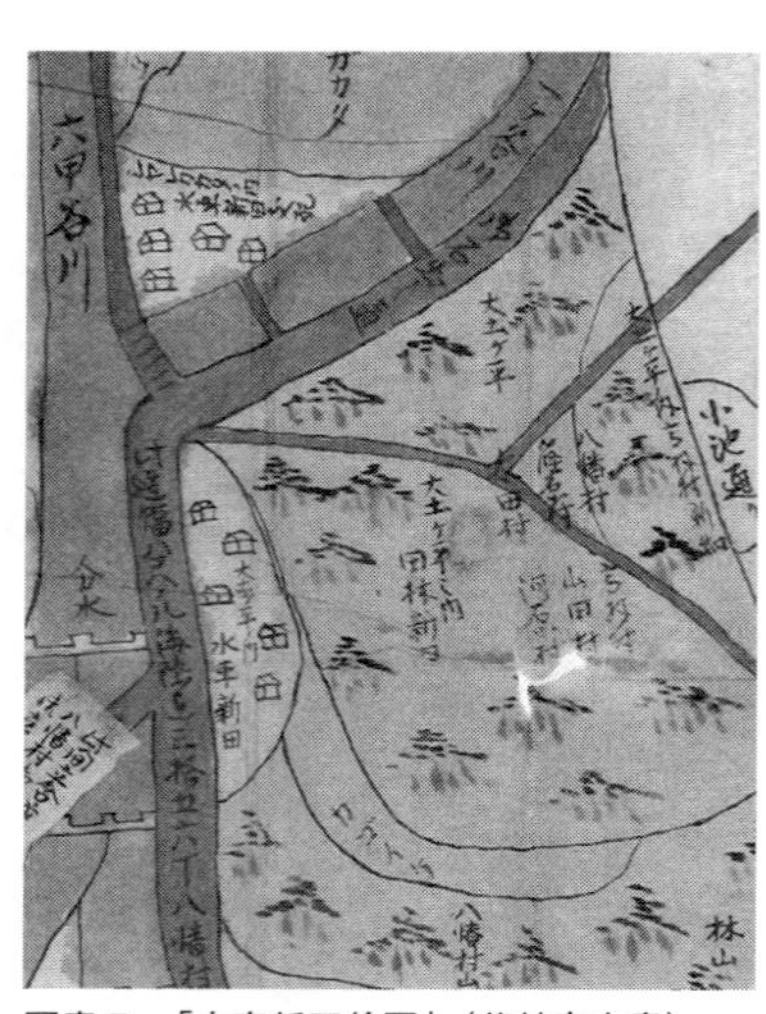

写真５　「水車新田絵図」（若林家文書）

現代に大坂城残石が残っている要因として、大坂城普請時に一部の丁場が山奥に開かれ、開発から逃れたことが大きな要因と考えられるが、この石場御定によって大坂城残石を保全し、近世を通じて民間需要の石材切り出しから対象外となったことも大きな要因となった可能性があると、筆者は考えている。石場御定が同業者保護などどういった性格の定であるかは、今後の課題としたい。

石材業関連施設の公共的役割

石材業は貢租の対象であった。住吉村では、明和九年（一七七二）には石置場運上として銀六八匁一分、石運上として銀四〇〇目。嘉永二年（一八四九）には石置場運上として銀六八匁一分、石運上として銀四二四匁、石取場冥加銀として銀七五匁。明治六年（一八七三）には石置場税として金一円一三銭五厘、石税として金七円一七銭一厘、石取場税として金一円三一銭三厘が課税の金額となっている[23]。明和九年段階では石置場と石が課税対象であったが、嘉永二年からは石切場も対象となり、明治にそのまま引き継がれた。

石置場は、「前ヨリ村中共有ノ石置場ニシテ即チ村方農事ノ余暇ヲ謀リ字荒神山等ヨリ掘取来リ候石材ヲ該地へ運搬シ置キ他需用者ノ来ルヲ待テ売払ヒ其代価ヲ以テ、村上ノ村費或ハ貧困者ノ救助等ニ相充テ来ルノ慣行ニ」していたという[24]。農事の余暇に石切場から石材を取って石置場にストックしておき、必要とする者に石材を売り払うことで、村費や貧困者の救助に充てていたという。明治の史料であるものの、石切場（石取場）は「往古ヨリ村中共有」だったことから、近世から続く慣行であったと推察される[25]。

一般的に、近世の村落は一定の弱者救済機能を有しているが、東六甲地域ではその費用の財源を石切場に求めていることが当該地域の特色といえ、石切場・石置場は、公益的な役割の財源を担っていたことが判明する。

近代の石材産出の推移

一八世紀末に石材産出量は減少するが、近代には産出量が増加し、住吉村では、大正元年（一九一二）一三三〇〇切、大正一一年（一九二二）二三九五〇切、昭和一二年（一九三七）七〇〇切、昭和一六年（一九四一）一四五〇切となっている(26)（写真6）。大正一一年にピークに達するものの、昭和一二年にはピーク時の二・九パーセントにまで落ち込む。

写真6　住吉谷石切場（明治44年）（『御影能里』丹羽弥生軒より転載）

近代では、鉄道敷設や都市開発による需要増加や火薬発破などの採石技術の近代化によって産出量が増大するものの、コンクリートの普及による石材需要の減少が、産出量の増減を左右したとみられる。神戸市域で、いつまで採石が操業されたかは不明であるが、事実上、昭和初期には大規模な採石は終了しており、地域の産業としての存在感はかなり低下していたものと推測される。

おわりに

本稿の要点をまとめる。

①地誌類の記載から、一七世紀には兵庫県東六甲山系における「御影石」石材業は、地域の名産として確立しており、一八世紀中ごろに最も盛んになった

とみられる。各村落は、採石・運搬・加工の各工程に従事した。

②しかし、一八世紀末頃より採石に至便な場所では石を取り尽くし、石切場が山奥へ後退する。石材の産出量が減少することにより、各村落で訴訟が発生した。減少した石材流通（運搬）をめぐって魚崎村と御影村・住吉村との訴訟や、縮小した採石事業を補うために石材加工に乗り出した芦屋村・篠原村と、石工職仲間を結成して石工職（加工）を独占しようとした石屋村との訴訟が発生した。一八世紀末ごろ、地域の石材業のあり方の転換期となった。

③各村落間で熾烈な競業関係が存在する一方、石切（採石）・石車（陸送）・石船（海送）の各工程に対して、各村落共通のルールを定めていた。村役人である庄屋が石場役人を務め、公共性を有したルールであった。また、東六甲山系に残置されている近世初期の大坂城残石を採石してはならないなど、地域特有の歴史的経緯も垣間見られる。

④石切場と石置場は、村の共有資産であり、石置場で発生する石材の売却益は村費への充当や弱者救済に使われた。単なる稼ぎの場だけではなく、東六甲山系の石切場は公益的な役割も担っていた。

「御影石」の特徴として、東六甲山系の各村落が何らかの石材業に従事しており、石材業の市場規模が大きかったことを指摘できる。その要因に、有利な地理的条件を挙げることができるだろう。六甲山自体が隆起で形成されたため、花崗岩が節理によって適度に採石しやすいサイズとなっている。採石が容易なことから、量産が可能である。また、六甲山と海が近く運搬に便利なうえ、大坂の巨大マーケットに近く交通至便な産地である。「御影石」の商品競争力は強く、花崗岩イコール御影石という呼称の普及につながったと思われる。

本稿で取り上げた近世の石切場・石置場は、ほとんどが戦後の大規模都市開発で消滅もしくは忘れ去られてしまった。地域の産業構造が変化し、石切場は役目を終えたのである。同じく近世初期の大坂城普請の石切場であった香川県小豆島岩谷石切場は、当時の採石状況が残り、国史跡となっている。原部材生産の場である石切場がさまざまな過程を経て、歴史的な場と地域に認識され、史跡に変質したのである。(27) 兵庫県東六甲山系石切場のケースと対照的である。現在、都市部では「御影石」石材業の遺構はなかなか見られない。しかし、御影村の村名が花崗岩の通称となっている歴史をしっかりと地域の記憶にとどめ、振り返ることによって、地域文化の発展に資することができる。

註

（1）『日本国語大辞典』第二版、小学館、二〇〇五年。
（2）『日本山海名産図会』一七九九年。
（3）先山徹「地質学・岩石学的に見た六甲山の御影石」「天下普請を支えた石材の調達―東六甲徳川大坂城石切丁場跡―」大阪歴史学会現地見学検討会資料大阪歴史学会、二〇〇五年。
（4）藤川祐作「六甲山の花崗岩をめぐる人の営み」（『徳川大坂城東六甲採石場：国庫補助事業による詳細分布調査報告書』兵庫県教育委員会、二〇〇八年）。
（5）『本山村誌』（一九五三年）本山村。史料五六号　石車之者共証文、享保三年戌六月。
（6）谷田盛太郎『住吉村誌』住吉学園、一九四六年。
（7）山形隆司「江戸時代中後期における芦屋村の石材産出について」（『芦屋市立美術博物館研究紀要』第一号、芦屋市立美術博物館、二〇〇九年）。
（8）前掲註（2）。
（9）髙久智広「文久―元治期における兵庫・西宮台場の築造―「御台場御用掛」体制と「地域社会」に関する若干の考察―」（『神戸外国人居留地研究会年報　居留地の窓から』第四号、神戸外国人居留地研究会、二〇〇四年）。高田祐一「石材加工からみた和田岬砲台の築造」（『幕末・明治の海防関連文化財群の調査研究』兵庫県歴史文化遺産活用活性化実行委員会、二〇一五年）。

(10)『魚崎町誌』魚崎町誌編纂委員会、一九五七年。
(11)前掲註(7)。
(12)井床家文書「乍恐御礼ニ付奉申上候」文化六年七月。
(13)石を割るときや、矢の頭を打つときに用いる大きな鉄製の槌。鈴木淑夫『石材の事典』(朝倉書店、二〇〇九年)「玄能」項目。
(14)鑿の一種。鏨の先を平たくつくり対象部分を削り取る鏨。『石材の事典』「鑿」項目。
(15)つちの頭を鉄で作ったもの。『日本国語大辞典』。
(16)詳細は不明。押切のことか。何らかの加工用具だと思われる。
(17)花崗岩を加工する場合に用いる用具の一つ。『石材の事典』「突っつき」項目。
(18)『新修神戸市史』歴史編Ⅲ　新修神戸市史編集委員会、一九九二年、四〇一頁。
(19)前掲註(5)。
(20)『大坂城代青山下野守家来御石役書留』大阪府立中之島図書館所蔵。高田祐一「徳川大坂城再築に使われた大量の石材はどこで採石された?」(『神戸謎解き散歩』ＫＡＤＯＫＡＷＡ、二〇一四年)。坂本俊「大坂城再築普請における石材運搬経路の一考察」(『ヒストリア』二五八号、大阪歴史学会、二〇一六年)。
(21)若林家文書(水車新田近辺の絵図Ⅲ686)。神戸市文書館所蔵。
(22)若林泰『灘・神戸地方紙の研究』若林泰氏を偲ぶ会、一九八七年。
(23)前掲註(6)。「辰御年貢可納割附之事」明和九年一〇月。「申御年貢皆済目録」嘉永二年三月。「申免状」明治六年五月。
(24)前掲註(6)。「官民有区別伺」明治二一年四月二四日。
(25)前掲註(6)。「嘆願」明治二一年四月二四日。
(26)切は、一立方尺の体積。
(27)高田祐一「小豆島岩谷石切場における保護意識の形成過程」(『遺跡学研究』一一号、日本遺跡学会、二〇一四年)。

第Ⅲ部　中国・四国の石切場

一　香川県豊島石石造文化の歴史と地域社会

松田朝由

はじめに

豊島は小豆島の西に位置する周囲約二〇キロの島である。島の東半に標高三三九・八メートルの檀山があり、その中腹に広がる火山礫凝灰岩を豊島石と呼んでいる。同質の石材は小豆島滝宮・男木島・女木島・屋島にあり、石切場跡が見られることから、筆者はこれらを含めて豊島石の用語を使用している（図1）。

豊島石は黒色玄武岩の角礫を主体として花崗岩起源の砂や砂礫を伴う火山礫凝灰岩である。[1] 外見はアスファルト舗装のように見える特徴的な石材で、生産された石造物も特徴的な形態が多い。よって、肉眼による判別が容易で分布の広がりを把握しやすい。豊島石石造物で代表的なものとして、京都府桂離宮に多数造立されている灯籠が挙げられる。また、豊島石石造物は近世以降に広域流通を展開しており、寛政一一年（一七九九）の『日本山海名産図絵』に取り上げられる著名な石材だった。本稿では、豊島石石造物と石切場の歴史をまとめ、地元と外部との地域社会との関わりについて検討を行うことを目的とする。

1. 豊島石石造物の生産と流通の歴史

生産開始時期と初期の流通の特徴

従来、豊島石の生産開始時期は鎌倉時代で、事例として元亨四年（一三二四）銘の白峯寺十三重塔が挙げられてきた。筆者は香川県の凝灰岩石造物の整理を行うなかで、鎌倉時代の事例がすべて豊島石ではなく天霧（あまぎり）石であることを指摘した。そして、形態と紀年銘資料から、豊島石造物の生産開始時期は室町時代後半と判断した。現在のところ、最古の紀年銘資料は高松市神内家墓地五輪塔の文正元年（一四六六）である。豊島の家浦八幡神社鳥居は文明六年（一四七四）の紀年銘があり、生産開始期に地元のシンボルとして造立した記念すべき製品と考えられる（写真1）。

上：図1　豊島石石切場跡の分布（縮尺1/20万）　下：写真1　豊島家浦八幡神社鳥居

この時期は、全国的

に小型化した供養塔の増加する生産・流通体制の変容期である。背景として、応仁の乱を経て社会秩序が大きく混乱していくなかでの地域有力者による供養塔造立の高まりがあったと推測される。豊島石石造物の初期資料は天霧石石造物と多くの点で類似し、生産開始に天霧石工（いしく）との深い関連が想定される。

生産開始以後、豊島石石造物は一六世紀にかけて五輪塔・宝篋印塔を中心とする供養塔を主に生産し、八角灯籠や鳥居、石臼等の日常容器もみられる。流通は、香川県の高松市を中心とする地域と岡山県旧国の備前南部・備中南東部である。豊島から半径約三〇キロの流通圏で、旧国を跨いだ流通に特徴が指摘できる。

広域流通の開始

流通システムに変化が生じるのは一七世紀初頭で、広域流通が開始される。製品は、一七世紀前後頃になると一石五輪塔が増加し、続く一七世紀初頭には家形をしたラントウや個性的な五輪塔の豊島型五輪塔が出現した。（写真2）

広域流通には面的分布と点的分布がみられ、面的分布は香川県と岡山県に展開する。両地域の流通は一六世紀からの継続だが、流通圏を拡大させ、香川県は県内全域、岡山県は旧国の美作まで広がる。

点的分布は、徳島県・高知県・愛媛県・広島県・山口県・大分県・兵庫県で確認できる。点的分布の製品の大多数は、ラントウで墓地に造立されている。

面的分布をしている香川県の様子をみると、一六世紀までは各地の凝灰岩石切場で製作された石造物が流通するなかで豊島石石造物は高松市北部の分布にとどまっていたが、一七世紀になると急速に県内の多くの石切場が終焉し、各地の石造物は豊島石石造物になっていく。この時期、豊島石で墓石・供養塔を造立したのが藩主の生駒家である。生駒家は初代親正（一六〇三年没）、二代一正（一六一〇年没）は墓石・供養塔に天霧石を用いるが、三代正俊（一六二一没）は豊島石を用いるようになる。

天霧石は一六世紀前半に香川県だけでなく、四国各地と岡山県・広島県、そして山口県と兵庫県の一部に広域流通を展開するが、一六世紀後半に急速に流通が衰退する。背景として、長宗我部氏の侵攻や豊臣秀吉の支配による地域社会の変化と、石切場跡である弥谷寺周辺の変容があったと思われる。こうしたなかで、生駒家は天霧石を墓石・供養塔として選択し、のちに豊島石を用いる。天霧石石造物と豊島石石造物は類似点が多く、豊島石石造物の成立に天霧石石工集団の深い関わりがあったことは前述した。一七世紀初頭に出現した豊島型五輪塔の初期には天霧石の豊島型五輪塔が少数認められるなど、一七世紀初頭も天霧石石造物との関わりが看取される。背景に石工の移動があったのかもしれない。一七世紀になると、一六世紀まで天霧石石造物が担っていた広域流通を豊島石石造物が受け継ぐようになる。

広域流通の開始時期をラントウから検討すると、出現期ではなく定型化を遂げた一六二〇年代の寛永期頃が指摘できる。元和六年（一六二〇）から、大坂城築城に伴う採石活動が瀬戸内海の島嶼部で実施されるが、豊島は鍋島家が花崗岩石材の採石を担当しており、採石活動期と豊島石石造物の広域流通の開始期はほぼ一致する。花崗岩採石を担った石工との交流も予測されるが、具体的内容は今後の課題である。

写真２　大分県佐伯市に運ばれたラントウ（左）　岡山県桂厳寺の山崎家墓地の豊島型五輪塔（右）

一七世紀の豊島石石造物の流通は、地域により主たる製品が異なる特徴がある。岡山県旧備前ではラントウ、香川県東半では豊島型五輪塔、岡山県旧美作と香川県三豊地域では一七世紀後半から豊島型五輪塔が盛行する傾向にある。需要先の要求に応じた石造物流通が指摘できる。この頃の豊島石石造物は、墓石・供養塔のほかに延石（のべいし）・樋などの建築材がみられ、岡山城や高松城、丸亀城等で確認できる。また、庭園に伴う灯籠や石塔型石造物があり、桂離宮の灯籠はその代表例である。

近世の豊島石石造物

一八世紀になると各地に石材業が勃興し、豊島石石造物の広域流通は衰退する。面的分布をした香川県・岡山県は引き続き確認できるが、香川県では墓石・供養塔としての使用は減少し、石祠や延石等の建築材、階段、石臼・くど等が主体となっていく。一方、岡山県では一八世紀以降も墓石・供養塔が一定量を占め、一九世紀中頃まで継続する。

一八世紀の豊島石石造物を概観しよう。一七世紀前半のラントウ、豊島型五輪塔に代わり、製品の主体は一七世紀中頃に出現した墓標が担うようになる。ほかに延石・樋などの建築材、神社等の階段・鳥居・灯籠・石祠がみられ、一九世紀前後頃には狛犬が加わる。日常器には石臼・くどがみられる。寛政一一年（一七九九）の『日本山海名産図絵』には、製品について「水筒、水走、火炉、一つへっついなどの類にて格別大なる物はなし」とある。

豊島石工の名は、銘文から一八世紀後半頃から確認できる。藤原好二氏は、寛政二年（一七九〇）から昭和一六年（一九四二）までの岡山県で確認された豊島石工の銘文について一覧表を示している。[2] 藤原氏が指摘したように、これら銘文の刻まれているのは豊島石ではなく花崗岩や砂岩である。この点は後で再び取り上げる。

一八世紀は各地で石材業が勃興し、各地で斉一的な形態の墓標・鳥居・灯籠等が生産される。一方、豊島石造物は中世からの伝統をもつためか、個性ある伝統的な形態の石造物を製作している。その代表例が豊島型五輪塔である。ただ、この豊島型五輪塔ですら一九世紀になると各地に展開する花崗岩・砂岩製五輪塔の影響を受け変容していく。

近代の豊島石石造物

近世にて豊島石石造物の主体をなし、かつ銘文から年代を容易に把握できるのは墓標だったが、近代になると墓標は急速に衰退し、明治時代前半期には終焉を迎える。生産地である豊島でさえ、一八八〇年代を最後に豊島石の墓標は認められなくなる。

近代の豊島石石造物は、近世から継続して延石・樋などの建築材、神社等の階段・灯籠・石祠、日常器として石臼・くどの製作が推測されるが、灯籠以外は石造物に年号銘を残していないため、現状では展開を把握するには至っていない。紀年銘資料では灯籠が目立つようになる。大正一〇年（一九二一）の『小豆郡誌』には豊島石の製品として灯籠・井筒・竈等が、昭和一一年（一九三六）の『小豆郡誌第一続編』には灯籠、乱杭、船舶用竈・七厘、蒸気機関据付用釜石、ストーブ用石が挙げられている。

流通圏は一七世紀の広域流通の展開後、一八世紀には各地の石材業の勃興から流通範囲を減少させたが、近代になると再び広域流通を展開するようになる。この明治・大正・昭和初期が豊島石石造物の最盛期で、今に「豊島千軒、石工千人」の言葉が残されている。『小豆郡誌』には大量の製品が東京に運ばれていることが記載され、『小豆郡誌第一続編』には阪神・広島・北九州地方への販路が記載されている。

筆者は近代の豊島石石造物の広がりを把握していないが、神奈川県箱根町で灯籠を確認し、福岡県福岡市妙薬寺墓地では灯籠が多数造立されていた（写真３）。また、京都府の複数箇所の寺院庭園でも灯籠が確認できる。北九州の販路については、関西に向かった石炭輸送船の帰り荷が利用されたと云われている。

明治・大正期の盛んな豊島石石造物の製作の結果、大正一〇年（一九二一）の『小豆郡誌』には「近来豊島石大ニ滅シ」

写真３　福岡県妙楽寺墓地の豊島石灯籠

と豊島石が枯渇した状況がうかがえる。そして、代用として花崗岩で灯籠を製作し、多量の製品を東京に輸送したとある。『小豆郡誌第一続編』には、花崗岩製の販路として東京・阪神・中国・北九州地方が挙げられている。

　この頃の石工は、前述したように、藤原好二氏が指摘した昭和一六年（一六四一）までの岡山県で確認された豊島石工名のほかに、関東・関西・朝鮮半島で石材事業家として活躍した中野喜三郎・高山大吉・木元多吉・新田竹蔵・野村吉三郎がいる。[3]

現代の豊島石造物

　第二次世界大戦後になると豊島石石工は激減し、生産高も減少した。[4]そして、一九七〇年代から増加する外国産石材の搬入によってさらなる縮小を辿る。そして、平成一七年（二〇〇五）に豊島石を採掘・加工した最後の石材店が操業を終えた。

　昭和四六年（一九七一）の『土庄町誌』によると、この頃の採石業者は大丁場の美山一夫、唐櫃の三好由一・浜本庄吉・上口信雄・笠井宇太郎の五軒で彫刻従業者数は四二名だった。流通は瀬戸内海沿岸一帯で、一部が阪神・関東地方の石問屋を経て流通し、さらに一部はアメリカへの販路を開拓したことが記載されている。

2. 石切場跡

豊島石石切場跡の特徴

豊島石石切場跡は洞窟を呈し、豊島・小豆島滝宮・男木島・女木島・屋島に認められる。洞窟となる理由は凝灰岩層が山の中位にあり、上位には硬質な安山岩層が位置するため、良質な凝灰岩を取得しようとすれば水平方向の奥へと採石を行う必要があったためである。このような石切場の特徴は、寛政一一年（一七九九）の『日本山海名産図絵』でも注目され、「此山は他山にことかわりて山の表より打切掘取にはあらず。ただ山に穴して金山の坑場に似たり」と記載されている（写真4）。また、洞窟状の石切場は各地に類似した地質構造のみられる香川県では中世段階から見ることができ、特に香川県西半で目立つ。これらの中世石切場跡は豊島石石切場跡に比べると奥行がなく、近世以降の豊島石石切場跡に発展がうかがえる。

また、豊島石は石切場で細工する伝統をもつ。これも中世石切場跡であ

上：写真４　『日本山海名産図絵』に描かれた豊島石工　下：写真５　岩波写真文庫『小豆島』の掲載写真

る坂出市岩屋寺石切場跡で、ほぼ完成状態の未成品がみられることから、中世からの伝統と評価できる。『日本山海名産図絵』では「器物の大抵を山中に製して担い出せり」とあり、昭和三一年（一九五六）刊行の岩波写真文庫『小豆島』には、大丁場で灯籠を完成させる石工たちの写真が掲載されている[5]（写真5）。昭和一〇年頃までは大丁場の外側に細工職人（加工石工）が各々小屋をもち（四〜五軒）、一軒につき二〜三人の職人がいたという[6]。次に、各石切場跡を個別にみていこう。

豊島石の各石切場跡

【豊島】寛政一一年（一七九九）の『日本山海名産図絵』には、家浦に穴が七ヵ所あることが記載されている。家浦の東方、檀山西側にある蝙蝠穴が近世段階の石切場跡と考えられている。『土庄町誌』によると、奥行が三キロ以上あり、中には池・滝・広場があるという。

西の丁場は唐櫃の西に二〇ヵ所散在する。露天の石切場跡で、長谷川修一氏は大規模地すべり堆積物の玉石を採石したため、洞窟ではなく露天になったと指摘する[7]。

大丁場は檀山の南面山腹にある。明治四二年（一九〇九）に開穴され、平成一七年（二〇〇五）まで採石された。穴は四ヵ所にあり、奥行は二五〇メートル、坑道の高さは約一五メートル。新丁場は大丁場より後に開削されたとされる。山崩れにより採石穴は塞がれている。

このほか、白い豊島石（白豊島）の石切場が露天掘りで家浦にみられ、小宮山石とも呼ばれている。

【小豆島滝宮】土庄町滝宮にある。八坂神社に伝わる近世文書からは宝暦四年（一七五四）以前から石稼ぎをし、文化二年（一八〇五）に石が採れなくなり、文政六年（一八二三）に採石ができなくなったという[8]。小豆島の中世石造物は、兵庫県の六甲花崗岩や香川県天霧石の五輪塔・宝篋印塔がみられ、豊島石は確認できていない。初期の豊島石石造物は、一七世紀前後頃が想定される土庄町屋形崎と旧毘沙門堂跡の大型宝篋印塔、そして小豆島町中山の八角灯籠で、この頃には採石活動が行われている可能性がある。

【男木島】コミ山の頂上近くにある。洞窟の狭い入口を入ると高さのある抗道があり、「ジイの穴」と呼ばれている。[9]採石年代は不明で、島内の石造物調査も実施しておらず、豊島石造物の状況は把握できていない。

【女木島】鷲ヶ峯の山頂近くにある。岩質は他の豊島石とやや異なっているが、洞窟の石切場跡や矢穴を用いた掘割技法による採石方法、ツルハシの痕跡は他の石切場跡に共通している。採石時期は判然としないが、明治二五〜二八年頃に女木島からの依頼で、屋島浦生の山下役蔵ら数名が洞窟を整備したという。[10]島内に石切場跡と同質の石造物の分布は目立たないが、集落内の本願寺小堂にある一六世紀の石仏が同材の可能性が高く、一六世紀には採石が行われていた可能性が強い。現在、石切場跡は「鬼ヶ島大洞窟」として観光地になっているが、これは香川県の郷土史家である橋本仙太郎が昭和五年（一九三〇）一説には大正三年〈一九一四〉、昭和六年、昭和七年）に発見し、桃太郎伝説に結び付けて鬼の洞窟としたものである。このことは、大正から昭和初期頃にはすでに採石が終焉して時間が経過し、石切場の存在が忘却されていたことをうかがわせる。

上：写真６　屋島洞窟の入口　下：写真７　屋島洞窟内部の長方形材の採石痕

【屋島】屋島北嶺及び屋島浦生にある。洞窟内には、矢穴技法を用いた掘割技法でひたすら長方形材を採石した痕跡がみられ、石壁にはツルハシによる調整痕がみられる（写真6・7）。石材の材質は豊島石とほぼ同質である。地元では屋島黒石と呼称されている。

佐野家には、明治一七年（一八八四）～明治四一年（一九〇八）の黒石に関する資料が保管されており[11]、近代には確実に採石を行っていたことが指摘できる。一方、昭和一五年（一九四〇）の『木田郡誌』には「屋島町より凝灰岩を産せしも今は無し」とある。また、一方で浦生の山下徳一は昭和一六年（一九四一）二～三月まで採石を行っていたという聞き取りがある[12]。石切場の開始期は判然としないが、中世後半段階に高松市北部に豊島石石造物が面的に分布することから、これらが屋島産である可能性はあるが、今後の課題である。

3．豊島石と地域社会

生産地社会との関わり

一五世紀後半に生産を開始した豊島石石造物の初期資料である文明六年（一四七四）の家浦八幡神社鳥居が生産地に残されている。ただ、その後の一六世紀段階の供養塔の事例は、豊島ではほぼ皆無である。それどころか、豊島には岡山県石灰岩五輪塔や他地域の花崗岩五輪塔が一部搬入されている。中世の豊島石石造物の大多数は、外部地域への搬出用に専ら製作されたと考えられる。同様の傾向は他の豊島石石切場跡でも指摘でき、中世において生産地周辺では豊島石石造物がほとんど確認できない。

こうした傾向は、広域流通を開始した一七世紀前半もほぼ継続しており、各地に多量に運ばれた搬出品に対して在地での生産はきわめて少量である。豊島では、一七世紀後半にようやく生産地周辺での事例が増加するが、一八世紀に入ると花崗岩石造物が増加し、少しずつ豊島石石造物を凌駕していく。墓標でみると、一八世紀後半頃は豊島石墓標が増加するが、それを上回る花崗岩墓標がみられ、豊島石墓標は一九世紀以降、造立数を著しく減少させる。近代は灯籠を中心に再び広域流通が展開するが、豊島内での灯籠は多くはない。このように、通史的に豊島石石造物は基本的に外部搬出用で、逆に地元では非豊島石石造物の造立が見受けられる。

非豊島石石造物で最も多いのが、花崗岩石造物である。花崗岩石造物の材質は複数みられ、また、墓標でみると特徴的な形態の豊島石に対して花崗岩は島外の広域でみられる墓標形態に共通している。つまり、両者は形態・製作技術が異なり、素直に考えれば異なる石工の製作と理解できる。筆者はかつて、豊島では豊島石石造物は搬出用に生産され、地元に造立した石造物の多くは外部からの搬入品と考えたが、[13]その後、藤原好二氏によって興味深い論考が発表された。

豊島石工と外部社会

藤原好二氏は、岡山県内で確認される豊島石工銘のある狛犬を検討し、大多数が花崗岩・砂岩製でかつ形態が統一されていないことを指摘し、豊島の細工人が外部地域に修行に出て修行先でおのおの製作したため、さまざまな形態となったと評価している。[14]また、豊島屋久十郎や彦崎石工山本兼松のような外部地域に移住した石工の存在も指摘している。

このように考えると、豊島内に造立された非豊島石石造物も単なる搬入品ではなく、外部地域と関係をもった豊島石工による製品の可能性が出てくる。豊島の石造物は地元にとどまり、伝統的な地元の技術で製作した豊島石石造物と、外部に進出した豊島石工によって外部の技術で製作した非豊島石石造物から成り立っている可能性もある。こうした状況は、豊島石工銘からは一八世紀後半頃の開始が指摘できるが、外部地域には豊島石石造物を模倣した花崗岩製石造物も各所にみられ、これらを考慮すれば年代はさらに遡る可能性がある。豊島石工の外部地域への進出は近代以降もみられ、関東・関西・朝鮮半島で石材事業家として活躍した中野喜三郎・高山大吉・木元多吉・新田竹蔵・野村吉三郎はその代表であった。

豊島石と現在の地元社会

豊島にて近年まで唯一豊島石の採石・細工を行っていた豊島石材が操業を終焉し、今まさに豊島石石造物の伝統は消滅しようとしている。各地に残された石切場跡は崩落の危険性もあり、多くは文化財指定・観光施設にはなっていない。唯一、女木島のみが観光施設として利用されている。ただ、それは「鬼の大洞窟」としてであって石切場跡としてではない。豊島石石造文化の歴史は今忘れ去られようとしているのである。

おわりに

豊島石石造文化の解明は道半ばである。特に、広域流通を展開して最盛期を迎える近代と、急速に生産を縮小させる終戦後の検討はほぼ皆無である。また、石切場跡の詳細な検討もほとんど行われていない。豊島は一九九〇年代から問題となった豊島事件（産廃不法投棄）という負の歴史を経過し、平成二二年（二〇一〇）には豊島美術館が開館して新たな段階に入った。今は豊島のかつての代名詞だった豊島石を見直すよい機会なのかもしれない。

註

（1）長谷川修一『讃州豊島石の特性と豊島石石造物の時空分布に関する調査』（財団法人福武学術文化振興財団平成二〇年度瀬戸内海文化・研究活動支援調査・研究助成報告書、二〇一〇年、二頁）。
（2）藤原好二「岡山県内における豊島石工・豊島石製狛犬に関する覚書」（『岡山市埋蔵文化財センター研究紀要』第七号、岡山市教育委員会、二〇一五年、一二七頁）。
（3）土庄町誌編集委員会『土庄町誌』一九七一年、八六四・八六五頁。
（4）前掲註（3）、八〇四頁。
（5）岩波写真文庫『小豆島』一九五六年。
（6）徳島文理大学比較文化研究所『豊島の民俗』比較文化調査報告第一号、一九八六年、五八頁。
（7）長谷川修一・鶴田聖子『讃岐ジオサイト探訪』香川大学生涯学習センター研究報告別冊、二〇一三年、二〇頁。
（8）前掲註（1）、七九頁。
（9）前掲註（1）、八〇頁。
（10）伊藤一男「屋島黒石掘出記（中）」（『文化屋島』第二七号、屋島文化協会、一九九二年、五頁）。
（11）伊藤一男「屋島黒石掘出記（中）」（『文化屋島』第二六号、屋島文化協会、一九九一年、三・四頁）。
（12）前掲註（10）、五頁。
（13）松田朝由「豊島の石造物」（『香川史学』第三六号、香川歴史学会、二〇〇九年、三一頁）。
（14）前掲註（2）、一二七頁。

参考文献

伊藤一男　一九九二「屋島黒石掘出記（中）」（『文化屋島』第二七号、屋島文化協会）
伊藤一男　一九九一「屋島黒石掘出記（中）」（『文化屋島』第二六号、屋島文化協会）
岩波写真文庫　一九五六『小豆島』
香川県教育会小豆郡部会　一九七三『小豆郡誌第一続編』（三木常吉編、復刻、名著出版）

木田郡誌編纂部 一九四〇『木田郡誌』
小豆郡役所 一九二一『小豆郡誌』
高松市、香川大学天然記念物屋島調査団 二〇一四『天然記念物屋島調査報告書』
徳島文理大学比較文化研究所 一九八六『豊島の民俗』比較文化調査報告第一号
土庄町誌編集委員会 一九七一『土庄町誌』
長谷川修一 二〇一〇『讃州豊島石の特性と豊島石石造物の時空分布に関する調査』（財団法人福武学術文化振興財団平成二〇年度瀬戸内海文化・研究活動支援調査・研究助成報告書）
長谷川修一・鶴田聖子 二〇一三『讃岐ジオサイト探訪』香川大学生涯学習センター研究報告別冊
藤原好二 二〇一五「岡山県内における豊島石工・豊島石製狛犬に関する覚書」（『岡山市埋蔵文化財センター研究紀要』第七号、岡山市教育委員会）
松田朝由 二〇〇九『豊島石石造物の研究』Ⅰ（財団法人福武学術文化振興財団平成一九年度瀬戸内海文化・研究活動支援調査・研究助成報告書）
松田朝由 二〇〇九「豊島の石造物」（『香川史学』第三六号、香川歴史学会）

二　香川県小豆島の石切場と石の文化

福家　恭

はじめに

瀬戸内海の島々には、花崗岩の露出が多く、古くから良質な石材の切り出しが行われてきた。今でも採石の盛んな島がいくつかみられ、近世～近代に拓かれた大小の石丁場跡も確認できる。なかでも、香川県小豆島（しょうどしま）は、近世初期の大坂城普請で多量の石材が切り出され、「残念石（ざんねんいし）」と呼ばれる残石群と石丁場跡が今日まで残されている。

小豆島は、大小二〇余りの島々からなる香川県小豆郡（しょうずぐん）に属し、東西約二一キロ、南北約一六キロと、瀬戸内海で二番目の規模を誇る。島の中央には、名勝寒霞渓（かんかけい）を含む標高六〇〇～八〇〇メートル前後の山々が連なり、標高四〇〇メートル前後を境に急崖となるキャップロック地形を呈す。そのため、山頂付近が瀬戸内火山岩類（讃岐層群）であるのに対し、急崖の直下には質・量ともに豊富な花崗岩帯が海岸近くまで迫っている。つまり、小豆島では海上から露頭した花崗岩種石を容易に発見することができる。

さらに、海上輸送にも便利な立地である。そのため、近世初期から重宝され、島の各所にはいまだ詳細不明のものも多いが、残石や石丁場跡といった貴重な文化遺産がうかがえる。

1. 小豆島の石丁場跡

大坂城と小豆島

大坂の陣後、豊臣秀吉の築いた大坂城は、徳川家により悉く破壊された。二代将軍徳川秀忠は、当時、最重要だった大坂を幕府の直轄領とし、元和六年（一六二〇）から三期におよぶ大坂城普請を西国大名六四家に負担させた。工事を割り当てられた各大名は、小豆島をはじめとした瀬戸内の島々へ、多くの石材を求めることになった。

小豆島に石丁場を確保した大名家には、①福田石丁場の藤堂家（伊勢津藩）、②岩谷石丁場の黒田家（筑前福岡藩）、③石場石丁場の田中家（筑後柳川藩）、④土庄（とのしょう）石丁場の加藤家（肥後熊本藩）、⑤小海（おみ）石丁場の細川家（豊前小倉藩）、⑥大部石丁場の中川家（豊後竹田藩）・松平家（因幡松江藩）などがみられる（図1）。

島の統治は、元和四年（一六一九）から小堀政一によって行われ、元和六年に小堀が大坂城作事奉行に任命されて以降、小豆島に石丁場を求める大名は、小堀の許可を得て島の各村々の庄屋から石丁場を確保することとなった。

各石丁場の状況

小豆島で採石を行った諸大名らは、大坂城石垣の約四分の一強を受けもち、相当数の石材を小豆島から切り出したと考えられる。しかし、現在では、その石丁場跡がはっきりしないものも多く、残石や文献からその場所を推定していくしかない。

【①福田石丁場】小豆島の北東部にあたる福田村（現小豆島町福田地区）には、藤堂家の御用石場（石丁場）として、

「西谷」「東谷」「栃明地、とちめんし」「鯛網代」の四ヵ所の存在が文献からうかがえる。元和七年（一六二一）に大小四五〇個の石材を切り出し、明暦三年（一六四六）頃には五四個の残石となっていることから、ほとんどの石材を大阪へ搬出している。

現在では、石丁場の場所は判然としない状況だが、小豆島町福田地区の山中には近世初期の矢穴をもつ残石や種石とともに、昭和初期まで続いていた採石の痕跡などが岩肌にうかがえる。そのうち、日金神社付近にある残石群は、昭和四八年に町指定史跡「大坂城築城残石（福田）」となっている。

【②岩谷石丁場（写真1）】昭和五二・五三年の分布調査で、南谷・天狗岩・天狗岩磯・豆腐石・亀崎・八人石の石丁場跡や残石が確認された。文献では、ほかに「しいの木」「八人石磯」「八人石東原」「八人石西原」という丁場名もみられ、役割や組ごとの丁場の存在がうかがえる。

讃岐層群　玄武岩　花崗岩類　変成岩類

石丁場	大名家
①　福田石丁場［小豆島町指定史跡］	藤堂家（伊勢津藩）
②　岩谷石丁場［国指定・県指定史跡］	黒田家（筑前福岡藩）
③　石場石丁場［小豆島町指定史跡］	田中家（筑後柳川藩）
④　土庄石丁場［県指定史跡］	加藤家（肥後熊本藩）
⑤　小海石丁場［県指定・土庄町指定史跡］	細川家（豊前小倉藩）
⑥　大部石丁場［土庄町指定］	中川家（豊後竹田藩）
	松平家（因幡松江藩）

上：図1　小豆島の石丁場〔長谷川・斉藤 1989〕を参考に作成　下：写真1　岩谷石丁場（八人石丁場）の様子

岩谷での採石は、小豆島を統治する小

堀政一に許可を得た黒田家が、元和七年に草下部村（現小豆島町草壁地区）の庄屋から四ヵ所の石場をもらったことに始まる。明暦三年頃には、四五七個の残石とそれらを管理する「番人七兵衛」が黒田家より派遣されている。

昭和四五年に県指定史跡「大坂城用残石番屋七兵衛屋敷跡」、昭和四七年に国指定史跡「大坂城石垣石丁場跡」にそれぞれ指定されている。

【③石場石丁場】昭和五七年に「大坂城築城残石（石場）」として、池田町（現小豆島町）史跡に指定された。文献等も残っていないが、小豆島町石場地区に「田ちくこの」の刻印石や、海浜部に矢穴の入った転石を数基確認できることから、この付近の山中に石丁場を推定できる。この刻印は、元和六年からはじまる大坂城普請第一期工事で、西外堀の櫓台付近の石垣を担当した田中筑後守忠政のものと推定され、田中家の持ち場の石垣には、「田筑後守」や「小豆島」の刻印がみられる。

【④土庄石丁場】土庄町の千軒から小瀬地区に広がる石丁場で、大坂城普請の際は加藤家が採石の権利をもっていた。加藤家は元和六年から採石を開始しているが、翌年には「石わり不参」（中川家記事）となり、元和一〇年（一六二四）、加藤忠広が改易となったことで、石丁場や採石道具は土庄村の庄屋が預かることになった。文献には「黒崎」から石材を切り出したほか、土庄村に九ヵ所の石丁場があったことなどの記録が残っており、近年、「柳木谷」と「西瀧」の丁場推定地で近世の採石の痕跡が見つかっている。(1)

また、文献にみられた黒崎に残るそげ石が昭和四六年に県指定史跡「大坂城石垣石切千軒丁場跡」、土庄町小瀬地区の山中にある残石群が「大坂城石垣石切小瀬原丁場跡」にそれぞれ指定されている。

【⑤小海石丁場（写真2）】小豆島の北部には、幕末に集められた残石群が防波堤上に並べられ、石工道具等の展示や修羅に石材を乗せた屋外展示などが整備された「道の駅大坂城残石記念公園」がある。付近の山麓には、昭和四六年に県指定史跡となった「大坂城石垣石切とび越丁場跡および小海残石群」や、土庄町指定史跡である「とびがらす丁場跡」（昭和五二年指定）、「北山丁場跡」「宮ノ上丁場跡」（平成六年指定）に残石やそげ石、種石などが散在する。文献には、「おく谷」「西ノ通」「めぶろ、女風呂」「ちぶり」などの丁場名もみられる。

小海石丁場は、細川家の丁場で、数種類の刻印のなかに「八百九ノ内」という大坂城石垣の刻印と一致するものがみられる。細川家は、大坂城普請第一期工事で小豆島から八八一個の石材を切り出しているが、塩飽諸島（坂出市・丸亀市など）を重視していたためか、小海村での採石は元和九年には中止している。[2] 大坂城へ搬出されなかった石材群は田畑に散在していたようで、明暦三年頃には一二三六個もの残石が確認されている。

写真２　大坂城残石記念公園（小海石丁場）

また、女風呂石丁場は中川家が、小海村（現土庄町小江地区）の千振島石丁場は黒田家が採石を行っていたとされるが、詳細はわかっていない。

【⑥大部石丁場】大坂城石垣石を船積みした場所とされる「ろくろ場跡」で知られる。当地は字「片桐」と呼ばれることから、豊臣時代に片桐且元が採石した石丁場との伝承もあり、ろくろ場跡は、昭和四三年に土庄町の史跡に指定されている。

一方、本石丁場では中川家と松平家による採石が文献に記されているが、大坂城普請には堀尾忠晴が一七〇個もの石材を切り出していたようである。寛永一〇年（一六三三）、忠晴の死去により堀尾家が断絶したため、松江城に入城した松平直政が小堀の許可を得て、石場を確保している。

現在では、昭和五一年の集中豪雨による災害とその復旧工事の際にほとんど取り除かれ、県道沿いに数基の残石やそげ石、海浜部に散在した近世～現代までの矢穴石がうかがえる程度である。

石丁場跡を文化財へ

小豆島にみられる大坂城の残石は、『香川県史』『小豆郡略史』『小豆郡誌』などに豊臣秀吉の大坂城と結びつけて取り上げられ、「史跡」として保護の対象となっている。(3)

昭和三年の香川県史蹟名勝天然記念物調査会の報告で、岩谷・小海・土庄の石丁場がはじめて具体的に説明され、昭和一八年頃には元和・寛永頃の徳川秀忠・家光の大坂城普請に伴うものとの指摘もある。

昭和三四年に大坂城総合学術調査が実施され、現在の大坂城石垣がすべて徳川幕府の再築によるものであることが判明すると、小豆島では昭和四〇年代に岩谷で開発が進行していたこともあいまって、岩谷石丁場が全国に先駆けて国指定史跡となった。

その後、島内の石切場や残石群は、学術的な調査成果に基づいて県・町指定史跡となり、昭和四六年の『土庄町誌』、昭和四九年の『内海町史』で小豆島各地の石丁場跡や残石の実態が明らかとなった。また、昭和四九年と昭和五一年の相次ぐ土石流で、島の各石丁場は甚大な被害を受け、岩谷石丁場では、昭和五二・五三年に本格的な分布調査を行い、『保存管理計画報告書』がまとめられた。今日では、岩谷石丁場は遊歩道が整備され、小海の残石群は公園として一般にも広く公開されている。

2. 残念石から石材へ

御用石の管理と商丁場

寛永六年（一六二九）、徳川家による大坂城普請が完了し、小豆島で積み出しを待っていた多くの石材が残されることとなった。この残石群は、原則調達した大名の責任のもとで管理されたが、大坂城普請後も島の各石丁場は小堀政一に監護され、公儀普請に備えた「御用石」して勝手に移動することができなかった。

しかし、大坂城普請に伴って採石を開始した大名のうち、黒田家や藤堂家は三期を通じて採石を行ったが、田中家・加藤家・細川家は第一期工事で小豆島から撤退するなど、大坂城普請完了後の残石群もそれぞれの丁場で異なった道を辿る。

【番人を派遣して管理】大坂城普請完了後、黒田家は家臣の七兵衛を土着させ、岩谷石丁場の残石の管理・監護にあたらせた。七兵衛には黒田家から二人扶持が与えられ、その子孫は幕末まで残石監護を務めている。文久三年（一八六三）には、草下部村の庄屋により岩谷の残石群を悉皆調査させ、明治維新後は軍事施設への資源として工部省や陸軍が所管するなど、商いとしての石材産業は発展していない。

【村の庄屋が管理】残石は番人だけではなく、地元の庄屋らも管理の責任を負っていた。第一期工事で小豆島を離れた細川家の小海石丁場は、元和九年（一六二三）に小海村の庄屋が、加藤家の土庄石丁場は元和一〇年に土庄村の庄屋が残石を預かっている。

大坂城に次いで伏見城、江戸城といった徳川家の重要拠点城郭が普請され、小豆島に残された石材は、土庄石丁場の黒崎から大坂町奉行の命により江戸へと運ばれ、一七世紀中頃には「角石壱つ残らず取り申され」（笠井家文書）

の状態となっている。

また、小海村からは、明暦三年頃に明暦の大火による町の復興のため、七九〇個もの残石が江戸へ運ばれている。延享三年（一七四六）頃には「御用石置場弐ヶ所」（石井家文書）とあり、公儀普請がなくなった江戸中期以降も、各村の庄屋が「御用石」として継続的に管理していたといえる。

【商業用石材として採石】土庄石丁場では、庄屋預かりとなった残石は、小堀の死後、島の管理を執り行った大阪町奉行の命により大坂商人の請負で、万治二年（一六五九）までの間に、「大かげ」から住吉大社の鳥居石や石橋などの石材、黒崎から江戸の山王神社の鳥居石として搬出されている。また、承応四年（一六五五）には「つぶ石」、明暦三年頃には「九だて」にも商丁場としての利用がみられる。同様に、小海村の千振島でも大坂商人による採石があり、享保年間（一七一六～一七三五年）には「石取りちらし」（三宅家文書）の状態で、小海村との騒動が起こっている。

一方、明暦三年頃の福田石丁場や岩谷石丁場付近でも、荒浜（福田地区）と小屋浦（橘地区）に商丁場が拓かれ、こちらは播州（兵庫県姫路市付近）の与兵衛が商売を行っている。

【放棄された石丁場】石場石丁場は、第一期工事中に田中忠政の病死に伴う田中家の廃絶により、採石は中止された。その後も文献にもみられないことから、放棄されたと考えられる。

上記以外にも、大部石丁場は堀尾家の断絶後、松平家が公儀普請に備えるために他大名の所有でない丁場として島の庄屋から手に入れている。小豆島の残石群は、石丁場を管理する諸大名家と島の庄屋が深い関わりをもちながら、引き継いだようである。

その一方で、小堀の死後、小豆島での採石監護は大坂町奉行・大坂船奉行に移る。石材の需要は公儀普請から建築資材へ移り変わり、大坂などの石商人による残石の転用や新たな採石が執り行われていった。

石材産業の発展

諸大名や村役人によって管理してきた大坂城の残石は、明治維新後、工部省や陸軍の預かるところとなり、軍事施設や測量標石などの土木資材として利用されるようになる。明治一五年（一八八二）に石切場が民間に開放されると、近世に商丁場だった福田石丁場では、多くの残石が転用・売却された。明治一七年から日本各地の三角点や水準点の標石に小豆島の花崗岩が採用されたことをはじめ、皇居外縁の石橋や伏見桃山陵の石材などに利用され、島の採石は近代石材産業へと発展していった。

さらに、明治二九年（一八九六）になると、土庄町小海地区に石材組合が結成される。昭和初期には小豆島町福田地区にも同組合が結成され、昭和二〇年代末には「石工科」をもつ香川県立職業訓練所が設立されている。その後、高度経済成長に伴って、採石技術は機械化され、採石から加工までの分業化が進展し、海上輸送も大型運搬船が導入されるなど劇的に変貌していった。

ところが、外国産石材が利用されるようになると、小豆島石の需要は、護岸用あるいは埋立て用の捨て石などが主となり、安価に京阪神や瀬戸内沿岸地域などで流通された。小豆島の北部から東部では、昭和四六年には三二ヵ所だった採石場が、平成一一年には一二ヵ所にまで減少している。出荷量も、バブル経済期の平成元年の二三〇万立方メートルをピークとして、その後は減少傾向に転じていく(4)。

近年でも稼働する採石場は減少し続けており、残された採石場跡地はオリーブ植栽地やメガソーラー発電所などへの転用もみられるようになった。

3. 石の文化の継承

小豆島の特色

小豆島は「石の島」である。島の石切場は、近世・近代から続く資源の採取地で、石材が地域社会の経済や文化を形成している。

明治三六年（一九〇三）に作成された『讃岐国小豆島案内地図』や、大正三年（一九一四）の「讃岐国小豆島実測量改正旅行案内地図」には、名勝「寒霞渓」をはじめ神社仏閣などの名所や島の各村々間の距離などが記されている。これらの案合図は、行政や軍による地図ではなく、民間作成の旅行ガイドブックのようなものである。当時の生業だった塩田の表記や、島の至る所に「石材場」との表記がみられる点が特徴的である。

また、大正一五年（一九二六）の『香川県小豆郡全図』（図2）では、近世に開設された石丁場の地名が見られるほか、「天狗岩」や「八人石」は名勝旧跡となっている。さらに、名勝旧跡と同様に「採石場」が地図記号で表記されるなど、明治～大正期にはすでに石材業がごく自然に島の特色を示す素材として、一般の人々に定着していたといえる。

「石の文化」を次世代へ

かつて、採石現場や県立職業訓練所の石工（いしく）科などで伝承された技術は、石材産業の技術革新で廃れてしまった。石工の技術をもつ職人は高齢化と減少が進み、ニーズの変化は石材産業の発展と技術の伝承を連動しないものへの変えていった。しかし、島の特色である「石の文化」は、次の世代へ伝えていくべき遺産である。

二、香川県小豆島の石切場と石の文化

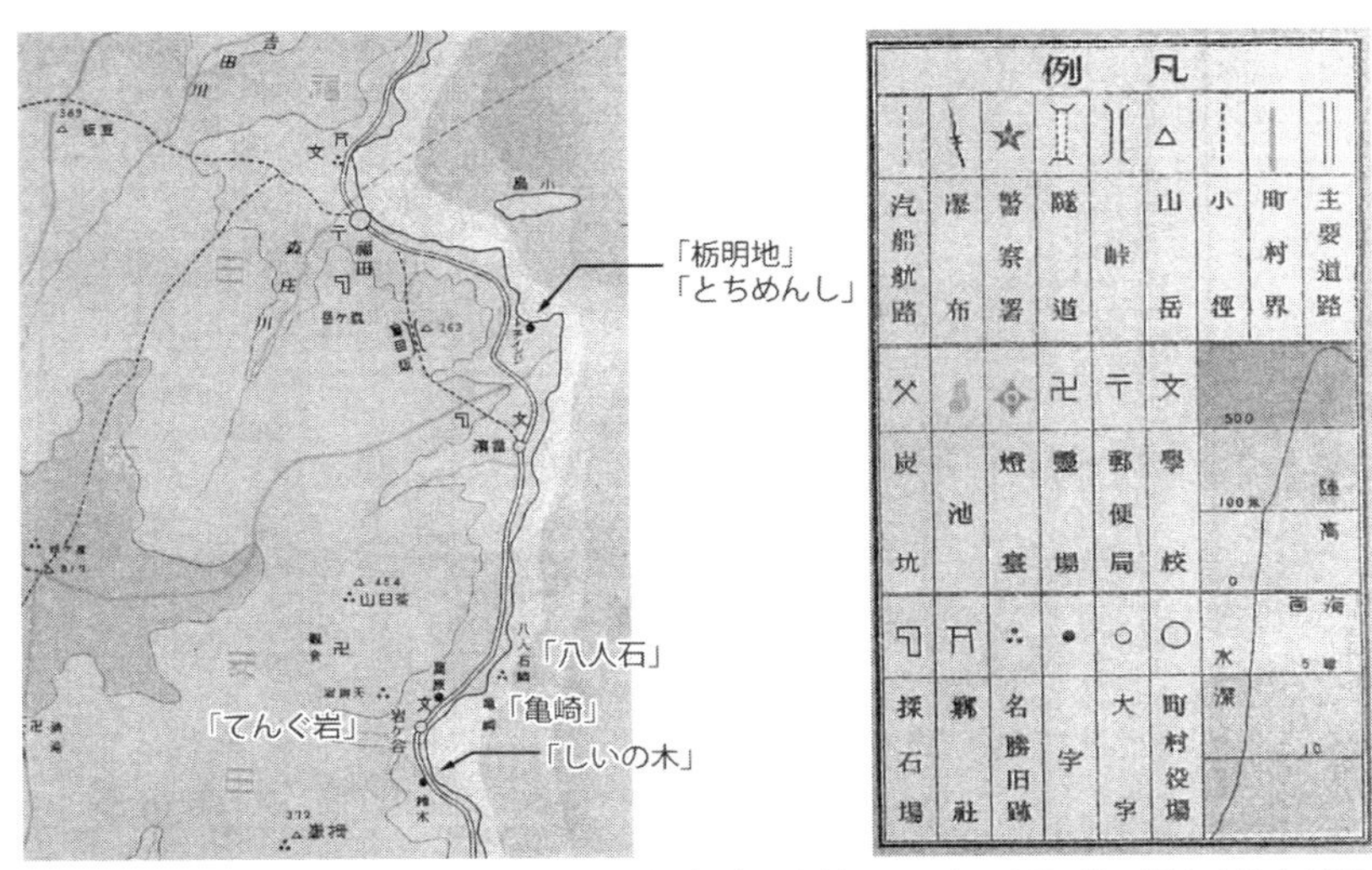

図２　『香川県小豆郡全図』大正 15 年（一部改変）　文献にみられる石丁場に関する地名が確認できる。岩谷石丁場は採石場ではなく、名勝旧跡として記されている。

島の至る所に点在する残石は、島民にとって身近な存在で、親しみを込めて「残念石」と呼び、大切なものと認識されている。今日の学校教育の場でも、副読本『わたしたちの郷土小豆島』で「石のしごと（石材業）」や「大坂城を築いた残石」を取り上げ、子どもたちへ石の文化と歴史を学習する。

また、近年では、自治体主導による石の文化の「世界遺産化」やジオパーク化といった地域と連係した啓発イベントも盛んになってきた。象徴的な高さ約一〇メートルにもおよぶ巨大な天狗岩や、大坂城普請の際に倒れた巨石に八人の石工が下敷きとなったとされる八人石なども人気の観光地の一つとなっている。

今後も継続的な取り組みによって、文化財保護の観点だけではなく、地域社会と石との関わりを相互に連動させ、小豆島の文化の一つとして守り伝えていく必要があるだろう。

註

（1）橋詰茂『東瀬戸内海島嶼部における大坂城築城石丁場と石材輸送水運に関する研究』徳島文理大学、二〇一九年。
（2）木原博幸『資料にみる讃岐の近世』美巧社、二〇一〇年。
（3）高田祐一「小豆島岩谷石切場における保護意識の形成過程」（『遺跡学研究』一一、日本遺跡学会、二〇一五年）。
（4）小村良二「近畿周辺地域の石材（切石）—小豆島石」（『地質ニュース』六二〇、二〇〇六年）。

参考文献

小豆島町教育委員会 二〇一二『小豆島町の文化財』
織豊期城郭研究会 二〇一四「四国地方」『二〇一四年度金沢研究集会資料集　織豊期城郭の石切場』
白峰旬 二〇一〇「近世初期の小豆島・豊島（手島）における石場に関する史料について」（『別府大学大学院紀要』一二）
土庄町教育委員会 一九九五『土庄町の文化財（改訂）』
橋詰茂「小豆島の大坂城石丁場と石材搬出に係る諸問題」（『香川史学』四二、香川歴史学会、二〇一五年）
長谷川修一・斉藤実 一九八九「讃岐平野の生いたち—第一瀬戸内累層群以降を中心に—」（『アーバンクボタ』二八、株式会社クボタ）
松田朝由 二〇〇九「香川県の石丁場」（『別冊ヒストリア・大坂城再築と東六甲の石丁場』大阪歴史学会）

三 明治・大正・昭和期の小豆島石の動向
――皇居造営事業とその後

高田祐一

はじめに

大正一〇年(一九二一)に刊行された『小豆郡誌』は、明治一七・一八年(一八八四・一八八五)の皇居造営事業で香川県小豆島(しょうどしま)の石材が使用されたことについて、「世上ノ信用ヲ得其ノ需用著シク多額トラレリ」と記載する。たしかに明治期以降、小豆島は石の島として発展してきた。しかし、「世上ノ信用」を得る契機となった明治一七年の皇居造営事業については詳らかではない。そこで本稿では、明治一七年の皇居造営事業を取り上げることで、小豆島の近代石材産業が発展することになった契機を検討するとともに、その後の大正・昭和期の動向を概観する。

1. 明治一七・一八年皇居造営事業と小豆島

皇居造営事業の概略

明治六年(一八七三)五月、皇居が焼失し、青山御所を仮皇居とした。同一六年(一八八三)、旧西の丸・山里に「仮皇居」(明治宮殿)を建設することとなった。一二月六日には御造営総図が完成、同一七年四月二七日に総鎮祭が挙行され、工事が本格化、同二一年（一八八八）一〇月二七日に完成した。[1] この明治宮殿の造営は、明治一〇年・二〇年代の「日本の建築界における最大規模の国家的造営事業」と評されている。[2] 皇居造営事業の推進機関として、皇居造営事務局が設置された。国家的大事業を遂行するための機関として、「明治時代最大の規模を誇る」とされている。[3] 明治宮殿の造営にあたって、各地から石材を調達した。産地は、千葉県（元名目石・房州石）・神奈川県（小松原石）・静岡県（澤田山石）・香川県小豆島（福田地区の花崗岩）・岡山県犬島（花崗岩）である。

石材の切出し方針は、明治九年（一八七六）に「御造営資用石材ノ数多ナル其価値ノ高低ヲ審査シ之ヲ人民ニ購求スルハ得ヲ能ハザル所タルニヨリ緊要ノ品種ハ之ヲ官山ニ採リ[4]」と示され、価格の吟味が難しく緊要の場合は「官山」より切り出すとしているが、翻せば民間で調達可能であれば、民間から調達するという方針であろう。

小豆島福田村における石材調達の経過

宮内庁宮内公文書館の『皇居御造営誌（石材斫出事業一・二）』『皇居造営録　讃岐斫出石』には顚末が記されている[5]（写真1）。

i．明治一七年三月五日、大阪の石商安井改蔵が愛媛県の副翰（同年一月一六日付け）を携え、小豆島福田村にある石材について買上げの出願があり、小豆島福田村の石材を購入することとなった（後述ⅱの内容）。しかし、納期が遅れており、工事の進捗に影響することとなったため、同年八月二七日石材の調査と事務を兼ねて七等出仕の大野利新[6]と一三等出仕の嘉納久三郎が福田村に出張して取り調べたところ、約定のとおり納品されることは困難だと判断し、請負高五一一九八才五分八厘の内、一部を解約した（後述ⅲの内容）。代わりに、備前国邑久（おくぐん）郡犬島の官林にて松井久兵衛と前田治右衛門に切り出しの請負を命じた。明治一七年九月三日の定約証書には、福田村・当浜村等の請負人らとともに、三木貫朔・三木但一郎・三宅保太郎が連署している。この三名は歴代の福田村村長であり、村をあげての事業であった(7)。

ii．安井改蔵と皇居御造営事務局との石材納品の約定書では、一三条の取り決めが定められている。骨子は次のとおりである。例に明治一七年五月一五日の約定書を示す。

前段：請負高・石の切り出し量（才）の記載。請負高は、愛媛県下讃岐国小豆郡福田村産の花崗石を切り出し、東京辰ノ口までの回送並びに艀下陸揚げ一式である。

第一条：花崗石は、讃岐国小豆郡福田村の私所にある石山より「石質善良ノ丁場」を選んで、切り出し納品すること。

第二条：石質・色合い・出来上がりについては、予てより差し出している見本石のとおりとすること。

第三条：別紙の寸法のとおり、切り出し凹凸のないようにすること。ただし、延寸（長めに切ること）はやむをえない場合に限り一寸までは許可する。

第四条：石材には、山疵・腐れ・黒斑・鉄錆などが含まれないこと。後日、鉄錆が表れた場合には、代価なく何度も交換すること。

写真１　『皇居造営録 讃岐斫出石』 宮内庁宮内公文書館蔵

第五条：大小の割り取りの際には、火薬は使用しないこと。

第六条：石材切り出しは、指定の順に切り出し、期日までに東京辰ノ口河岸に納めること。

第七条：指定期日までに納品できなかった場合、違約金として一日につき請負高の二〇〇分の一ずつを上納すること。ただし、天災や回漕中の難破沈没などは、明治八年四月布告第六六号のとおり、届けによって相当の日延べをする。
第八条：注文と違う場合や不良品の場合は、何度も交換すること。
第九条：回漕中に沈没など事故が発生した際も、請負人の損失とすること。
第一〇条：東京辰ノ口に納品した石材は検査し、納品の才数に対して八割の代金を支払う。残り二割の代金は、すべての石材を納品した際に支払う。
第一一条：約定後の契約変更はできない。万一、やむをえず事故があり契約を撤回する場合は、違約金として請負高の一〇分の一を上納すること。
第一二条：約定後、不都合があった場合は、保証人が石材を皆納すること。保証人においても納品できない場合は、前条の通り違約金を支払うこと。
第一三条：約定後、皇居御造営事務局の都合にて契約破棄する場合は、違約金として請負高の一〇分の一を請負人に支払うこと。
大阪府北区安治川北通　東京府京橋区銀座弐丁目
受負人　安井改蔵
明治一七年五月一五日
東京府日本橋区村松町
保証人　水原久雄
東京浅草区橋場町
保証人　岡本嘉兵衛

皇居御造営事務局　御中

別紙では、石材の寸法・数量が明確に指定されている。また、火薬の使用禁止や山疵・腐れ・黒斑・鉄錆が含まれないことなど、厳格な品質管理が求められており、皇居御造営事務局は「石質善良」であることを重視している。

iii．明治一七年八月～一〇月にかけ、御造営事務局の大野利新は、小豆島の状況を下記のように報告している。

明治一七年八月三〇日、小豆郡役所に出頭し、石材切り出しの様子を確認したが、現地の状況が不明であったので、福田村に出発した。福田村では、丁場を巡回し調査したところ、次の点が判明した。明治一七年二月に安井改蔵の請負が決定し、三月三日に森ヶ瀧山（写真２）を買い入れ、工夫数名が切り出しに着手するが難航。そのため、福田村の他の丁場や隣村の当浜村の石山より石工数名を雇い入れ尽力したが、旧暦七月に諸契約の切り替えなどの慣習によって進捗しなかった。そこで、森ヶ瀧山に石工を増員して他の丁場からも取り集め、八月一五日までに四千余才を確保し、共同運輸会社風帆船満仲丸に搭載し、八月二五日に出帆した。

写真２　現在の森ヶ瀧（小字森滝）丁場の様子　写真提供：藤田精

しかし、積み込みの前後、浜出ししておいた一千才余りが暴風激浪のため流出したという。取り調べたところ相違はなかったが、請負人においては代理人のみを使用し、請負人本人は事業を熟知していないため齟齬をきたしており、請負人本人の不注意である。しかし、総請負高は五一一九〇余才で巨額となっている。そのため、他者に依頼するは代金が高騰するのは必至であった。

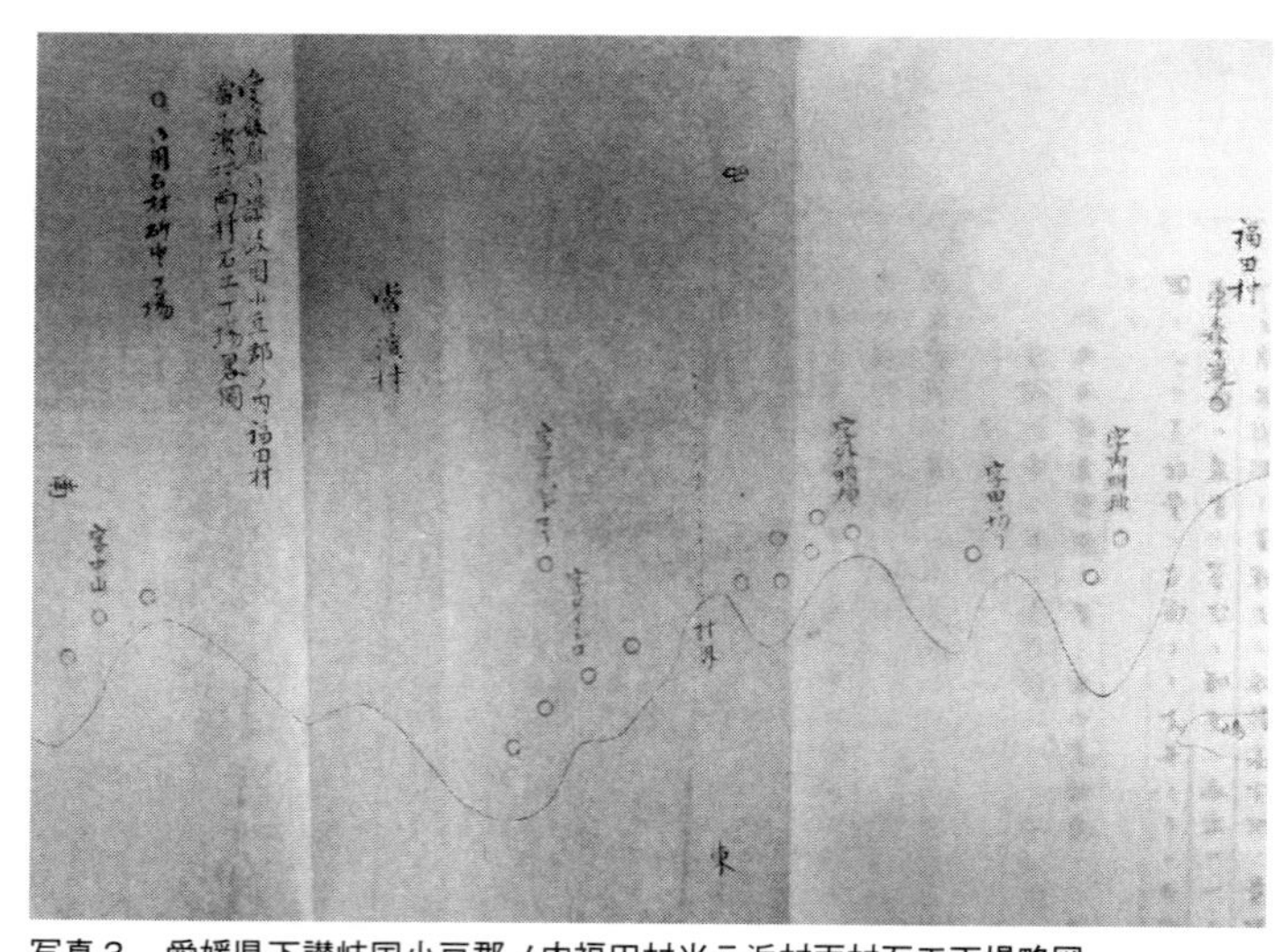

写真３　愛媛県下讃岐国小豆郡ノ内福田村当テ浜村両村石工丁場略図

そこで、安井改蔵・村民・石工らを招集し、皇居造営のための石材切り出しの事情について、大野が「各自ノ栄辱利害得失ヲ百方説諭」したところ、一同は感銘し、力を尽くして御用を勤めたいということになった。しかし、契約どおりの皆納は覚束ないため、請負高の一部を取捨することとなった。当初の請負高五一一九八才五分八厘のところ、一六一四〇才八分三厘を減じ、請負高は三五〇五七才七分五厘となった。そして、小豆島福田村と当浜村の丁場について、「愛媛県下讃岐国小豆郡ノ内福田村当テ浜村両村石工丁場略図」に示す（写真３）。

小豆島福田村における造営事業の意義

以上、概観したとおり、安井改蔵は石材切り出しを請け負ったものの進捗は芳しくなかった。現地指導にあたった造営事務局の大野利新による説諭によって、石工らが奮起するも総請負高の三割を解約することとなった。しかし、皇居御造営事務局は石材に厳格な品質管理を求めており、「石質善良」でなければ納品を拒絶される。残りの契約分は、指定の規格寸法に加工したうえで品質検査をクリアしており、「石質善良」の石材をある程度大量に納品できる産地であるということを一定程度証明するものといえよう。

さらに、副次的効果として、大事業に対応するプロセスそのものが村内石材業の近代化に影響を及ぼしたと推測できる。生産技術・生産管理・品質管理・商品流通・契約などの商慣行など、近代的な事業として必要な要素を整備し、福田村石材業の大規模化を加速させる契機となったのではないだろうか。

そして大野利新は、「愛媛県下讃岐国小豆郡ノ内福田村当テ浜村両村石工丁場略図」（写真3）に「御用石材斫出丁場」を記載している。明治一七年段階の小豆島福田村の石材産業を検討するための、重要史料となろう。略図には一八ヵ所もの丁場が描かれており、明治期前半には既に一定度の石材産業が成立していたことを示すものであろう。多数の丁場は島内の需要を超えているとみられ、地産地消でなく域外に輸出されていたことを示す。

明治中期の状況

明治一七年には参謀本部用石（標石（ひょうせき））の少数納品が始まり、明治二五年（一八九二）には納付指定となる。明治二五年〜大正四年（一九一五）まで納品が継続した。明治二二年（一八八九）には福田・安田の石材生産額は六万才に達し、明治二七年（一八九四）には大阪築港の需要にて好況を呈した。

2. 明治後期・大正期の経過

明治後期の不振

小豆島における石材生産量は明治以降、順調に推移した。明治三五年には福田・安田地区の石材生産量は四五万才であり、明治二二年（一八八九）に比べて七五〇パーセントの年間生産量となった。しかし、農商務省が発行した『地

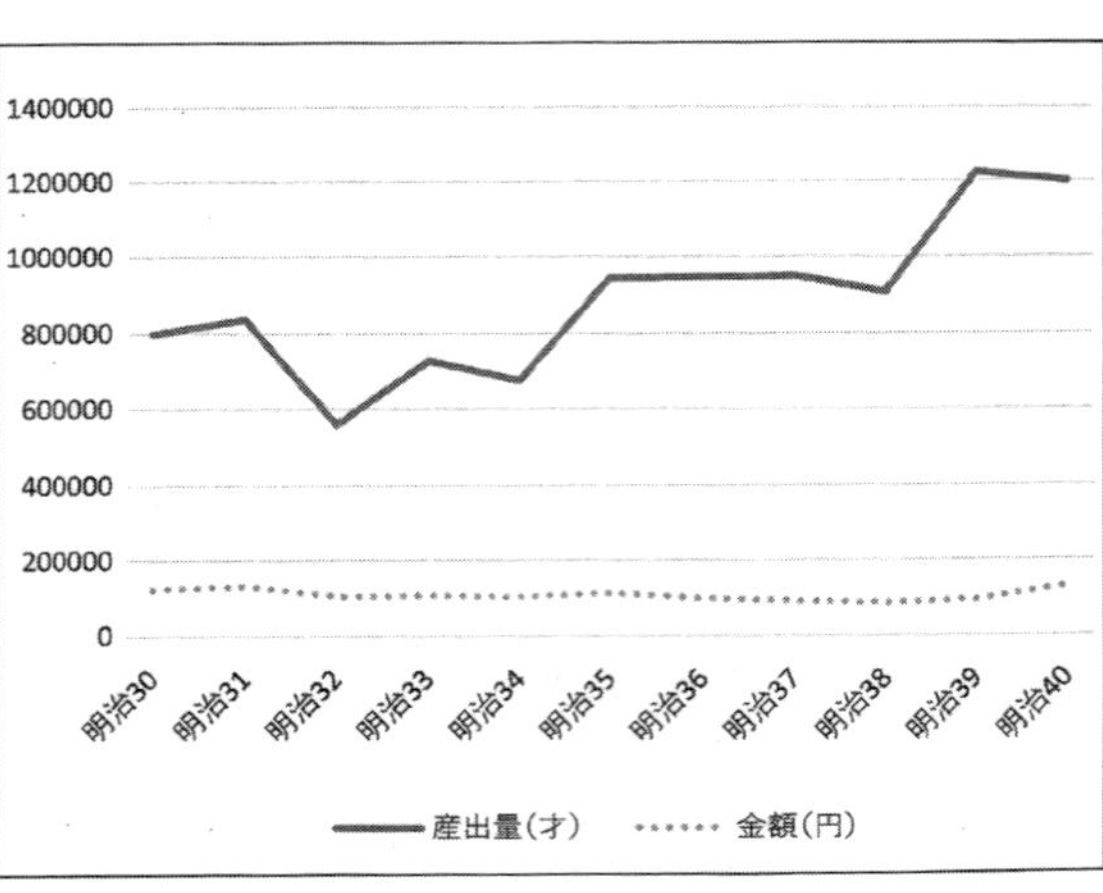

表1　明治期後期の小豆島における石材産出量と金額

質調査報告』二八号には、明治四〇年前後は不振の状態と報告され[8]、福田村の村会議事録においても、石材業の不振により徴税の納期を過ぎる者がいると報告があった[9]。

明治三〇年（一八九七）から四〇年までの石材生産量と金額ベースの推移を、表1に示した。明治三〇年の七九万才の産出量が明治四〇年には一二〇万才となり、一五〇パーセントの拡大となった。しかし、金額ベースでは明治三〇年一二万三千円から明治四〇年の一二万八千円で、一〇四パーセントである。単価ベースで換算すると、明治三〇年（一才あたり一五銭）から明治四〇年（一才あたり一〇銭）の一〇年で六九パーセントにまで低下した。産出量を拡大しても単価が低下しており、生産者にはたいへん厳しい状況である。同じ明治四〇年、岡山県北木島においては年間産出量四八万才、金額ベース二四万円で、一才あたりの単価は五〇銭である。小豆島の生産規模は北木島の倍以上あるにもかかわらず、金額ベースは半分である。建材か石造物目的など、用途によって石材の単価は変わるため一概に判断できないが、小豆島の苦境が判明する。

大正期の動向

大正期には、桃山御陵用石や昭憲皇太后御陵御用石に採用されるなど、栄誉のある案件に恵まれた。また、関西

符号	通称	産地所在地	年間産出量（才）	石工人数	人夫・土工等人数	石工賃金
茨城1	いなたみかげ	茨城県西茨城郡西山内村字稲田	20万	二百数十	—	—
茨城2	いなたみかげ	茨城県西茨城郡西山内村字稲田	20万	60	40	2円50銭
愛知2，3	三州みかげ	愛知県額田郡常磐村字小呂箱柳田口等	30万	100		2円50銭
岡山7，8，9	北木みかげ	岡山県小田郡北木島村字堂ノ上、金風呂等	40万	100		2円50銭
広島6	みかげ	広島県安芸郡倉橋島村	20万	70	30	3円
山口1，2，3	徳山石	山口県都濃郡富田村黒髪島、大津島	20万	90	70	3円
香川6	福田みかげ	香川県小豆郡福田村	43万	200	40	3円80銭
香川7	よしまみかげ	香川県仲多度郡與島村字與島	25万	90	—	—

表2　大正期における大規模石材産地（『本邦産建築石材』から作成）　※『本邦産建築石材』において産地の範囲は「符号」単位である

石材株式会社が福田村の森庄川沿いの丁場と船着き場間にトロッコの設置し、運搬の合理化など近代化が図られた。

大正一〇年には、大蔵省臨時建築部が国内の建築用石材産地の全国調査（明治四三年～四五年、大正七～九年）の結果を報告した『本邦産建築石材』が発行される。『本邦産建築石材』で報告された産地で、年間産出量が二〇万才以上の産地を上に示す（表2）。福田村は年間四三万才の産出、石工二〇〇人で、国内でも最大級の規模を誇っていたことがわかる（大正九年段階）。また、石工賃金も大規模丁場の中では一番高くなっており、石工にとって石材産地の中で最も稼ぐことができる丁場だったといえる。

3．昭和期の経過

組合の設立と石工の育成

福田地区において、昭和一〇年（一九三五）ごろは不景気で石が売れず、苦境であった[10]。昭和一八年・一九年（一九四三・一九四四）ごろは、戦争により採石を中止する。戦後の昭和二四年（一九四九）には福当石材事業協同組合が設立され、昭和二八年（一九五三）には組合が村有地に石工補導所を開設する。翌二九年（一九五四）には県立に移管して香川県立石工補導所となり、昭和三二年（一九五七）には県立小豆島職業訓練所石工科に改称される。しかし、昭和三五年（一九六〇）には希望者が少なくなり閉鎖となった。

同じく、北木島においても昭和二八年に北木石工補導所が設立された。徒弟制度においては、一人前になるには長い期間が必要であった。徒弟制度に代わり、石材に関わる専門技術者の養成を目的とし、入所資格は中学校卒業であった。昭和三三年（一九五八）には、笠岡職業訓練所北木分所と名称変更した。しかし、石工希望者の減少によって昭和三七年（一九六二）に北木分所は閉所となった。[11]

この小豆島と北木島の補導所設置・職業訓練所への名称変更・閉鎖の時期は、ほぼ一致する。これは、政府の職業訓練への施策が影響している。昭和二二年（一九四七）の職業安定法によって、各地に職業補導所が設置された。そして、労働省は「職業補導の根本方針」（昭和二六年度決定）を発表し、公共職業補導対象を失業者から新規中学校卒業者に転換する。[12]そして、昭和三三年には職業訓練法の成立に伴い職業訓練の体系が整備され、各地の施設は職業補導所から職業訓練所に改称される。小豆島や北木島の石工補導所（職業訓練所）は、これら国の施策をうけ地元の石材産業にマッチさせた結果、誕生したといえよう。しかし、昭和三〇年台中頃に両島において訓練所への入所希望者が減少するという事象は、石工になる若者の労働観・就業形態の変化、石材業界の産業構造の変化などが背景にあるとみられるが、別稿に改める。

地域に根差した石材業の文化

福田地区には、山の神を祀る神社である大山津見神社（おおやまつみじんじゃ）がある。大山津見神社の名称のとおり、愛媛県今治市大三島町の大山祇神社（おおやまづみじんじゃ）との関係を想起させるものである。大山祇神社は、山をつかさどる神である大山祇命（おおやまづみのみこと）を祭神としている。福田地区の大山津見神社の創建時期は不明であるが、明治三九年（一九〇六）に「福田村石丁場中」が石祠を寄付している。それ以前は小さな祠が立っていたという。昭和一〇年に拝殿を新築した際の「大山津見神社拝殿新築収支決算表」によると、収入にあたる六九六円八五銭は寄付によって賄われている。[13] さらに、昭和五二年・平成二年に修繕しており、地域によって維持管理がなされている。[14] 大山津見神社では、山の神祭りが毎年一月九日に行われる。[15] この日は、石材業の関係者が始業前に参列し、宮司（葺田八幡神社）が神事を行う（写真4）。筆者が二〇一四年一月九日の山の神祭りに参加した際、参列者によると、昔は出店が出てお祭りのようだったという。石材業に関わる祭事であるが、地域に根付いた祭事であるといえよう。

写真4　山の神祭り（大山津見神社）　2014年1月9日筆者撮影

現在、小豆島の学校教育では、副読本『わたしたちの郷土　小豆島』に「石のしごと（石材業）」の内容があり、子どもたちへの石の文化と歴史を学習する機会があるという。[16] 行政としても、石に関わるシンポジウムを開催しており、二〇一三年度には総務省の地域おこし協力隊事業を活用して石の文化を掘り起こすための学術専門員を採用するなど、普及啓発に取り組んでいる。

おわりに

本稿の要点をまとめる。

①小豆島福田地区の石材が明治期の皇居造営事業に使用されたことは知られていたが、詳細は不明であった。しかし、宮内庁宮内公文書館所蔵の史料

明治 17 年	皇居造営事業。
明治 17 年	参謀本部用石（標石）を明治 25 年まで少数納品。
明治 22 年	福田・安田の石材生産額は 6 万才。
明治 25 年	参謀本部用石（標石）の納付指定となる。明治 25 年～大正 4 年まで引受。
明治 27 年	大阪築港にて好況を呈す。
明治 27 年	前川彦十郎（大阪）が関西石材会社を設立。福田村石材を大阪築港用に運送。
明治 29 年	小豆島花崗岩石材組合を組織（事務所北浦村、福田に取締 1 名配置）。
明治 33 年	関西石材会社解散。
明治 34 年	関西花崗石合資会社の設立。
明治 35 年	福田・安田の石材生産量は 45 万才。
明治 37 年	日露戦争、旅順口閉塞用石を納品。
明治 38 年以降	日露戦争後の事業勃興にて活況を呈すが、不振の状態となる。
明治 39 年	福田村石丁場中が大山津見神社に石祠寄付。
明治 42 年	石材業の不振により徴税の納期を過ぎるものあり。
明治 44 年	『地質調査報告』28 号にて小豆島の石材業は不振と記される。
明治 45 年	福田・安田の石材生産額は 62 万才。
大正 2 年	関西花崗石合資会社が栗林公園北門石碑「昔豊臣氏大阪城を築きし時石を我讃岐小豆島より採りその餘石棄てし」を築造。
大正 2 年	桃山御陵用石（伏見桃山明治天皇陵の造営）を納品。
大正 3 年	昭憲皇太后御陵御用石の納品。大正 11 年まで納品。
大正 3 年	関西石材株式会社が森庄川沿いに丁場と船着き場間にトロッコの設置。運搬の合理化を図る。昭和 27･8 年頃まで稼働。
大正 6 年	関西石材株式会社福田出張所の設置。
大正 7 年	関西花崗石合資会社の営業廃止。
大正 10 年	大蔵省臨時建築部において本邦産建築用石材の全国調査結果が報告。明治 43 年～ 45 年、大正 7 ～ 9 年の調査結果。福田村は年間 43 万才の産出、石工 200 人で日本最大規模。
昭和 10 年	「不景気で苦しかった。採掘した石が売れずに何か月も積んだままだった」（『石屋史の旅』）。
昭和 10 年	大山津見神社拝殿新築、落成。
昭和 18・19 年	戦争が熾烈になり、採石の中止。
昭和 24 年	福当石材事業協同組合の設立。
昭和 28 年	組合が村有地に石工補導所を開設。
昭和 29 年	石工補導所が県立に移管し香川県立石工補導所となる。
昭和 30 年	採掘業者が販売業者と価格交渉。
昭和 32 年	県立小豆島職業訓練所石工科に改称。
昭和 35 年	県立小豆島職業訓練所石工科の閉鎖

表 3　小豆島福田地区における石材関連年表

『小豆郡誌』、『福田村誌葺田の里』、『地質調査報告』28 号、『内海町史』、栗林公園北門石碑、『小豆島の民俗』『石屋史の旅』、『本邦産建築石材』から作成。

により、当時の契約や経過などが判明した。

②皇居造営のための石材切り出しは、当初進捗が悪く一部が解約となった。しかし、残りの契約については、指定寸法どおりの「品質善良」な石材を大量に納品した。大事業に対応するプロセスそのものが、村内石材業の近代化に影響を及ぼしたと推測できる。

③明治後期から大正期にかけては、小豆島福田村の石材産出量は増加し、大規模化が進展するものの不振な時期があった。北木島に比べ、石材単価があがらないなど苦境がうかがえる。

④昭和期には、組合の結成、石工補導所の設置などがあった。山の神を祀る神社である大山津見神社の祭事など地域に根差した石材業の文化がみられる。

本稿の問題意識となった、大正一〇年発行の『小豆郡誌』がいう皇居造営事業にて小豆島の石材が使用されたことによって「世上ノ信用ヲ得其ノ需用著シク多額トラレリ」について、皇居造営事業によって「世上ノ信用」を得たかは実証できないが、事業後に「需用著シク多額ト」なったことは確認した。皇居造営事業が、福田村の石材業の大規模化を促進するひとつの契機になった可能性は大いにある。精神的にも皇居造営事業に関わったことは、地域の栄誉・誇りになったであろう。しかし、地域では、皇居に石材が使われた話は地誌にも記載され現代に伝わっていたが、進捗が悪く一部解約したという話は残っていない。誇りがあるがために、ネガティブなエピソードは不都合な真実として後世に伝わらなかったと推測される。

註

（1）小野木重勝『明治宮廷建築』相模書房、一九八三年。
（2）藤岡洋保・斉藤雅子・稲葉信子「東京都立中央図書館木子文庫所収の明治宮殿設計図書に関する研究」『日本建築学会計画系論文報告集』四三一、一九九二年、一三七―一四六頁。
（3）註（1）と同じ。
（4）『皇居御造営誌（石材斫出事業一・二）』識別番号75093・75094、宮内庁宮内公文書館蔵。野中和夫『江戸城：築城と造営の全貌』（二〇一五年）に概要がある。
（5）註（4）と同じ。『皇居造営録（讃岐斫出石）』明治一七～一九年、識別番号4435、宮内庁宮内公文書館蔵。
（6）大野利新。皇居造営事務局所属。七等出仕。工部省出身。監材の技術者。
（7）三木貫朔は、明治四年正月まで福田村の年寄を務め、明治七年には村長を務めた。三木但一郎は、明治九年から戸長を務めた。三宅保太郎は、明治一三年から福田村・吉田村戸長を務めた。
（8）清水省吾「中国産花崗岩応用試験報文」（『地質調査報告』二八号、農商務省、一九一一年）。
（9）『福田村誌葺田の里』福田村誌編集委員会、二〇〇五年。
（10）渡辺益国『石屋史の旅』一九八七年。
（11）馬越道也「北木島の石材史について」（機関誌『高梁川』一九八一年三八号〈高梁川流域連盟／発行〉に寄稿した原稿の別刷り）。
（12）田中万年「我が国における公的職業訓練とそのカリキュラムの歴史的展開に関する研究」（『技術文化論叢』技術文化論叢編集委員会、一九九八年）。田中万年『職業訓練原理』職業訓練教材研究会、二〇〇六年。
（13）村本久吉家文書。
（14）大山津見神社拝殿内の寄付者奉名板。
（15）石屋の山の神については、松田睦彦「石屋の祀る山の神・再考：祭祀の実態と篤い信仰への疑問」（『国立歴史民俗博物館研究報告』一八三、二〇一四年）に詳しい。
（16）福家　恭「香川県小豆島の石切丁場と石の文化」（『遺跡学研究』一二、二〇一五年）。

四　島根県来待石の石切場と生産・流通の歴史

西尾克己

はじめに

来待石（きまちいし）は地質学的には凝灰質砂岩と呼ばれ、宍道湖（しんじこ）南岸沿いの松江市玉湯町布志名（ふじな）から宍道町宍道に存在する来待砂岩層から採石される。この層は第三紀中新世（約二四〇〇万から五〇〇〇万年前）後期のもので、この層は宍道町東来待の来待ストーン周辺が模式地とされ、厚いところで四五〇メートルもある。海成層のため、海生貝や哺乳類のパレオパラドキシアなどの化石も稀に発見される。軟質石材であるため、出雲地方を中心に、古代から石棺や石塔などに広く使用されてきた。以下、石切場と来待石生産の歴史との関わりを見ていきたい。

1. 来待石の生産・流通の歴史

【原始・古代】来待石の使用の開始は古墳時代で、古墳の石棺や石室の石材に使用されている。宍道湖沿岸にある古墳では、舟形石棺や割竹形石棺に来待石が使用されている。時期は古墳時代前期後半から後期までである[1]。後期には、宍道湖南岸では棺材として箱形石棺や家形石棺の材料となる。さらに、来待石は加工しやすいので、横穴式石室の壁材にも使用された。特に、出雲に多く存在する石棺式石室の玄室の壁や天井石などは一枚の大きい切石が使用される。内側の見えるところは、多くの手斧痕も残されている。使用される古墳の分布範囲は、来待石が採れる場所に限られる。

平成五年、出雲考古学研究会によって、手作業による古墳の復元（実物の三分の二の規模）が来待の石材店の協力を得て行われた。宍道町白石(はくいし)の石棺式石室である下の空古墳が対象とされ、その石材調査により確認された玉石（山に露出、転落している大きな自然石）を使用しての復元が行われた。石割から壁石の表面加工までの工程は、一人の職人によるマサカリ・チョウナ等を使っての手作業であった。[2]

【中　世】中世における石造物としては、石塔がまず挙げられる。出雲部では、鎌倉時代後半に遡るものは少ない。ただし、来待石製の石塔はなく、室町時代に入ってから出現する。古い石塔としては、宍道町上来待の岩屋寺石塔群[3]の五輪塔や宍道町西来待の伝大野次郎左衛門石塔と呼ばれる大規模な石塔がある。来待石製の石塔が広がりをみせ始めるのは、安土桃山時代以降である。現在、最古の紀年銘をもつ石塔は、前記の岩屋寺石塔群にある小型の宝篋印塔である。基礎に、「文禄□□二月為……」（□は三年か、一五九四年）と彫られている。[4]

【近　世】江戸時代に入ると、石塔の使用は松江藩主堀尾氏をはじめ、藩士も来待石製の石塔を使用する。一方、領内の庄屋などの有力農民や有力商人も、来待石の大型石塔を墓石に採用する。石屋形に五輪塔や宝篋印塔をもつものも出始める。[5] 江戸時代初頭になると、出雲の全域から鳥取県西部の米子市域までその分布の広がりをみせ、来待石製の石塔は、形式がほとんど同じである。肝入(きもいり)の下で、石工(いしく)集団が統制されていたと考えられる。

松江城築城や城下町形成に伴って、来待石は建物の土台、棟石、排水用溝の切石、階段の敷石や石垣の石材など、建築・土木の用材として大量に消費されることになる。また、中期以降には灯籠、地蔵などの仏像、唐獅子、石碑などの加工品にも大量に消費され始める。江戸時代に書かれた『雲陽誌』[6]来海(ママ)村の条には、「この山の地中すべて石なり、村中石工、斧や鑿をもってこれを研ぎ、石橋・石碑・柱礎・灯石などをつくる」とある。

生産高についての史料はないが、出雲国での見立番付の「雲陽国益鑑」に、一〇〇種類近くの項目の中に、西前頭十六枚目に「来海石(ママ)」が載る。[7] 松江藩にとって、来待石製品が有力な商品として認められ、他国へ搬出されたことを示す。

この時期には、来待石の採石・加工は松江藩の許可を得て行うことになり、石の切出しは産地の石工が、加工は松江城下の石工が分担していた。[8] 石工については、松江の職人の名前をもつものも多い。[9] さらに、来待石は「御止石(おとめいし)」とされ、藩の許可を得ずして出すことは原則禁じられていた。[10]

【近　代】明治になると藩による規制がなくなり、来待石の採石・加工も自由になっていく。しかし、石切の石山は、外の者が参画することは実際にはできず、前代と同じく村内で営まれていた。加工についても、技術が高く、他地方からの参入は容易ではなかった。よって、近代においても石切は来待村の現地で、加工は松江市街での構図は変わらなかった。

一方、近代化が進む中で、明治から大正期にかけて生産高も増大し、明治四四年（一九一一）には切石業者は来待石販売組合を設立し、全国に販路を広げる。特に多いのが、石垣や建築物の土台石や棟石、墓石等で、地元を中心に需要があった。また、灯籠や唐獅子などは北海道から九州まで西回り廻船で搬出される。[11] さらに、来待石粉は幕末期より石州瓦や石見焼の釉薬(うわぐすり)にも使用され、明治一五年（一八八二）頃から盛んに島根県西部の江津(ごうつ)などの石見国へ供給された。[12]

【現　代】昭和に入り、セメントが建設用材に使用され出すと、来待石の需要の先行きも心配され始めた。その頃から来待地区では、石切だけではなく、灯籠や唐獅子などの加工品製造の気運が高まる。松江在住の新出九一郎が、昭和初期から戦後にかけて地元の人々に加工技術を伝える。

昭和三一年に、来待石加工組合（現来待石石灯ろう共同組合）が結成され、折からの高度経済成長期の庭園ブームにより石灯籠の需要が多くなる。また、ブランド化に伴い生産が大きく伸びた。これを受け、従来の手作業から石切、加工に機械導入が図られた。しかし、平成に入ってからは、国外産の石材に押され、来待石製品の生産は下降している。なお、来待石灯籠は「出雲石灯ろう」伝統的工芸品として国の指定を受けている。[13]

2. 石切の技術

前節で記したように、古代から中世は玉石と呼ばれる石を材料に加工されていたと推定される。その後、江戸時代には石山自体を下方に掘り下げていく「キリヌキ技法」が開発される。近代に入っても依然として手作業だったが、昭和四〇年代になり、大谷採石場（栃木県）より採石機が導入されたのをきっかけに徐々に機械化され、手作業での採石はなくなっていった。以下、近世から戦後までの採石の技術を紹介しよう。[14]

【キリヌキ】　石山の壁面から、効率よく長方体の切石を切り離す技法をいう。「ヤ」を置く溝の幅は一五センチ（五寸）で、道具はマサカリ・キリヌキマサカリ・キリヌキクワの三種類を使用していた（図1）。一般的には、高さ一・二～一・四メートル、長さ六～七・五メートル、幅二・四メートルの大きな切石である（写真1）。

【イシアゲ】　キリヌキで切り離なされた長方体の石は、まだ底部が着いたままである。次の作業として、溝底部に沿って高さ一〇センチ程の溝を掘り（アゲ切り）、さらに約二〇センチ間隔で小さい穴を掘る（ヤイド掘り）。そこにヤをゲンノウで打ち込み（イシアゲ）、壁面から切り離すが、この工程をイシアゲという（写真2）。道具については、アゲ切りとヤイド掘りにはマサカリ、イシアゲにはマサカリ・ヤ（オオヤ）・ゲンノウ（大）がある。

【イシワリ】　イシアゲで切り離された石を、用途に合わせて割る工程をイシワリという。その大きさにより、オオワリ・トチュウアゲ・コワリと呼び、オオワリは縦と横の方向で、ナガワリとヨコワリに分かれる。オオワリではオオヤを、チュウアゲはチュウヤを、コワリはナガヤやコヤを使用する（図1）。

【キリイシ】　イシワリで細分された石を、さらに寸法に合わせて加工しやすく形を整える工程をキリイシと呼ぶ。この工程には、寸法とり・肩落し・荒削りの三段階の作業がある。

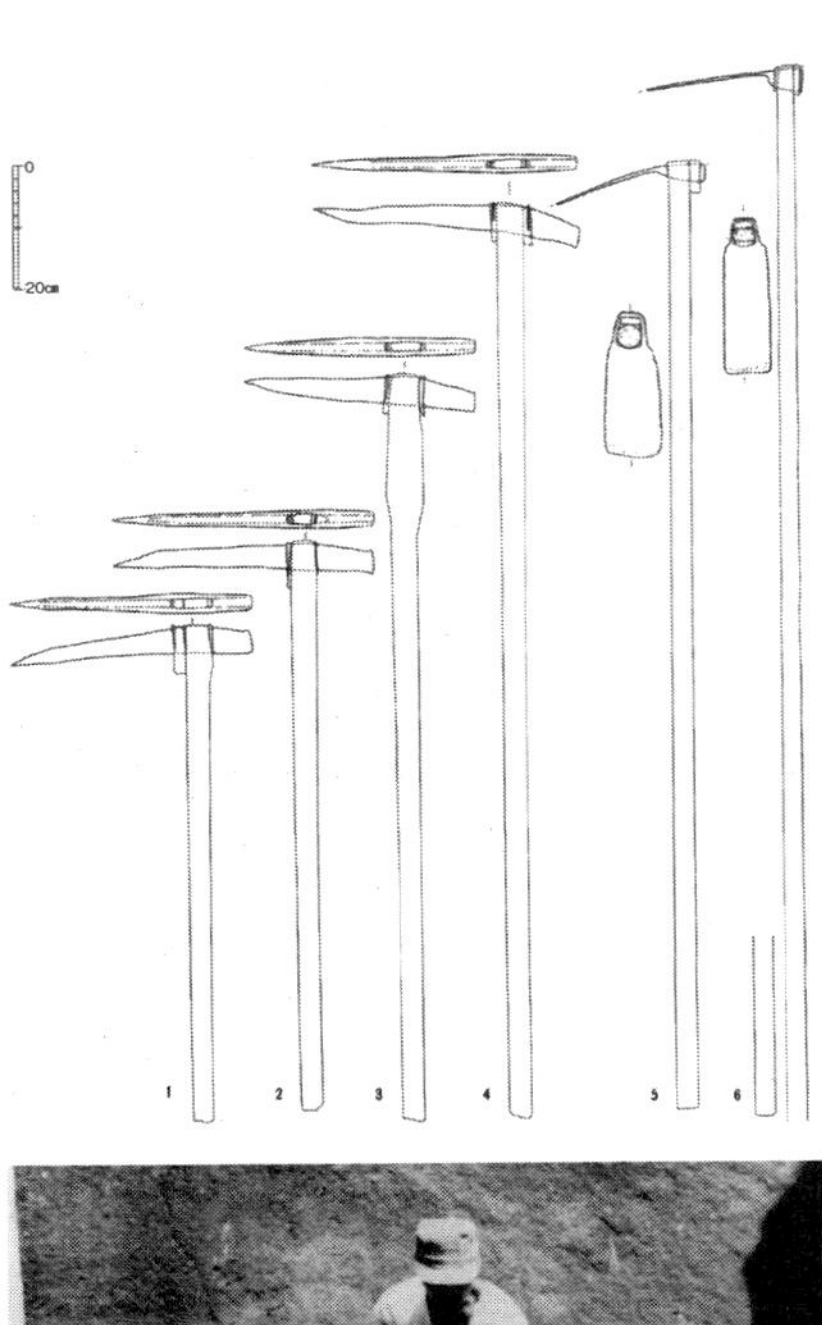

上：図１　石切場の道具実測図（『来待石の採石と加工』より転載）　中：写真１　キリヌキ　下：写真２　イシアゲ　写真提供：来待ストーン

3. 調査された石切場

【石切場の概要】松江市玉湯町から宍道町までの来待層が存在する範囲で、石切場跡については三〇ヵ所が確認されている。[15] 一方、稼動している石切場は東来待と玉湯町境の山二ヵ所のみである[16]（図2）。

石切場跡について、規模や採石方法等の把握や考古学的調査は未実施である。よって、実態の把握はされていない。

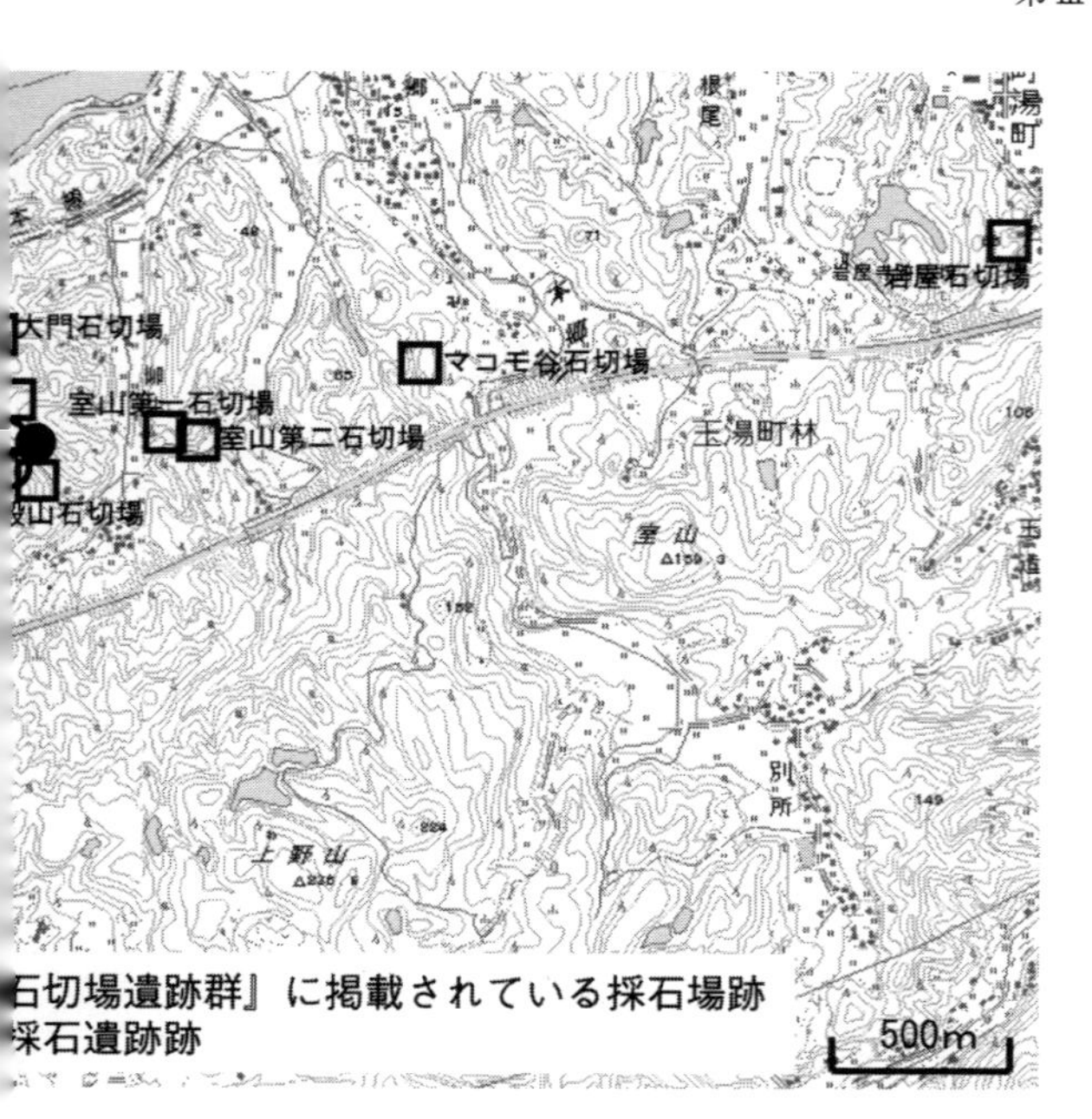

これまでに調査された石切場は、平成八年に行われた中国横断自動車道尾道松江線（三刀屋～玉湯間）の建設に伴う調査で対象になった九ヵ所で、宍道町東来待地区から白石地区までの間で存在する。なお、壁が垂直に切り立ち、表面が風化して落盤の危険性があるため、作業員による発掘調査は行われていない。主に、測量図作成と写真撮影を中心とした調査だった[17]。対象となった石切場の規模は大小で、本稿では中でも大規模な長廻（ながさこ）遺跡の概要を述べる。また、来待ストーンのある場所の石切場跡も紹介する。

【調査された石切場（長廻遺跡）】来待川の西側の低丘陵に立地する。石切場の平面形はコの字を呈し、床面規模

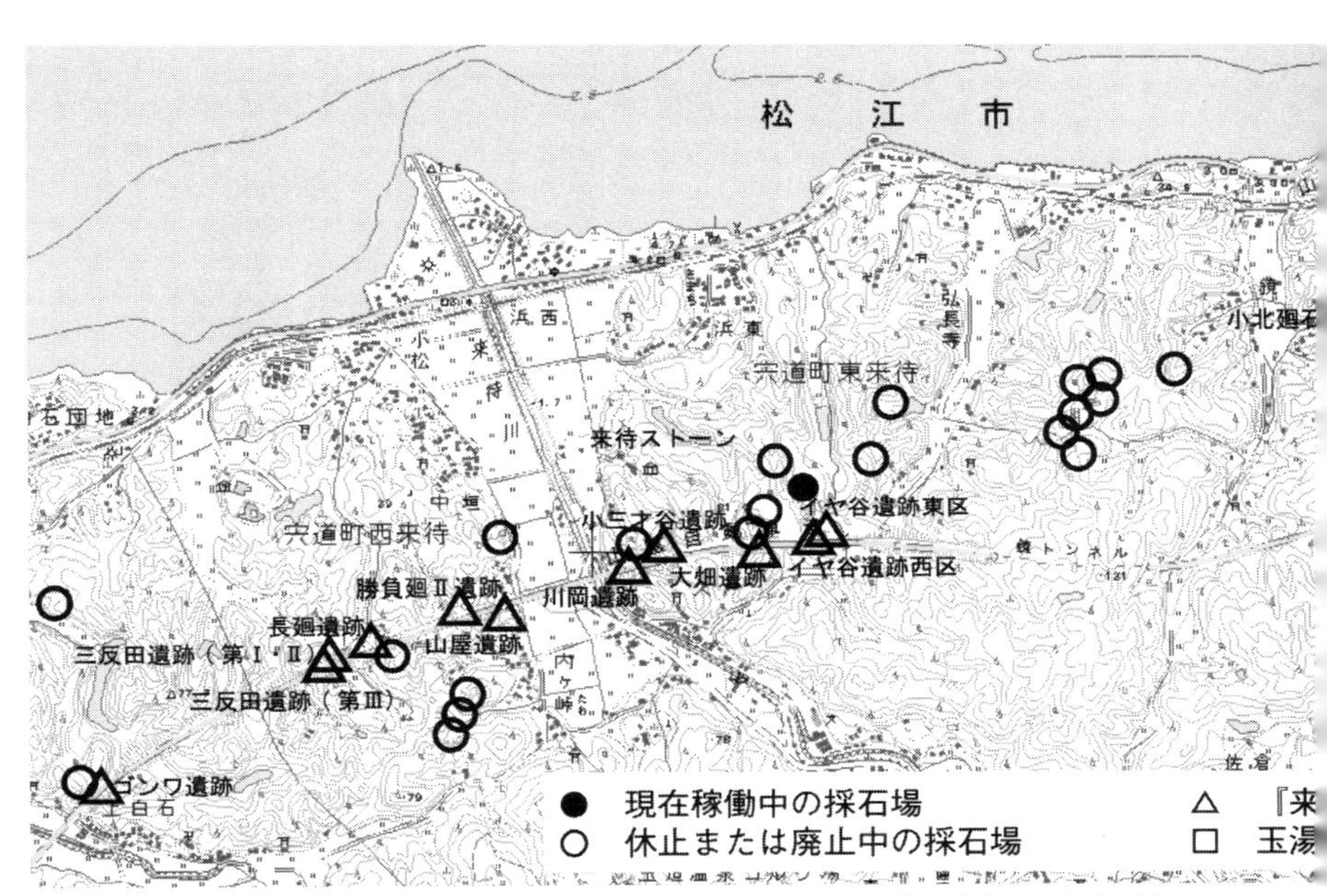

図2　来待石採石場および採石場跡地の分布図（第6回来待ストーンの集い資料〈一部改変〉）

は長さ三〇メートル、奥行き八～一五メートルである。床面には、機械で切ったチェンソー痕が残っている。奥壁は幅九・二メートル、高さ二二・五メートルを測り、壁は垂直に切り立っている。床から六、七メートルまでは機械で切った痕跡があり、それ以上にはマサカリで切ったイシアゲを行った痕跡が残っているため、二つ時期に作業が行われたことがうかがえる（図3・写真3）。

機械で切り出した石の厚さは〇・六～一・二メートルで、五段から七段で切り出している。イシアゲの痕跡は十五段以上で、かなりの年数で操業されたことが知れ、切り出した石の厚さは〇・五～一・三メートルである。遺物としては、床面付近からヤが二本発見されている。

【公開されている石切場（来待ストーン）】来待川の東側にある低丘陵沿いに、来待石の歴史や来待石層の解説などを行うモニュメント・ミュージアム来待ストーンがある。展示施設のミュージアムと前面の来待石広場は石切された跡の平坦地で、その後方に高さ約二五メートル、幅三〇メートル、長さ六〇メートルの大規模な石切場跡

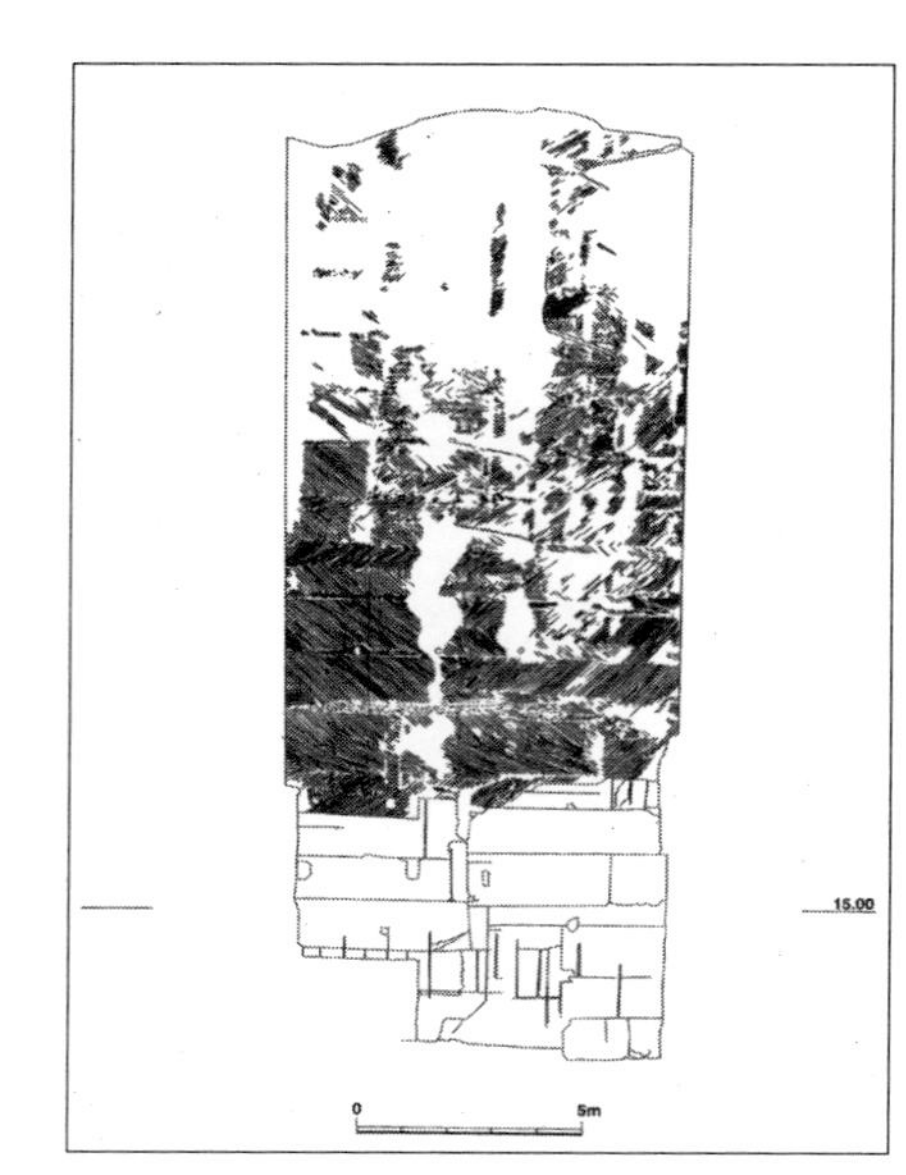

上：図３　長廻遺跡奥壁実測図　下：写真３　長廻遺跡全景　写真提供：島根県教育委員会

が屏風のようにそそり立っている。「三才谷の大岩」と呼ばれた石山で、奥に数ヵ所の小規模な石切場もあり、明治二五年（一八九二）から昭和三〇年の六〇年間、一〇軒の採石業者で操業していたという。壁面には、キリヌキ時のマサカリ痕が多数残っている。いつでも見ることのできる唯一の石切場である（写真４）。

４．来待石の産出量と流通範囲

来待石の産出量に関しては、活字になった資料はほとんどない。わずかに、『宍道町史　通史編下巻』の「来待石と石粉」の記述からうかがい知るだけである。また、戦後の状況についても、関係者からの聞き取りが中心である。

大正一五年（一九二六）頃で、来待村で来待石に関わる戸数は三〇〇戸、従事者は七〇〇名、年間産出額は約一〇万円に達したという。一方、来待石粉は六四戸の農家が副業で行い、年間一二万俵、五万円を生産しているとある〔『島根県農会報』三四三号、一九二六年〕[18]。また、大正期の「来待停車場設置関係綴」には、石工四五〇人、一年に四万四〇七〇余屯。日本海沿岸から北海道、東京、朝鮮に拡張とある。石粉は製造者五八人、水車杵数三一〇個、一年に五九〇〇余屯。輸出地は石見国各主要な港や山口県の小野田、鳥取、京阪、愛知県（尾張地方）が記されている。[19]

戦後も建築用材として大量に生産されていたが、昭和四〇年を境にセメントが普及しだすと、石切は苦境に立たされ、灯篭等の加工製品のほうに移らざるをえなかった。[20]

写真４　石の広場と来待ストーン　写真提供：来待ストーン

おわりに

近世から近代にかけて、地元の宍道町来待地区をはじめ東隣の玉湯町にかけては、来待石の石切が産業では大きな位置を占め、稲作中心だった農家の副業的存在になった。

また、石切場については、宍道湖岸から入った谷合の奥に点在しており、平地からは目立たず、今日の景観とは大きく変わることはなかった。一方、戦前にあって今日では見られない風景としては、来待川下流での石粉製造の水車群や、宍道湖湖畔の波止場に集められた石材の山々や運搬船が挙げられる。ただし、今は水車も運搬船も見られず、戦後の風物となったのが、国道九号沿いの石材店や展示場に並ぶ石灯籠や石塔である。

平成に入ってからの大きな出来事としては、平成八年の来待石石切場跡に建つモニュメント・ミュージアム来待ストーンの開館が挙げられる。当時の宍道町が中心となり、地元の来待石灯ろう共同組合の協力を得ての事業だった。館内には、地質学や考古学の研究成果を基にした、来待石についての歴史や文化も紹介されている。館外の体験工房では、組合の職人による来待石の灯籠や置物を作るところを見学することができる。さらに、陶芸館では陶芸体験と絵付け体験も可能で、来待石の粉を使用した赤く発色する釉薬もある。なお、山陰海岸沿いの集落に多く見られる赤瓦は、同じ来待釉が塗られた石州瓦である。

来待石灯ろう共同組合は、以前は二〇社だったが今は八社に減り、生産量も戦後の最盛期からすると二割程という。[21] 石切場も稼動しているのは機械化している二ヵ所で、多くの石切場は草木に覆われ、産業遺跡になりつつある。

今回の執筆をとおして、来待石関係者の方々からの聞き取りや文献・写真等の資料収集の重要性を痛感し、また、これらの作業を組織的に行う時期にも来ていると認識した次第である。

註

（1）守岡正司「来待石を使った古墳」（『宍道町歴史叢書』1、島根県宍道町教育委員会、一九九六年）。勝部智明「宍道湖周辺の来待石製舟形石棺」（同）。
（2）出雲考古学研究会「「下の空古墳」の石室復元」（『宍道町ふるさと文庫8―石と人―』宍道町教育委員会、一九九五年）。
（3）岩屋寺石造物調査団「岩屋寺石造物調査報告」（『来待ストーン研究』9、来待ストーンミュージアム、二〇〇八年）。
（4）間野大丞「宍道町岩屋寺所在の紀年銘のある宝篋印塔について」（『来待ストーン研究』3、来待ストーンミュージアム、二〇〇〇年）。
（5）樋口英行「来待石製石龕の成立と展開―江戸時代前半を中心として―」（『来待ストーン研究』6、来待ストーンミュージアム、二〇〇五年）。松江石造物研究会「来待石製大型石塔の出現とその歴史的背景―松江藩主堀尾氏のもたらした石造技術―」（同）。
（6）『雲陽誌』は、一七一七年に松江藩士黒沢長尚が編集した地誌である。
（7）乾隆明・下房俊一『松江市ふるさと文庫12―見立番付を楽しむ―』松江市教育委員会、二〇一〇年。
（8）「来待石の採石と加工―出雲石造文化の源流をたずねて―」（『宍道町ふるさと文庫』3、宍道町教育委員会、一九九〇年）。
（9）廣江正幸・永井泰『狛犬見聞録』ワン・ライン、二〇一〇年。永井泰・齊藤正『島根の石造物データ―狛犬を中心とした幻の石工達の実態にせまる―』二〇一四年。
（10）文化五年（一八〇七）、松江藩が出雲国と石見国境で他国へ無許可での移出を禁じた商品に、来待石が入っている。『松江市誌』「簸川郡口田儀村河上昌之助蔵懐中萬覺帳」一九四一年。
（11）廣江正幸・永井泰『狛犬見聞録』ワン・ライン、二〇一〇年。
（12）瓦や擂鉢、甕の表面が光沢をもつ赤褐色に仕上がる。窯業では来待釉と呼ばれている。
（13）前掲註（8）。
（14）前掲註（8）。
（15）「第6回来待ストーンの集い資料」二〇一三年。
（16）来待ストーン古川寛子学芸員の教示による。
（17）川原和人『中国横断自動車道尾道松江線建設定地内埋蔵文化財発掘調査報告書1―来待石石切場遺跡群―』島根県教育委員会、一九九八年。
（18）伊藤康宏「第一次世界大戦期・後の宍道村・来待村」（『宍道町史　通史編下巻』宍道町、二〇〇四年）。
（19）前掲註（18）。
（20）伝統工芸士土江利介氏の教示による。
（21）前掲註（20）。
（22）石造文化財調査研究所『石造文化財7―石丁場の考古学―』（二〇一五年）に記載されている石切場が参考になる。

【付記】本稿執筆にあたり、稲田信氏・新川隆氏・土江利介氏・古川寛子氏にはご教示・ご協力を頂きました。記してお礼申し上げます。

五　尾浦石の採石・加工と石屋たちの経営戦略

岩崎仁志

はじめに

尾浦石（おうらいし）は、山口県北部沿岸の萩市江崎（えさき）地区で産する淡灰緑色の凝灰質砂岩である。採石地は高山（こうやま）（標高五三二メートル）東麓、現在の尾浦集落北側にほぼ限定される。石材は採石地直下にある浜から、湾を隔てて南東約一・五キロの位置にある江崎などへ舟運で搬出できる。採石地は現在でも露頭の崖面を遠望できるほか、現地の崖下には屑石の山が残されている（写真1）。

写真1　採石場跡遠景

尾浦石の加工が行われたのは尾浦・湊を含む江崎地区一帯で、中心となる江崎は日本海の入江に開かれた港町である。江崎は山が海に迫る天然の良港であることから、高山西側の須佐とともに近世以降は北前船の寄港地として栄えた。『防長風土注進案』によれば、江崎の旧称は江津之湊で、阿武（あぶ）郡一八郷の米を若狭へ積み出す要港であった。こうした状況を反映するように、江崎港入口に鎮座する厳島神社には天保二年（一八三一）の大坂狛犬や昭和八年（一九三三）の出雲狛犬など、遠方の石製品も搬入されている。

江崎地区周辺では現在でも寺社の石造物をはじめ、住宅の基礎・石垣・墓石・家庭用の臼などに加工された尾浦石に接することができる。

1．研究史

山口県の石工については田中助一氏、狛犬については林孝夫氏により早くから研究されているが、この段階では尾浦石製品や江崎地区周辺の石工については触れられていない〔田中 一九七八、林 一九八四〕。その後、『田万川町史』〔町史編纂委 一九九九〕で「尾浦石の切り出し」として、尾浦石の採石・加工・流通等の詳細がまとめられた。

近年では、尾浦石製品とこれに関わる石工（いしく）について、永井泰氏や齊藤正氏による悉皆的調査に基づく集成・研究がある〔永井 二〇〇八、齊藤 二〇〇九〕。その成果として、尾浦石製品や江崎地区周辺石工の製品が島根県西部（石見地域）に広範に分布することが明らかにされた。

これを受け、岩崎が狛犬を資料として尾浦石や江崎地区周辺の石工に関する論考を提示するに至っている〔岩崎 二〇一〇〕。

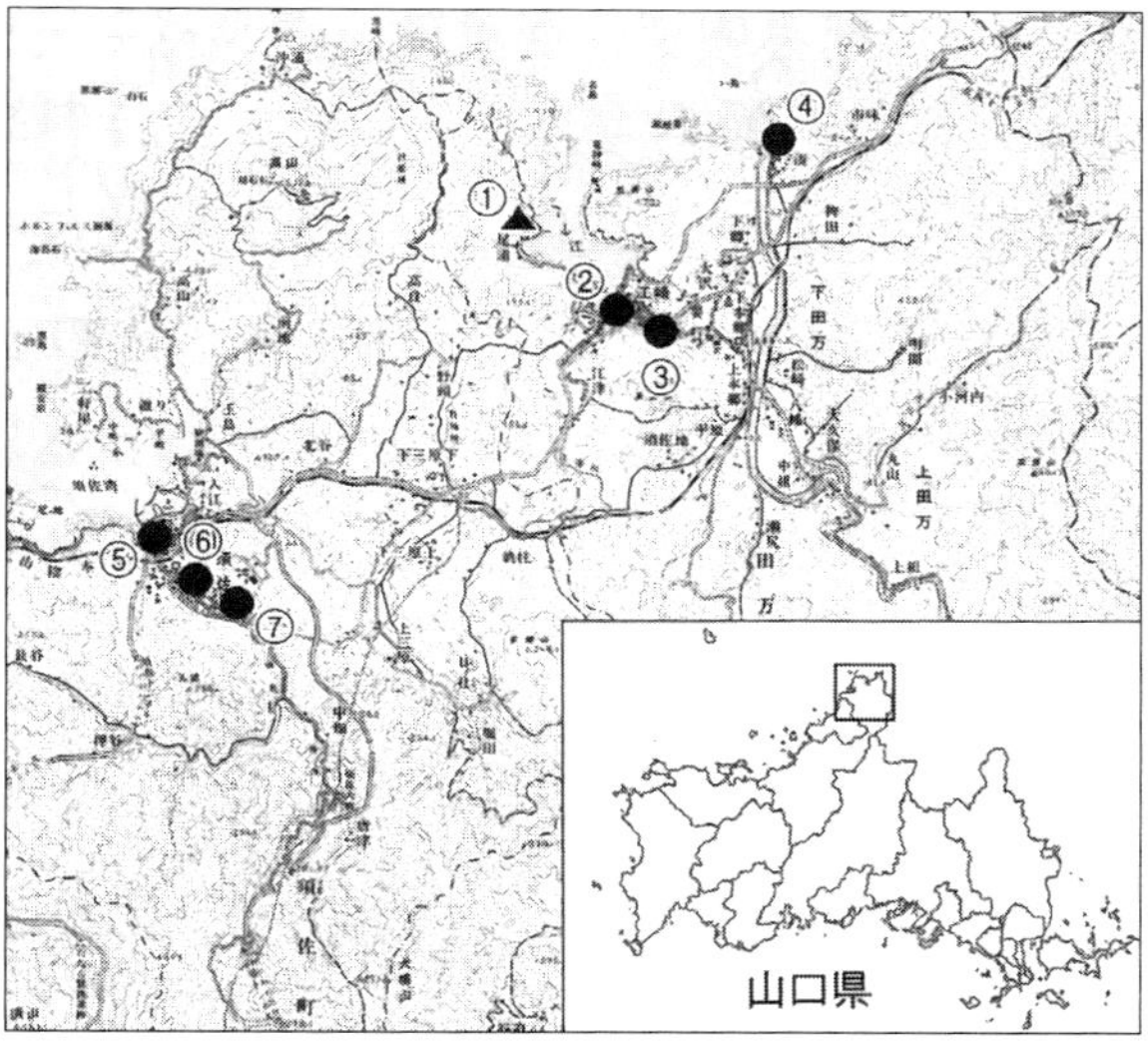

図１　尾浦石関連地図（国土地理院 50,000 分の１地形図「須佐」を複製使用）　①尾浦（採石地）　②江崎港　③教専寺　④湊　⑤須佐港　⑥大薀寺　⑦松崎八幡宮

2. 尾浦石の採石・加工

尾浦石の採石・加工は、おおよそ江戸時代中期、宝暦年間（一七五一～六四）前後頃に始まったとされ、最初に尾浦石を切出したのは大庭久衛門（一七五〇年没）という（『田万川町史』）。後述するように、尾浦石の使用は江戸時代前期に遡ることが実地調査で確認されたが、採石・加工が軌道に乗るのは江戸時代中期であることが追認されている。

江崎周辺の墓地における石材を調査したところ、砂岩製の墓石は、教専寺墓地（萩市江崎）にある貞享四年（一六八七）の円西正定墓（写真2）が最も古いことが確認された。同墓地では同型式の墓石が以後も建立され続けることから、この段階ですでに尾浦石の採石・加工は継続性をもっていたことがわかる。

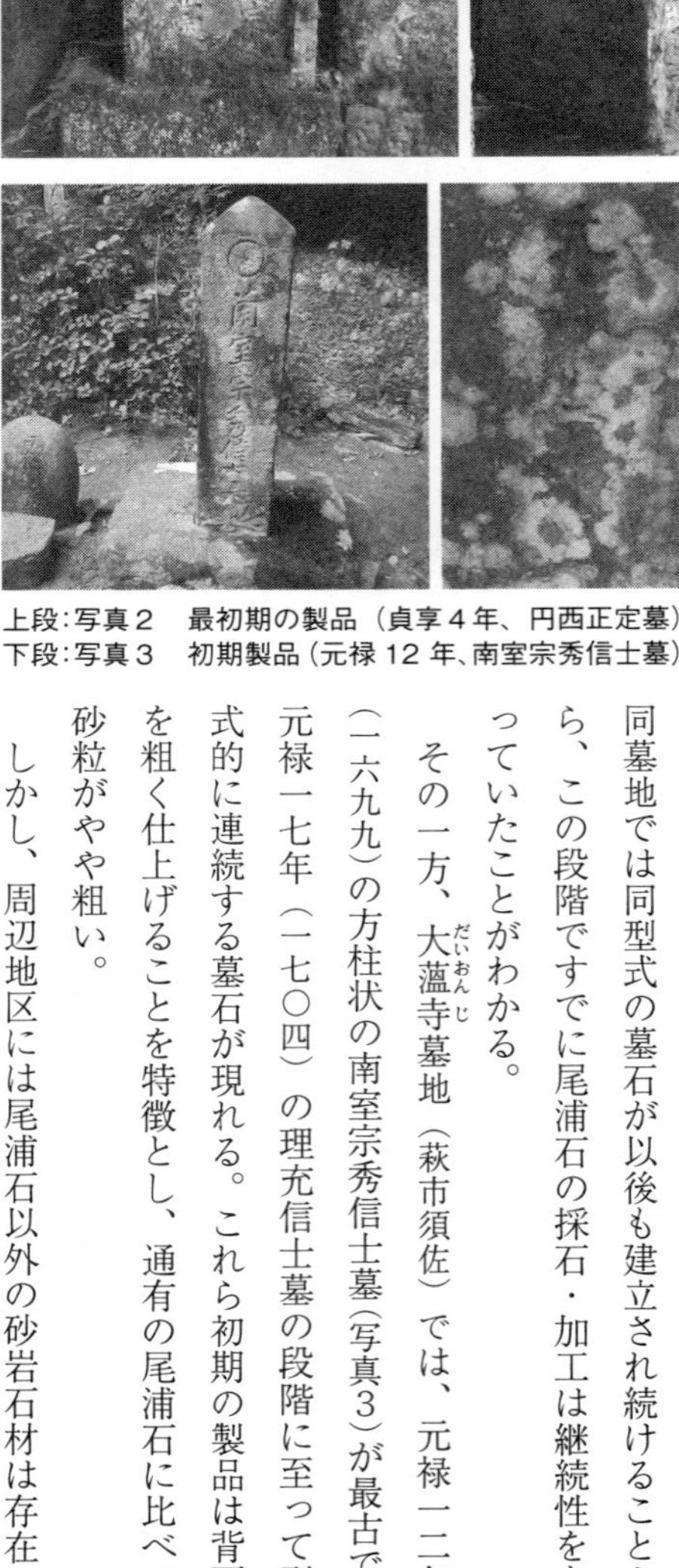

上段：写真２　最初期の製品（貞享４年、円西正定墓）
下段：写真３　初期製品（元禄 12 年、南室宗秀信士墓）

その一方、大薀寺墓地（萩市須佐）では、元禄一二年（一六九九）の方柱状の南室宗秀信士墓（写真3）が最古で、元禄一七年（一七〇四）の理充信士墓の段階に至って型式的に連続する墓石が現れる。これら初期の製品は背面を粗く仕上げることを特徴とし、通有の尾浦石に比べて砂粒がやや粗い。

しかし、周辺地区には尾浦石以外の砂岩石材は存在しないことから、遅くとも一七世紀末までには尾浦石利用が開始されたとみて大過ないだろう。ちなみに、両墓地の調査の過程で、記年銘によって現在確認できる墓石以外の製品の最古例が、大蓝寺墓地の寛保三年（一七四三）年の正学先生墓銘（写真４）であることも明らかになった。なお、両墓地で尾浦石が一般化するのは一八世紀半ば以降で、それまでは花崗岩・安山岩質玄武岩の墓石と混在する。

もうひとつ資料として挙げたいのは、松崎八幡宮（萩市須佐、写真５）の灯篭である。同神社参道には寛保二年（一七四二）年から昭和一二年にかけて総数三九基の灯篭があり、江戸時代の三六基は長州藩家老益田家による寄進である。ここでは、安永七年（一七七八）以前は花崗岩製、天明三年（一七八三）年以後は尾浦石製である。両者で意匠に差異はなく、この間に使用石材が転換したことがわかる。したがって、墓石での石材使用開始から一〇〇年近く経過した後、ようやく尾浦石は藩家老家が採用するほどのブランドを確立したことになる。

上段：写真４　墓石以外の製品の初出（寛保３年、正学先生墓銘）　中・下段：写真５　松崎八幡宮灯篭　花崗岩製（安永７年・下段左）　尾浦石製（天明３年・下段右）

安永七年以前に使用されていた花崗岩は周防南部沿岸産石材と考えられ、萩城

鳥居・灯篭・階段（須佐 笠松神社）

石垣（教専寺）

手水鉢（教専寺）

臼（江崎本町）

方角石（江崎 西堂寺）

石仏（大薀寺）

係船柱（江崎港）

写真６　尾浦石製品各種

下町まで海路で運ばれたものである。したがって、花崗岩の運搬コストを削減する意味でも、尾浦石の採石・加工が本格化したものと理解できる。そして、文化年間以降では競合するはずの萩の石工（井町家・伊勢島家・西村家・原家等）にも尾浦石が供給されており、採石量の増大を推測させる。

『田万川町史』によれば、尾浦石の採石・加工に関わるのは石工場をもち職人を雇用する親方である石屋、世間に通用する職人である石工、採石を行う石割りで、石工が石割りを兼ねることもあった。

江戸時代後期以降の石屋は、江崎に八軒（寺道家二軒・田中家・吉崎家・吉野家・増野家・田中家・山中家）、尾浦に四軒（石田家・有田家・糸瀬家・大庭家）、そのほか三軒（岡崎家・品川家・豊田家）で、江崎の田中家は島根県浜田市に大規模な支店もつ。尾浦石を素材として生産されたものは、鳥居・墓石・道標・玉垣・石臼・柱玉・敷石・狛犬・唐獅子など多岐にわたり、垣石も多量に産出したという（写真6）。石材は団平船で江崎や湊の石屋に供給され、さらに陸路で内陸の小川地区・島根県津和野町などへ、海路で島根県浜田方面へも運ばれた。

以上のことに加え、石材店への聞き取りにより、尾浦石は来待石（きまちいし）のように乾燥による硬化はないこと、鳥居などの大物は尾浦で、狛犬などの小物は船で運ばれた先で加工されていたこと、息を吹きかけながら鑿（のみ）で彫るため、たいていの石工は珪肺（けいはい）（塵肺（じんぱい））に罹患して比較的短命だったこと等も知ることができた〔岩崎 二〇一〇〕。

3. 狛犬からわかること

尾浦石製品のすべてを把握することは困難なため、ここでは狛犬を代表例として尾浦石製品の動向をみていこう。狛犬は、意匠・造形の面で当時の流行や他地域からの影響をよく反映する上、石工の技量を発揮しやすい造形物であるため、ほぼ例外なく寄進年・石工名が刻まれている。また、尾浦石製狛犬が寄進された神社には多くの場合、尾浦石製鳥居・灯篭・記念碑・石段等も確認できる。つまり、尾浦石を扱う石屋にとって狛犬の受注は他種の製品の需要を喚起するという側面をもっているのである。

尾浦石製狛犬は七七対確認され、山口県萩市阿武町（宇田八幡宮ほか）を西限とし、北は島根県江津市（山辺神社ほか）、東は同県邑南町（おおなんちょう）（柿尾山八幡宮）、南は同県吉賀町（よしかちょう）（指月神社ほか）に及ぶ。分布域は、石材産地である江崎地区から東に偏して形成され、最も密度が高いのは島根県益田市域である（図2）。尾浦石製狛犬の石見地域沿岸部への移出には、江崎に入港する北前船という運搬手段も大きく寄与したであろう。

狛犬の生産は文化元年（一八〇四）に始まり、第二次世界大戦後まで続けられる。初期段階（文化～嘉永年間）では、基本的に先行する萩狛犬の様式を踏襲するが定型化していない（写真7）。安政年間以降は、大坂狛犬の要素を取り入れて定型化する。すなわち、萩狛犬の特徴である座り形で阿形は口中に玉を含み、吽形は右前足で玉を踏むという

上段：写真７　定型化前の狛犬　（文化～天保年間、左から御山神社、宇生賀八幡宮、宇田八幡宮、武氏八幡宮）　中段：写真８　定型化した狛犬　（安政３年、益田市戸田柿本神社）　下段左：写真９　出雲狛犬の影響を受けた構え形狛犬（昭和 17 年、島根県吉賀町那智神社）　下段中央：写真 10　尾道狛犬の影響を受けた前玉乗り形狛犬（昭和 25 年、吉賀町立戸神社）　下段右：写真 11　支店の存在を示す銘「三隅町田中支店」（昭和８年、浜田市三隅町二宮神社）

スタイルに、大坂狛犬の特徴である胸郭・手甲・扇尾の表現を盛り込む（写真8）。この型の狛犬はいわゆるヒット商品になったとみられ、漸移的な変化をみせつつも以後八〇年程度作り続けられる。

昭和初期以降は新たな型を模索する段階で、出雲狛犬の影響で構え形（写真9）を、尾道狛犬の影響で前玉乗り形（写真10）を生産し始める。ここでは、競合する製品の意匠をも取り込んでの新たな商品開発の跡をたどることができる。さらに、島根県西部の浜田市・浜田市三隅町・津和野町日原等には江崎石屋の支店が設けられるなど、積極的な営業展開が見受けられるようになる（写真11）。

なお、それとほぼ同時期から江崎地

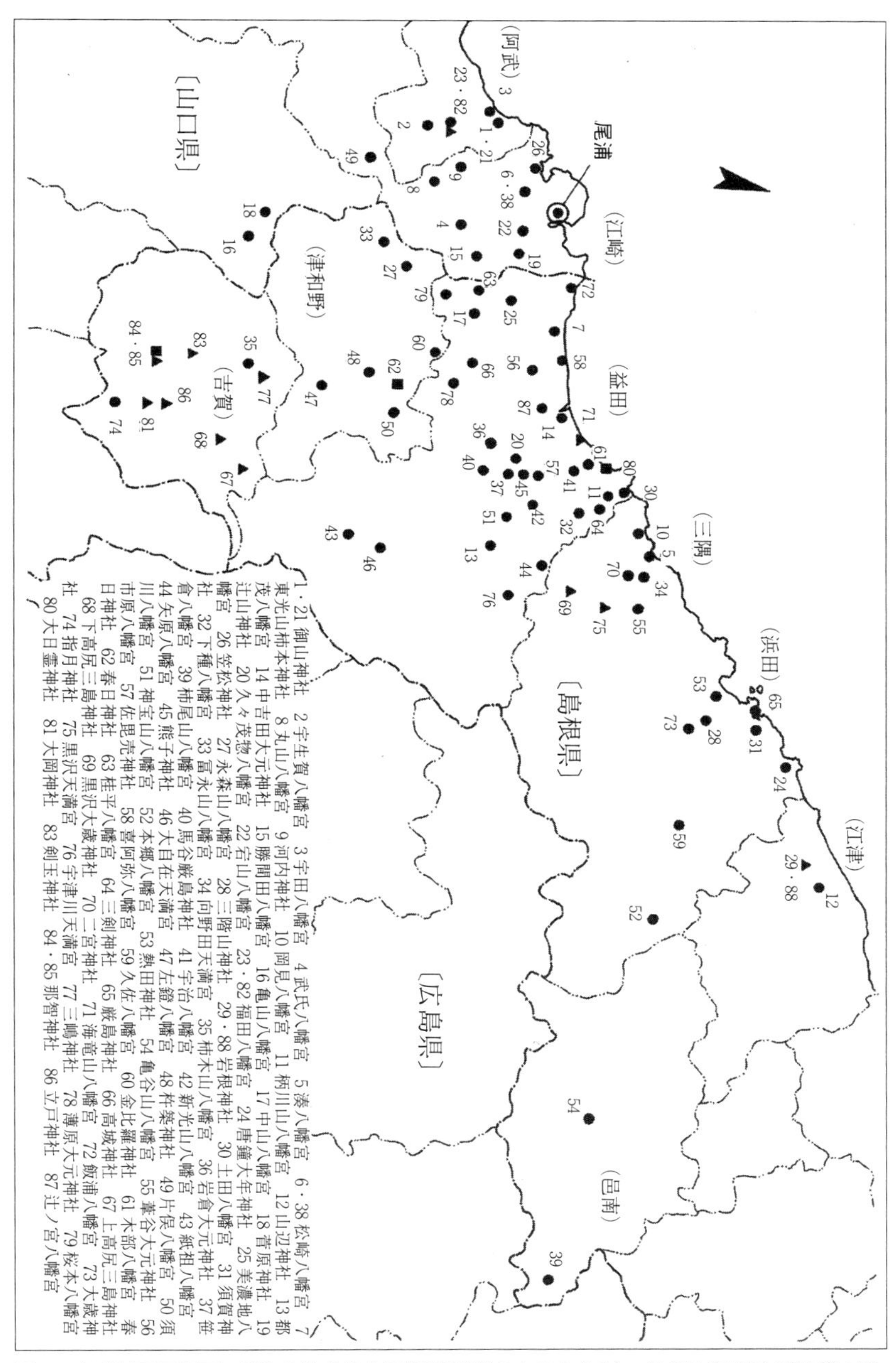

図２　江崎地区周辺石工製作の狛犬分布図（花崗岩製のものを含む）　※●は座り形、■は構え形、▲は前玉乗り形で、尾浦石製品の分布とは必ずしも一致しない

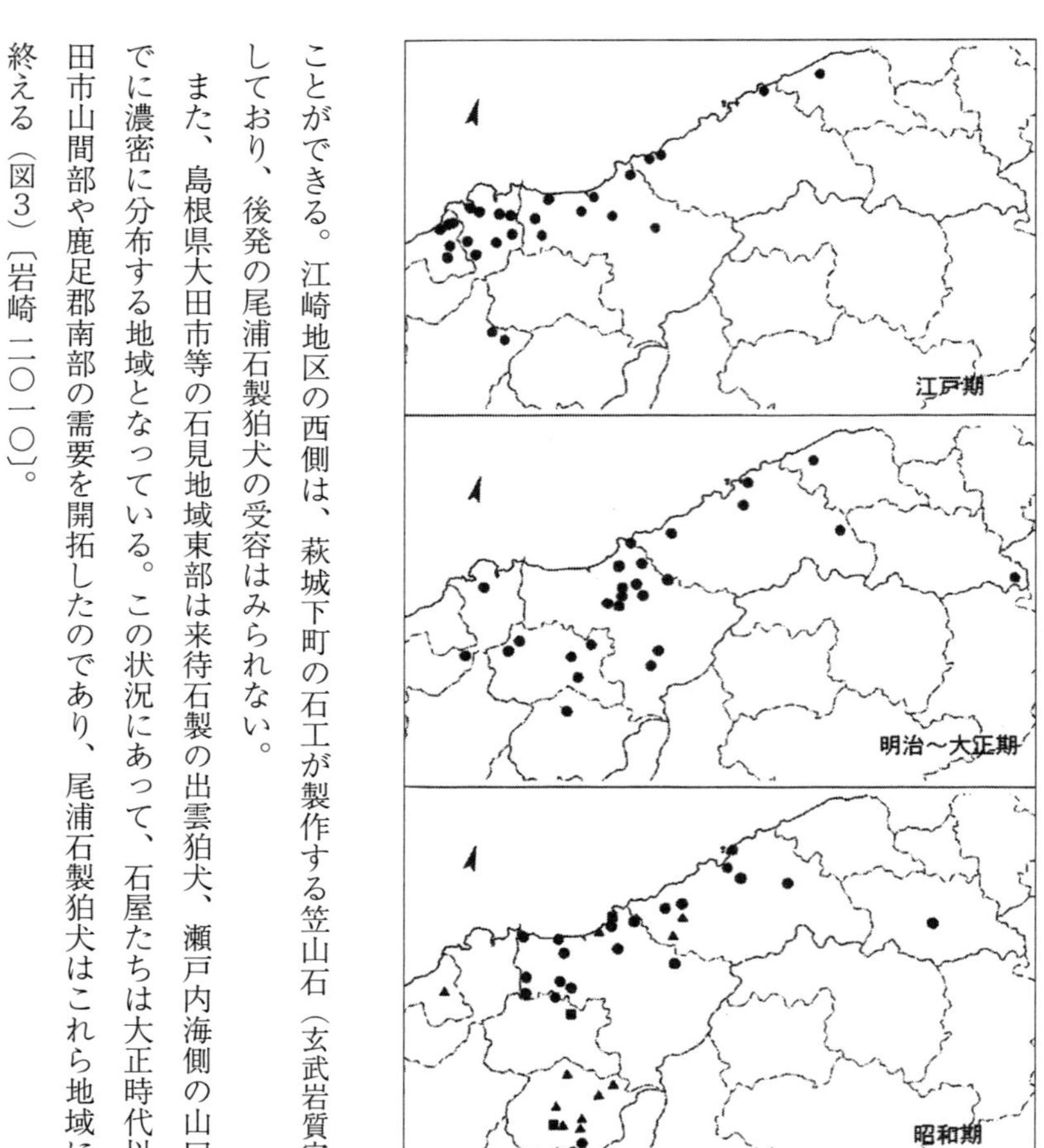

図3　狛犬の時期別分布（内容は図2に同じ）

周辺の石工たちは尾浦石に加えて花崗岩を用いるようになる。これは、製品の安定供給のための策だったと推察されるが、皮肉にもそれは尾浦石の需要低下を招く一因にもなりえた。

それまで狛犬の空白地帯だった地区に進出する傾向も顕著で、先にみた分布域は他地域産狛犬との競合の少ない地域への営業努力の結果とみることができる。江崎地区の西側は、萩城下町の石工が製作する笠山石（玄武岩質安山岩）製狛犬がすでに商圏を形成しており、後発の尾浦石製狛犬の受容はみられない。

また、島根県大田市等の石見地域東部は来待石製の出雲狛犬、瀬戸内海側の山口県東部は花崗岩製の尾道狛犬がすでに濃密に分布する地域となっている。この状況にあって、石屋たちは大正時代以前に狛犬寄進の習慣のなかった益田市山間部や鹿足郡南部の需要を開拓したのであり、尾浦石製狛犬はこれら地域に分布を拡大した段階でその生産を終える（図3）〔岩崎 二〇一〇〕。

以上にみてきたような狛犬をめぐる商品開発・支店展開・需要開拓といった石屋・石工の企業努力は、尾浦石製品全般の傾向に一致すると考えてよいであろう。

なお、江崎地区周辺の石工が狛犬に刻む職名は、江戸期では基本的に「石工」だが、慶応年間に「石匠」が登場し、明治以降は「作人」「石工職」「石細工匠」「石細工」「石細」「工師」「彫刻師」も用いられる。また、銘から見れば須佐の石工（大谷家・大賀家・橋本家）も尾浦石で狛犬を製作しているが、これは安政四年（一八五七）から慶応二年（一八六六）年までの期間に限られている。

おわりに――尾浦石の現在

狛犬の生産終了後も尾浦石の採石・加工は盛んに行われ、昭和三〇年代には活況を呈したという。しかし、昭和四〇年代にはコンクリートの多用、県発注工事での尾浦石使用禁止などによる需要の低下、高度経済成長期の後継者不足等により、石屋の廃業が進んだ（『田万川町史』）。これに伴い、利用石材は花崗岩（徳山御影）に取って代わられ、いつしか尾浦石の採石・加工も停止された。そして、現在の江崎では花崗岩を用いる石材店二軒が残るものの、尾浦石採石場はしだいに草木に覆われつつある。

註

（1）寛保二年（一七四二）に製作された『御国廻御行程記』絵図では現在の尾浦の地点に「大浦」の表記があり、尾浦は古くは大浦と呼ばれていたことがわかる。なお、石造物の銘からみれば、大浦の表記は元治元年（一八六四）以前に限られる。

（2）初期の採石は地表面に近い層が対照とされた可能性が高く、これが砂粒の粗さの要因と考える。
（3）北前船は往路においては産物の売り買いを繰り返して商売を行ったとされ、西から東へという尾浦石製品の移動の一因と考えられる。
（4）以前、拙稿〔岩崎 二〇一〇〕において東光山柿本神社の狛犬として紹介したものと同一である。
（5）山口県周南市の黒髪島ほかで産出する良質の花崗岩の別称。

参考文献

岩崎仁志 二〇一〇「江崎狛犬について―萩市江崎地区を中心とする石製狛犬の生産と流通―」（『山口考古』第三〇号、山口考古学会）
齊藤　正 二〇〇九『石見の狛犬』
田中助一 一九七八「防長の石工―作者名のある防長の石造物―」（『山口県文化財　第8号』山口県文化財愛護協会）
田万川町史編纂委員会 一九九九「（4）尾浦石の切り出し」（『田万川町史』）
永井　泰 二〇〇八「石材、石工についての悉皆調査に基づく雲南および周辺地域狛犬と石見独自狛犬の関連について」（『来待ストーン研究』9、来待ストーンミュージアム）
林　孝夫 一九八四「山口県の狛犬」（『山口県文化財　第14号』山口県文化財愛護協会）

【付記】本稿執筆に当たっては萩市文化財保護課の柏本秋生氏から多くの情報提供を頂いた。末筆ながら記して謝意を表したい。

第Ⅳ部　九州・沖縄の石切場

一　佐賀県嬉野市産「塩田石」の歴史と現状

市川浩文
長崎　浩

はじめに

塩田石（しおたいし）は、佐賀県嬉野市塩田町（旧藤津郡塩田町）を中心に産出する変質安山岩である。淡い青色、あるいは緑色を帯びる点が特徴で、軟質で加工しやすい特性をもつ。そのため、江戸時代から現代まで、精緻な彫刻品から眼鏡橋のような大型の構造物まで多種多様な用途に利用され、現在でも町内各所で使われる塩田石を目にすることができる。

また、町内丘陵部では一〇〇ヵ所以上にのぼる採石場が知られており、膨大な量の塩田石が採掘された一方で、その流通範囲は塩田町内、および隣接する地域の狭い範囲に留まる。まさに地域限定、地元密着の石材であり、それゆえ広く知られる機会も少なかったが、今回はその製品や採石場なども含め紹介したい。

1. 塩田の地質と塩田石

佐賀県の西部丘陵・東松浦地域は、新生代第三紀の地層である唐津炭田と佐世保炭田の地域で、このうち西部丘陵では、これらの堆積層が形成された後に火山岩の噴出によってできた腰岳・黒髪山・多良岳・八幡岳などの山が分布している[1]。

県西南部に位置する嬉野市塩田町は、北・西・南の三方向を山地と谷で形成されている（図1）。南部は多良岳の裾野にあたり、安山岩質凝灰角礫岩類のくずれやすい岩石からなる。その北側では鳥越峠の北部に位置する唐泉山を中心に西方の篠岳、東方の籾岳から広がる山塊が塩田町の南部山地を形成している。また、塩田川を隔ててこれと対峙する丹生山、虚空蔵山などが、塩田町の北部山地を形成している。唐泉山・篠岳・虚空蔵山などは、多良岳噴火後に地下の岩漿が噴出してできた側火山で、この側火山を含む塩田町南北の山地は変質安山岩類の地質である[2]。

この変質安山岩は「塩田石」と呼ばれ、斜長石、普通輝石、紫蘇輝石などの鉱物がみられるが、このうち輝石が緑泥石化し緑色を呈している。また、マグマ由来の熱水により熱変質し、節理ができにくいため、大きなブロックとして採石でき、比較的加工しやすいという特徴をもつ。

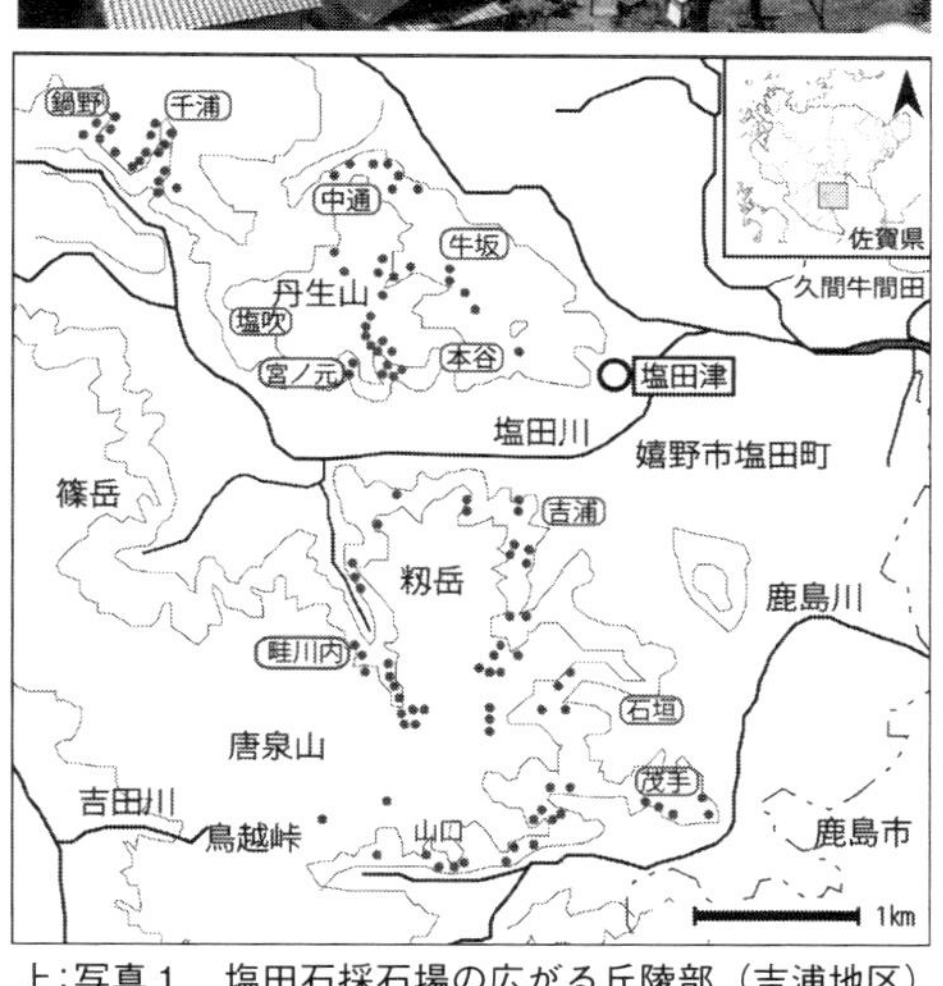

上：写真1　塩田石採石場の広がる丘陵部（吉浦地区）を望む　下：図1　塩田町周辺図（●は採石場）

塩田町の東方に位置する久間牛間田地区でも変質安山岩（輝石安山岩）がみられるが、塩田川を挟んで南北に位置する丹生山、唐泉山周辺の岩塊は久間牛間田地区のそれよりも変質が進んでいると考えられ[3]、塩田でみられる変質安山岩の中でも採石や石材加工において、特に適した条件を備えているといえる。

2. 塩田石と石材業の歴史

佐賀県において、小城(おぎ)市牛津町砥川・東松浦郡玄海町値賀川内(ちかがわち)・嬉野市塩田町の石工(いしく)集団の存在が知られ、その歴史は江戸時代に遡る。砥川石工は、鳥居や石灯籠などさまざまな石造物のなかでも仏像・神像の制作を得意としたとされ、[4]棟梁名である平川与四右衛門の銘が入る石仏は、佐賀県内をはじめ長崎県・熊本県でも確認されている。また、値賀川内の初祖、徳永九郎左衛門は砥川から値賀川内に移り住み、[5]また、塩田石工の祖とされる筒井惣右衛門は砥川で石工技術を学んだとされ、[6]値賀川内・塩田ともに砥川石工の流れを汲むと考えられている。

筒井惣右衛門（一六一七―一七〇三）を祖とする筒井石工作の石造物は多数あり、宝永七年（一七一〇）、筒井覚右衛門の銘がある鳥居をはじめ、江戸時代中期から明治・大正時代まで、仁王像や狛犬、燈籠、石祠など数多くの石造物が残っている。また、一八世紀後半頃に砥川より移住したと伝えられる永石氏は、石垣（塩田町大字谷所）を拠点に石材業にあたり、二代永石善次兵衛は、肥後熊本の雲巌禅寺の五百羅漢（享和二年〈一八〇二〉）を彫刻している。[7]なお、永石家は二代善次兵衛より五代房太郎にいたるまで、鹿島藩御用石工となっており、石切場は「御用山」として鹿島鍋島家の石工事に専用している。

近代における塩田の石材業については、大正四年に編纂された『塩田郷土誌』に、「石材は本村各地に産し墓石・建築石材・石垣用等に用ひらる、職工は式浪及び下野邊田に多く其の戸數四十五戸年産額一萬三千五百圓に上るといふ、その仕向地は縣下各郡に至り又熊本縣方面及び大川内地方に輸出せり」とあり、[8]昭和五年（一九三〇）発行の『久間村郷土志』には、「古來（石屋は砥川と塩田と）銘打つた、その塩田町に近接した土地丈けあつて、本村亦石工多く既にその數三十戸を算して居る」と記されている。[9] これらの記述から、大正から昭和初期にかけて塩田各所で石材が採掘され、石材業の従事者が多いことがわかる。また、県内をはじめ、熊本県や福岡県大川市方面まで輸出されていたことも確認できる。

一方で、昭和一三年に発行された『五町田村誌』には、「專業としては存立少く、多くは半農半工の形態組織」とあり、[10]「石材の主なる用途をみるに石垣石、石塔材料、地伏材料等にして近距離の地方に消費されつつあるが近年縣營有明干拓事業に消費される額は莫大なる數を示してゐる」とも記されている。これらから、江戸時代前期以降、近年に至るまで石材業が発達するものの、石材業を専業として大々的、かつ広範囲に展開するのではなく、塩田町内を中心に限られた地域への搬出だったことがうかがえる。

3. 塩田石と石造物

塩田石は、細工に適した粘性があることに加え、硬度をあわせもつ。『五町田村誌』にも「村内山地一圓に産する凝灰岩」とあり、細工に適した凝灰岩の質感をもつことがわかる。小型の彫刻品から大型の構造物まで多様な製品が作られ、種類は彫刻品としての石造物（墓石・石仏・仁王像・狛犬・水盤・鳥居など）、橋（眼鏡橋）、石垣のほか、建築用材（礎石・地覆石（じふくいし）・石段など）など多岐にわたる。

石仏は、釈迦如来・観世音菩薩・不動明王をはじめ、恵比寿・地蔵尊などさまざまな信仰対象のものがみられる。筒井一門の作品も多く、真言宗御室（おむろ）派常在寺の地蔵尊坐像は、安永六年（一七七七）、筒井松右衛門尉の作である。

上：写真２　常在寺の石造仁王像（文政８年［1825］作）中：写真３　八天神社の狛犬（文政10年［1827］作）下：写真４　吉浦神社の水盤（慶応４年［1868］作）

また、同寺参道に立つ高さ二・四メートルの金剛力士仁王像は、文政八年(一八二五)、筒井幸右衛門ら六名の塩田石工によるもので、嬉野市重要文化財に指定されている(写真2)。

狛犬は、永石善次兵衛作の八天神社狛犬や(写真3)、筒井幸右衛門作の丹生神社狛犬をはじめ、塩田石工によって精力的に制作されている。その作風は、彫刻の伝統技術を継承しつつも個性的で変化に富む。

水盤の代表作としては、慶応四年(一八六八)の筒井覚兵衛照政作の吉浦神社水盤があげられる(写真4)。水盤の正面と左右側面に彫刻が施され、玉依姫命とともに龍が精緻かつ躍動的に表現されている。

鳥居は、佐賀県内を中心に分布する肥前鳥居や明神鳥居が併存する。室町時代末期頃、この地方に生まれ、江戸時代に最盛期を迎えたという肥前鳥居は、特徴として笠木と島木が一体化していることや、笠木・貫・柱が三本継であることなどが挙げられる。文化一三年(一八一六)、筒井与次兵衛・筒井庄助の作である上福天神の鳥居は、島木・笠木が三本継となっているが、笠木と島木が一体化しておらず、肥前鳥居と明神鳥居の特徴をあわせもつ鳥居といえる。

また、塩田町外で塩田石が用いられた石造物としては、隣接する武雄（たけお）市武雄町所在の曹洞宗普門山円応寺の参道入口に立つ中国風の鳥居型石門がある（写真5）。向かって右側の柱には、「寛政十年」（一七九八年）「石工　塩田住筒井與四右衛門　同名幸右衛門」と刻まれ、塩田石工によって造られたことがわかる。

石橋では、県重要文化財の八天神社眼鏡橋（嘉永七年〈一八五四〉完成、写真6）、吉浦神社眼鏡橋があり、特に後者は親柱の銘から元禄一三年（一七〇〇）の創建に遡る可能性がある。

町内各所の神社・寺院境内でみられる石垣のほとんどは塩田石で構築され、主に明治・大正・昭和初期の間知（けんち）積み石垣である。その積み方も、加工のしやすさを活かした装飾性の高いものがみられ、吉浦神社本殿のモザイク状の切り合わせ石垣や、丹生神社本殿の亀甲積み石垣など優れた作品も多い。

上：写真５　武雄市円応寺鳥居型石門（寛政10年［1798］銘）　下：写真６　八天神社眼鏡橋（嘉永７年［1854］完成）

また、塩田津の旧塩田川に面した護岸石垣も塩田石で、川沿いには塩田石石垣と、家々の裏から川べりに降りる、佐賀地域で「タナジ（棚路）」と呼ばれる石段からなる親水（しんすい）景観を残している。そのほか、建築用材としての多用も塩田石の特色のひとつで、特に「嬉野市塩田津伝統的建造物群保存地区」内の寺院や町屋では、塩田石を使った礎石・地覆石・石畳・石段などをみることができる。まさに、建築物に必要な石材のほぼすべてが塩田石で構成され、その膨大な生産量が推し量れよう。

後述する露天掘りによる塩田石の大規模な切出しは、

写真７　塩田津伝建地区内建物での塩田石製基礎

明治期から昭和五〇年代まで続いた有明海干拓事業での消費によるもので、護岸石垣・捨石としても多く利用されたが、やがて近代的な土木用材としては硬度が劣る点から、他の石材やコンクリートに取って替わられ、製品としての新たな生産は、現在行われていない。

4. 塩田石の採石場

塩田石の採石場は、現在のところ塩田川を挟んだ北方の丹生山を含む丘陵地（標高最高所二二八メートル）の範囲（南北約二キロ、東西約三・五キロ）、および南方の唐泉山（標高四〇九メートル）東側山麓部の範囲（南北・東西約二・八キロ）の大きく二地区に分かれている。それぞれの丘陵部では幾筋かの谷が平野部に向かって延びており、各谷筋では現在、谷に面した斜面を大きく露天掘りした採石場をみることができる。

これらの採石場の分布状況が明らかにされたのは、塩田町郷土史研究会元会長である中島哲太郎氏の丹念な分布調査による成果で、北方丘陵部で約五〇ヵ所、南方唐泉山で約六〇ヵ所の合わせて約一一〇ヵ所が確認されている（前掲図2）。中島氏の分布調査は、旧塩田町歴史民俗資料館の開館準備に伴い昭和六三年頃に実施されたもので、現在でも塩田石の採石場調査における重要な基礎資料となっている。

現在に残る採石場では、垂直に切り立った塩田石の岩盤が露出しており、高さが二〇メートル以上になるものもみられる。採石場はひとつの谷筋に石工業者ごとに連続して営まれている場合が多く、最初は斜面の低い部分から石を採り始め、さらに良質な石を求めて掘り進むことでしだいに高い部分を切り崩し、段切りを繰り返しながら最終的に現在の景観となった。

採石は、削岩機による穿孔（せんこう）と爆薬の利用による切り出しで、ときにはオーバーハングさせた壁面の下方から穿孔・破裂させ、石の自重により引き剥がすといった荒技も行っていたという。写真9は昭和四〇年代の採石場の風景で、このような一〇〇トンを超す大石からさらに割加工を繰り返し、種々の製品を作っていったが、採石場に隣接する作業場では彫刻や文字入れなどの細工までを行うなど、採石と加工の分業化はあまり顕著ではなかったようである。

採石場の稼働の最盛期は、前述したように昭和四〇年代頃までの干拓事業に伴う需要で、以後は土木・建築工事におけるコンクリート・他石材への移行により生産は縮小し、一〇年ほど前、吉浦地区の採石場が稼働を停止したのを最後に、新たな採石はほとんど行われていない。

上：写真８　採石場の現在（宮ノ元地区）　下：写真９　昭和 40 年代頃の採石場の様子　写真提供：筒井孝弘・筒井雅子

これら機械化と露天掘りによる採石場とは別に、人力による採石跡も確認されている。筆者らは露天掘り採石場からさらに奥に進んだ山中の数ヵ所で、塩田石の露頭から鉄矢により石材を割り取った痕跡を発見した。ここでは、岩盤や岩盤から自然剥離した転石（てんせき）が尾根上に露出しており、これらの表面に矢穴列が残るとともに、岩盤周囲の表土を掘り下げて作業空間が造られ、割り取った石材をさらに分割・加工した、製品素材らしい石材も遺存している。

写真10　岩盤に残る矢による採石の痕跡

製品素材は長さ四五センチ・幅四五センチ・厚さ三〇センチの直方体のものや、厚さ三〇～四五センチで長さ一八〇センチほどの長尺ものなどがあり、特に後者は墓石類か石段などの可能性がある。これらの古手の採石跡でみられる矢穴の大きさにはバリエーションがあり、矢口の長さが六センチほどの小型のものから、矢口長二〇センチ、矢穴深さも二〇センチ近い特大のものまで幅広いが、これらの違いが時期差なのか、作業工程による使い分けなのかは検討が必要である。特に大型のものは岩盤面での採石跡でみられ、矢と岩盤の節理をうまく利用しながら剥ぎ取っている様子は興味深い。このほか、矢穴痕が伴う採石跡とは別の箇所で、近代と思われるエンショウノミによる採石の跡も確認されている。

これら人力による採石跡は、露天掘りによる採石場に比べてはるかに規模は小さく、作業範囲は広さ一〇メートル四方に満たない。また、採石にあたっては表層が薄い尾根付近の露出岩を対象としており、尾根斜面を広く切り下げる露天掘りの採石場とはやや立地が異なる。矢の使用は機械化前の昭和初期まで続けられており、時期の特定は検討が必要だが、江戸期に遡る可能性も十分考えられ、山中に塩田石の古い採石跡が良好に遺存していることが期待される。今後、先行研究を土台とし、全域の悉皆調査を進めることで、江戸前期から近代までに至る塩田石の採石・加工の変遷について明らかにできると思われる。

5．塩田石の保存と再生

このように現代では生産がなされていない塩田石だが、一方で地元塩田町を特色付ける石材として保存修理が進められている。塩田町は江戸時代以来、塩田川の水運で栄えた川港（塩田津）であり、町の中心部にあたる旧長崎街道沿いの宿場町一帯は、「嬉野市塩田津伝統的建造物群保存地区」（平成一七年一二月選定）として町並み保存が図られ、平成一八年度から二六年度まで、二四件を対象に町家・寺院などの修復事業が進められてきている。これらの建物の基礎や出入り口に面した石畳、あるいは寺院の石段や石垣のほぼすべてが塩田石からなっており、淡いブルーの塩田石が町並み景観の重要な構成要素であることを実感できる。

しかし、各所では塩田石が経年劣化、あるいは火災などにより表面が層状に剥離している部分が多くみられ、建物修理に伴って基礎石なども新材への交換が迫られる場合も多いようである。新材が必要となった場合には、施工業者が過去の家屋などの建て替えに伴って回収・保管していた石材を再加工して対応するなど、塩田石の景観を保存しつつ修理を行う努力が続けられている。

一方で、今後も継続される修理事業における新石材の不足も懸念され、また将来的な再修理・再々修理に備える必要もある。採石場では各所で荒割り石のストックがあるものの、荒割り石から必要な製品への加工もままならないのが現状のようである。一定量の需要がないと難しい部分ではあるが、採石から加工までの技術の再生も含めた「塩田石材業」の保存と継承が図

上：写真11　塩田津伝建地区内の石垣の修復（修理中）　下：写真12　塩田津伝建地区内の常在寺石段の修復（修理後）
ともに写真提供：嬉野市教育委員会

られるとともに、採石場の悉皆調査、さらには製品の加工技術や流通範囲の解明など、塩田石そのものの評価を明らかにするための学術的調査が期待される。

註

（1）佐賀縣編『佐賀縣の地質と地下資源』一九五四年、五―六頁。
（2）塩田町史編さん委員会編『塩田町史　上巻』一九八三年、一〇―一一頁。
（3）採取したサンプルをもとに変質の様子を観察した。佐賀大学文化教育学部教授の角縁進氏の教示による。
（4）竹下正博「肥前石仏師平川与四右衛門」（『牛津町文化財調査報告書　第一四集』一九九九年、四五―四六頁（『肥前古跡縁起』「砥川八幡宮」）。
（5）玄海町町史編纂委員会編『玄海町史　下巻』一九九七年、一三一一―一三一三頁（「瀧野文栄拝書」）。
（6）塩田町史編さん委員会編『塩田町史　上巻』一九八三年、四七一―四七二頁（『石工祖先紀念』）。
（7）塩田町史編さん委員会編『塩田町史　上巻』一九八三年、四七六頁。
（8）毛利代三郎編『塩田郷土誌』一九一五年、二六頁。
（9）久間尋常高等小學校編『久間村郷土志』一九三〇年、二〇五頁。
（10）久保源太郎編『五町田村誌』一九三八年、三九頁。

【付記】本稿執筆にあたり、次の方々より多大なご協力を頂きました。記して感謝致します。
中島哲太郎・筒井孝弘・筒井雅子・嬉野市教育委員会峯﨑幸清・同筒井和則（敬称略）

二 天草下浦石の歴史と海を介した流通

中山 圭

はじめに

下浦石(しもうらいし)は、熊本県天草(あまくさ)市下浦町周辺で採掘されることからその名で呼ばれている。熊本県西部の海域に浮かぶ一二〇余りの島嶼(とうしょ)で構成される天草諸島のうち、特に天草上島の西南部で産出する砂岩である。天草諸島は、褶曲(しゅうきょく)作用により形成された島嶼で、さまざまな種類の石材が見られるのが特徴の一つである。その代表として、磁器原料として国内で広く使用されている天草陶石(とうせき)や刃物の研磨に利用される天草砥石等が著名だが、特に石造物や建材として積極的に使用されてきた歴史をもつ石材が下浦石であった。

下浦石は軟質であることから切り出し・加工が容易で、緻密(ちみつ)できめ細やかな石肌の美しさも特徴として挙げられる(写真1)。「アオテ」と呼ばれる良質の石は、青みがかった灰白色を呈し、まだコンクリートのなかった時代に建造された石橋などは、その白さが人々の目を楽しませたと想像させる。「アカテ」と呼ばれる淡黄色の石は、土の成分が多分に残り、質的にはアオテより劣るが、マーブル模様的な土色の流紋が織りなす風合いが独特の雰囲気を醸し出し、風情を感じさせる。

このような特性から、近世後期から近代にかけてさまざまな石造物に使用され、隆盛を誇ったが、軟質砂岩であ

上：図１　下浦町の位置　下：写真１　下浦石の切断面

るがゆえに、風化に脆く経年劣化による表面剥離を起こしやすい。このため、本質的には墓石など銘が必要な石造物には向かず、大正・昭和初期頃から徐々に他の石材に取って代わられるようになった。

さらに、天草五橋が完成し、九州本土と陸続きになった昭和四〇年代以降は、トラックで他地域の原材料が入ってくるようになったため、ほとんど使用されることがなくなった。

現代では衰微した下浦石だが、平成二七年に「明治日本の産業革命遺産」が世界文化遺産に登録されたことで、にわかに脚光を浴びている。構成資産の一つ、長崎市の旧グラバー住宅に下浦石が使用されているからである。同じグラバー園の敷地にある旧オルト住宅・旧リンガー住宅（いずれも国の重要文化財）、また付近のオランダ坂（重要伝統的建造物群保存地区内）にも下浦石が使われており、さらには軍艦島（端島）の護岸にも下浦石が混在している。

これらの存在から、下浦石が天草から海運により長崎方面へ運搬されたことがわかり、海を通じた九州各地への流通が、石材としての下浦石の大きな特徴である。

1. 下浦石工の歴史と活動範囲

下浦石工の創始

下浦地区の石材店は、最盛期だった昭和一六年には、二八〇軒の業者がいた[1]。現在は、一六軒が石材店として営業しているというから[2]、戦後、相当減少が進み、産業としてはかなりの苦境に立たされているといえよう。それでも、地方の一小地域にこれだけの石材店が今もなお継続している点は、特筆に値する。

この下浦に石工（いしく）技術が伝来したのは、宝暦一〇年頃（一七六〇）とされている。肥前白石（しらいし）（現佐賀県白石町）の松室五郎左衛門が[3]、下浦の石場という地区に移住し、地域の人々に石工技術を伝承したと伝えられている。五郎左衛門は、二三年間を石場で過ごして永眠したとされ、同地の共同墓地内に所在する墓碑には「天明三丁天」「肥前住人五郎左衛門」の銘が残されている。

下浦石工の活動範囲

近世後期以降、天草諸島のあらゆる石造物が下浦石で製作された。紀年銘とともに「下浦石工」の名前を刻むものもみられ、墓碑・記念碑はいうに及ばず、大型の石造眼鏡橋等も下浦石によるものが多い。天草島民の生活をさまざまな形で支えてきた石材だった。すでに触れたとおり、活動範囲は天草島内に限定されず、海運により九州各方面へ波及している。製品そのものを残すことも、石工として暖簾（のれん）分けを行うこともあった。

上：写真２　下浦神社皇紀 2600 年記念碑　下：図２　下浦石工を祖とする石工の分布（『熊本・天草　石工の里下浦ガイドブック』〈2017〉より転載）

写真２は昭和一五年に下浦神社境内に建立された「皇紀二千六百年記念碑」で、台石四面に建設寄付者の氏名と所在地が彫刻されている。すなわち、下浦石工を祖先とする各地の石工分布が判明する資料である。それによれば、熊本県内はほぼ全域に及び、熊本市内一六名・水俣五名・川尻四名・八代三名・高瀬三名と、有明海・八代海沿岸を主体に分布する。県外では、長崎県で二二名、鹿児島県で川内五名・阿久根四名、福岡県で羽犬塚（はいぬづか）三名（筑後市）のほか、宮崎県まで広がっている。下浦石工が海路を通じて、九州各地に拡散していった様相が確認できる（図２）。

次に、各地に残る代表的な下浦石造物を紹介したい。

2．下浦石による製品

近世初期までの製品

各地に残る下浦石の紀年銘石造物を見る限り、明和・寛政年間以降の物が多く、宝暦年間とされる五郎左衛門の来島により、石工技術の向上や産業化が行われた蓋然性は高い。しかし、それに遡る石造物が存在しないわけではなく、中世～近世初頭の石造物も一定程度は確認されている。

写真3は、下浦地区と同じ天草上島八代海沿岸に所在する国指定史跡棚底（たなそこ）城跡の主郭付近から出土した石製風炉（ふうろ）である。戦国時代の遺物で、同城跡からは天目茶碗片・茶入片・茶壷片・茶臼等が出土し、離島の地方領主が茶の湯に親しんでいたことが判明している。風炉は下浦石で製作され、鑿痕（さっこん）跡等もよく残ることから、下浦石を加工する職人が戦国期から存在していたことを示唆している。

上：写真３　棚底城跡出土石製風炉　下：写真４　南島原市吉利支丹墓碑

写真4は、長崎県南島原市西有家の国指定重要文化財「吉利支丹墓碑（きりしたんぼひ）」である。「FIRI SACYEMODIOG（ヒリ作右衛門ディオゴ）」「1610」の銘がある西洋式墓碑だが、石材が下浦石であることが明らかにされている。[4] 昭和四年に掘り出されるまで地下に埋没していたため、下浦石特有の風化もあまりな

上：写真５　天草市船之尾町の祇園橋　中・下：写真６　玉名市小島観世音堂金剛力士像と背面の石工名　松本博幸氏撮影

く、良好な保存状態である。下浦で加工製作されて南島原に運搬されたか、原材の運搬後に南島原で製作されたものかは判然としないが、少なくとも、近世初期段階で西洋風墓碑の素材として下浦石が指定されていることは間違いない。中世〜近世初期には、下浦石は石造物原材料として一定の評価があったことがうかがえる。

石橋・金剛力士像・狛犬など

石橋の代表作として、国指定重要文化財祇園橋（ぎおんばし）がある。天草市船之尾町に所在する全国的にも珍しい石造桁橋で、五本九列計四五本の橋脚の上端を九列分の梁材で揃え、桁材約一〇〇本を渡し掛けて橋路面を構成している（写真5）。長さ二八・六メートル、幅三・三メートルの規模で左岸に立地する祇園社の参道として架橋されたため、祇園橋と呼ばれる。付属する架橋碑から、天保三年（一八三二）の架橋が明らかで、石工として「下浦村石屋辰右衛門」の名が刻まれている。

金剛力士像は、寺社の正門に守護として配置される。下浦石製の金剛力士像は、下浦地区とその東の栖本町・倉岳町等八代海沿岸の寺社を中心に、市外では玉名市（写真６）・宇城市等にも分布している。[5] 造形的特徴として、頭部がほとんどなく、頭部が胴体に埋まるようなスタイルで、威厳や写実的な造形美には欠ける。脆く壊れやすい下浦石の特性から、細くなる頸部を省略したと考えられる。天草だけでなく、海を隔てた各地にみられるのが特徴である。同じく、天草地域を越えて分布する石造物として狛犬の存在も知られている。通常の狛犬より髭が多く形態も異なり、下浦石工のブランド品として好まれた（写真７）。幕末から昭和初期にかけての紀年銘をもつ作品が、天草諸島だけでなく、環有明海地域である佐賀県佐賀市、福岡県久留米市・大牟田市、熊本県玉名市等の神社に分布している。[6] 九州各地からの発注で製作され、やはり海運により運搬が行われたもので、下浦石製品の活発な流通を物語る石造物と評価されよう。

写真７　天草市河浦町平床神社の狛犬と石工名　松本博幸氏撮影

幕末～明治初期の西洋建築

幕末、長崎の開港が決まり、長崎市大浦地区一帯に外国人居留地が造成されることとなった。これを請け負ったのが、天草の村庄屋であった北野織部で、安政七年（一八五九）から万延元年（一八六〇）にかけて事業が行われた。造成には天草の石材が大量に運ばれ、主に上天草市の高杢島・樋合島等の石材が使用された。これら石切場の状況を、長崎奉行所の役人が視察した記録も残る。[7] この際の下浦石利用は定かでないが、少し後の元治元年（一八六四）の居留地拡大の第三次工事で、下浦村からの廻船到着が記録されている。[8]

居留地造成後、当地では西洋人のオフィスや邸宅等の建設ラッシュが発生した。

写真８　長崎市旧グラバー住宅テラスに残る下浦石

そこで建築の才を発揮したのが、北野織部の弟である小山秀之進だった。秀之進は、文久三年（一八六三）のグラバー住宅建築を皮切りに、大浦天主堂やオルト邸・リンガー邸等、長崎での西洋建築物の普請を一手に引き受けた。各工事で、郷里天草の石材である下浦石を積極的に用いている。現在でも、旧グラバー住宅のテラス縁石や旧オルト住宅・旧リンガー住宅の壁体石やベランダ石柱に下浦石をみることができる（写真８）。また、秀之進が所属する小山社中長崎出張所の元治元年（一八六四）会計目録にも下浦石の取り扱いを示す記録が確認されている。[9] 下浦石のもつ石肌の緻密さや端麗な白さ、さらにはアカテ石がみせる色の切り替えの面白さが気に入られたのだろう。大浦天主堂は元治二年（一八六五）に完成したが、キリシタン高札の撤去後に、来訪信徒が著しく増加したため、明治一二年（一八七九）頃に全面改修され、現在の姿となっている。現在残る西面基壇の石材にも、下浦石とみられる石材があることから、下浦石は居留地で非常に好まれ、さまざまな役割を果たしたと考えられる。居留地を彩る舗装石敷の坂道、いわゆる「オランダ坂」も下浦石が多く使用されている。

下浦石を建材として用いた西洋建築は、現存するものの多くが国宝・国指定重要文化財の指定を受けている。風化による剥離が進行しやすい下浦石は、数十年〜一〇〇年程度で交換が必要になってくるが、現在、下浦で下浦石の新規切り出しは行われておらず、新たな石材確保が困難な状況である。下浦石の修復手法の確立も急務だが、将来の文化財修復的な需要からすると、交換材となる新たな下浦石の切り出しが望まれる。文化財的需要が、地域産業の活性化に寄与することを期待したい。

西南戦争官軍墓地の墓石

明治一〇年（一八七七）に発生した西南戦争では、政府軍六四〇〇名・薩軍六七五〇名もの犠牲者を数えた。政府軍が整備した墓地が官軍墓地で、熊本・宮崎・鹿児島等の地域に点在する。熊本県玉東町高月官軍墓地や熊本市七本官軍墓地等が著名だが、多くの官軍墓地の墓石で、熊本の島崎石とともに下浦石が使用されている状況をみることができる。

記録上も「警視局戦死埋葬地建築概算抜粋表」に、八代郡横手村（現八代市）の墓地建築において、警部・巡査の墓碑石として「天草須本石」、周囲柵の基礎石に「天草カンヤキ石」が予定されている。[10]「カンヤキ」は下浦地区の地名「金焼」のことで、下浦石のことを指していると考えられる。「須本石」は下浦町に隣接する栖本町の石で、下浦石とともに、政府の大量発注に応えたものと思われる。横手村では、囲い柵の石に留まっているが、各地の官軍墓地墓石を見る限り、相当量の墓碑が下浦石で製作され、当時、下浦石工は大量かつ迅速な調達が必要だった墓石需要に対して即応できる体制が整っていたことが明らかである。

3.　下浦石の石切り場分布

【山丁場】下浦石を採石した石切り場は、現在、採石が行われていないこともあり、多くが緑に覆われ確認できない。古老や石材店からの聞き取りを元に作成された分布図が図３である。

最も良質とされるのが、下浦町東部のやや奥まった地に位置する仁田丁場であり、最盛期には一五ヵ所ほどの石切り場があったという。後小手（うしろごて）の森道・板石丁場でも良質のものが採れ、オランダ坂の修復用石材を供給したといわ

図３　下浦石石切り場分布図（『熊本・天草　石工の里下浦ガイドブック』〈2017〉より転載）　下：写真９　下浦石石切り場（後小手）

れている。現在、祇園橋修復のためにストックしている石材も、この付近のものである（写真９）。

　昭和中期までは人力で、スラセ（滑らせ？）という丸太を削ったソリ、キンマ（木馬）と呼ばれる梯子型のソリ等の運搬具を利用し、海近くの加工丁場に運んだとされる。牽引動力としては、牛馬が利用され、牛よりも馬の方が体力があり、積載量・往復回数が多かったそうである。[11]

　海岸に近い石切り丁場は、出荷に便利だったと思われる（写真10）。半島西南部の戸の崎海岸等では海岸に矢穴が残り、海岸自体が石切り場となっていた場合もある。[12]

【加工丁場】加工丁場は、山丁場から運搬してきた下浦石岩石を、製品に加工する場所であった。石場や瀬の内、松崎等出荷が容易な港周辺に設けられていた。

右上：写真９　下浦石石切り場（後小手）　上：写真10　明治時代末の下浦石石切り場の風景　中：写真11　下浦町弁天島の加工丁場小屋跡石柱　下：写真12　明治時代末頃の加工丁場作業風景
写真10・11は、天草郡教育会・岡部五十四『天草古蹟産物写真帖』（1910）より転載

その姿をよく留めているのが、外園の弁天島という場所の加工丁場で、かつての丁場小屋の石柱が残存している（写真11）。側柱建物で室内空間を広くとっており、覆い屋のような構造だったのだろう。

明治末頃の加工丁場の様子がわかる史料が、写真12の古写真である。大人たちに混じって一〇歳前後の少年も石材加工に従事し、家内制手工業の様相を呈している。粗割りの石材が、ノミ・ゲンノウ・ヨキで徐々に平滑（へいかつ）に仕上げられ、墓碑や狛犬等の彫刻作品となっていく状況を確認できる。この加工場では製品を完成させてから、運搬したようである。

4.『天草石工の里下浦ガイドブック』作成を通して

天草市では平成二八年度、このような稀有な石工文化をもつ下浦地区を広く周知するため『熊本・天草石工の里下浦ガイドブック』を作成した。直接のきっかけは、九州大学大学院芸術工学研究院の藤原惠洋研究室が平成二六年から三年間、下浦地区でフィールドワークを実施したことによる。研究機関・地区住民主導による地域再生プロジェクトの熱意に行政も牽引され、ガイドブック作成が事業化した。文献資料の少ない下浦石と下浦石工の歴史をまとめるのは困難も多く、編集期間等の諸条件から、正式な調査報告書ではなく、ガイドブックの体裁で編集・刊行に至った。

下浦石と石工の歴史、下浦石を使用した各地の文化財、下浦地区の見どころ等、一冊で下浦石と下浦石工に関する情報を過不足なく知ることができるような内容とすることに努め、担当者としては「世界文化遺産になるような文化財が天草の石でできていること」を市民に周知することを当初の最大の目的としていた。しかし、発刊段階ではこの本で最も推したい箇所は、現役石工の座談会の記録となっている。半日足らずの限られた時間で石工さん達に、下浦石工の過去・現在・未来を、率直に語っていただいたが、現代社会における著しい発展の中で、いかに地場産業の維持が困難であるかが理解できる。殊に、石工が「彫出技術（ちょうしゅつぎじゅつ）」を必要とされない時代になりつつあるという指摘は、近い将来における「石工」という生業そのものの消滅を意味しており、きわめて厳しい時代の流れを感じさせる。

石材加工を取り巻く産業構造変化という奔流を食い止める術はもたないが、『ガイドブック』や本稿の内容を通じ、下浦石と下浦石工が創造してきた石造物の歴史的価値、石と密接に関わることで地域社会として成り立ち、今も石工の軌跡が随所に残る下浦地区の魅力にさらに光が照射され、「石工の里」が活性化することに期待したい。

註

（1）『熊本・天草　石工の里下浦ガイドブック』（天草市、二〇一七年、八頁）。
（2）註（1）文献、一一―一二頁。
（3）五郎左衛門の名字については、長く「松室」とされてきたが、近年、下浦に「松室」姓がなく、「松岡」姓が多いことから、「松岡」であった可能性が考えられている。
（4）大石一久編『南島原市世界遺産地域調査報告書　日本キリシタン墓碑総覧』（南島原市教育委員会、二〇一二年、七八～八一頁）。
（5）石原浩「下浦石工が制作した金剛力士像」（『天草石工の活動を通じた環不知火海の歴史と文化』八代高専環不知火海文化交流基盤整備事業部会、二〇〇八年）。
（6）前川清一「下浦石工の成立とその後」（下浦フィールドワーク講演会資料、二〇一六年）。
（7）菱谷武平「出島の「石蔵」と東山手の「オランダ坂」と――コスモポリタン長崎の錯覚」（『長崎談叢』第四七輯、長崎史談会、一九六八年、二四頁）。
（8）長崎奉行所関係記録「元治元年　居留場五間築足梅ヶ崎埋立御用留」中に下浦村からの回船輸送が記録されている。前掲註（7）、二五頁。
（9）天草市観光文化部世界遺産推進室『長崎居留地と大浦天主堂を造った天草の兄弟――小山秀之進と北野織部』二〇一九年。
（10）前川清一「西南戦争における官軍墓地の成立と現状について」（『玉東町西南戦争遺跡調査総合報告書』玉東町教育委員会、二〇一二年）
（11）前掲註（1）、二一―二八頁。
（12）松本博幸「天草砂岩の海岸石切り場」（『海と山の考古学―山崎純男博士古稀記念論集―』二〇一六年、二二六―二三七頁）。

三　沖縄における「粟石」の石切場と石切技術

安斎英介

はじめに

沖縄では、古くから琉球石灰岩が石畳道や屋敷の石垣等を造る際の建材として広く用いられてきた。ユネスコの世界文化遺産に登録されているグスク群や玉陵の石積にも、琉球石灰岩が多く使われている。近現代にも石積みや亀甲墓などに用いられるなど、琉球石灰岩は、沖縄の風土に溶け込み今なお人々に親しまれている石材資源である。

沖縄本島では、沖縄戦の前後までは琉球石灰岩を切り出す際に手作業で石切が行われていたが、戦後の機械化とともに、手作業による石切技術は急速に失われていってしまった。また、戦後の諸開発に伴い採石場の大規模化も進み、石切場を含む山ごと消失するような地形改変が起こった結果、現在、それらの石切場跡は海岸線にわずかにみられるのみである。

本稿では、「粟石(あわいし)」と呼ばれる種類の琉球石灰岩が切り出されていた沖縄本島中南部に位置する南城(なんじょう)市玉城(たまぐすく)と、浦添(うらそえ)市西海岸に所在する石切場の調査成果をもとに、主に戦前まで行われていた手作業による石切技術の一端をみていく。また、石切場跡に関する保存と活用の取り組みについても紹介する。

1.「粟石」と沖縄の石切場跡

【琉球石灰岩と「粟石」】「粟石」は、琉球石灰岩の中でも一二〜一三万年前の海侵堆積物をもとにした地層である牧港石灰岩のことで、一般にその岩相は中〜粗粒の有孔虫殻砂からなり、多孔質で黄白色〜黄褐色をした砂質の石灰岩である。その中には二枚貝やサンゴの化石等が含まれ、層理が明瞭で斜交層理が発達するのが特徴である。この牧港石灰岩の見かけが「粟おこし」に似ていることから、別名「粟石」と呼ばれている。(1)

この地質は、沖縄本島においては南部の八重瀬町具志頭港川や南城市玉城の海岸付近、中南部西海岸の浦添市牧港から港川周辺の地域などにみられる。その中でも特に八重瀬町港川周辺は、堆積が厚くかつ広域に分布するため、近代には具志頭港川から南城市玉城の周辺が粟石の一大産地であった。この粟石は、石材として比較的軟質で切りやすく、運搬性にも優れていたという。(2)

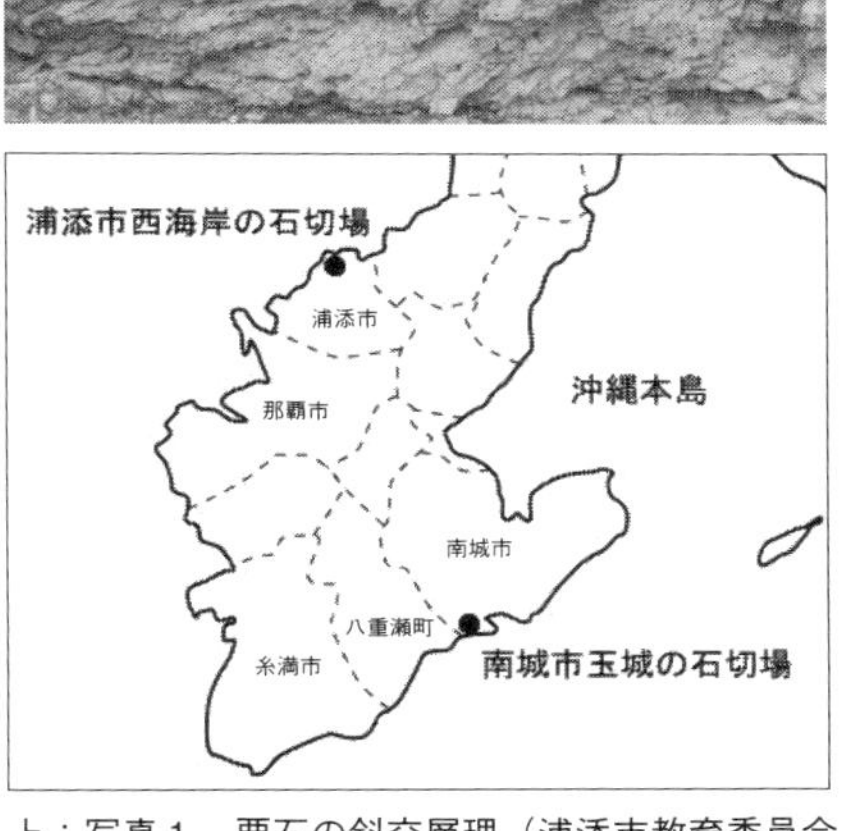

上：写真１　粟石の斜交層理（浦添市教育委員会2010より転載）　下：図１　粟石の石切場の位置図

この石材は「シナトゥガーイシ」（港川石）と呼ばれ、沖縄本島内で広域に流通し、墓造りや家畜小屋の石材として利用された。また、浦添市からは、粟石が県外にも輸出されていたとの記録も残る。(3)

【沖縄の石切場跡】沖縄にはかつて石切場が、北は沖縄本島北部の本部町瀬底や今帰仁村湧川から、南は糸満市の海岸まで広域に点在していた。沖縄本島周辺離島の伊是名島や久米島のほか、先島諸島の宮古島や石垣島を含む少なくとも二十数ヵ所について石切場に関する情報が確認されている。(4)

現在でも残る比較的規模の大きな石切場跡は、海岸に残存している。読谷村の西海岸や恩納村真栄田岬周辺、久米島の北原海岸の石切場跡は比較的規模が大きく、現在も干潮時に海岸線を歩くと簡単に見ることができる。これらの石切場は、おおむね明治期から大正・昭和初期にかけて営まれたと考えられている。それ以前の時代では、より山手の丘陵地から石材が切り出されたと考えられるが、遺跡や文献等の情報はほとんど確認されていない。

本稿で紹介する南城市玉城や浦添市西海岸の石切場も、海岸に立地する石切場で、おおむね明治期から昭和初期にかけて盛んに営まれたと考えられている。

2. 南城市玉城の粟石切場

【南城市玉城の石切場】南城市玉城の石切場は、沖縄本島南部の南城市と八重瀬町の間に流れる雄樋川の河口付近の海岸段丘に位置する。もともと、明治二〇年以降に雄樋川右岸の具志頭字長毛から港川にかけての一帯で粟石の採掘が始まったが、徐々に雄樋川左岸に位置する玉城周辺に広がった。現在も、港川漁港から奥武島の間の海岸約一キロの範囲で石切場跡が残る。

明治時代中頃から石切が一つの産業になると、沖縄本島や離島からも多くの人が港川周辺に移住し、昭和一五年以前には三〇〇～五〇〇人程度が石切に従事していた。こういった石切に従事していた人達は、「イシアナー」と呼ばれていた。戦前から戦後しばらくの間まで、港川には山原船（やんばるせん）が入港し、粟石を運ぶ馬車が日常的に行き交っていた。周辺には市場ができ、料亭・散髪屋・歯医者・商店・銭湯が立ち並ぶなど活況を呈していた。(5)

粟石の石材は、港川から船で運搬されたため、「ンナトゥガーイシ」（港川石）と呼称された。この粟石は、建材として石垣や豚小屋、墓造りの際などに利用され、本島南部だけではなく、中部の読谷や嘉手納（かでな）辺りからも買い求められたという。(6)

【石切の道具と作業工程】聞き取りによると、玉城の石切場で使用されていた主な道具は以下のようなものである。一部は、現在も八重瀬町立具志頭歴史民俗資料館に所蔵・展示されている。

○シミチブ（墨壷）：切る前に目印の線を引く。

○ヒチ：鉄製の棒。石を上から突いて切る。

写真２　玉城の粟石切場（1959年）　下の２枚は粟石切場での作業風景（1959年）
すべて写真提供：沖縄県公文書館

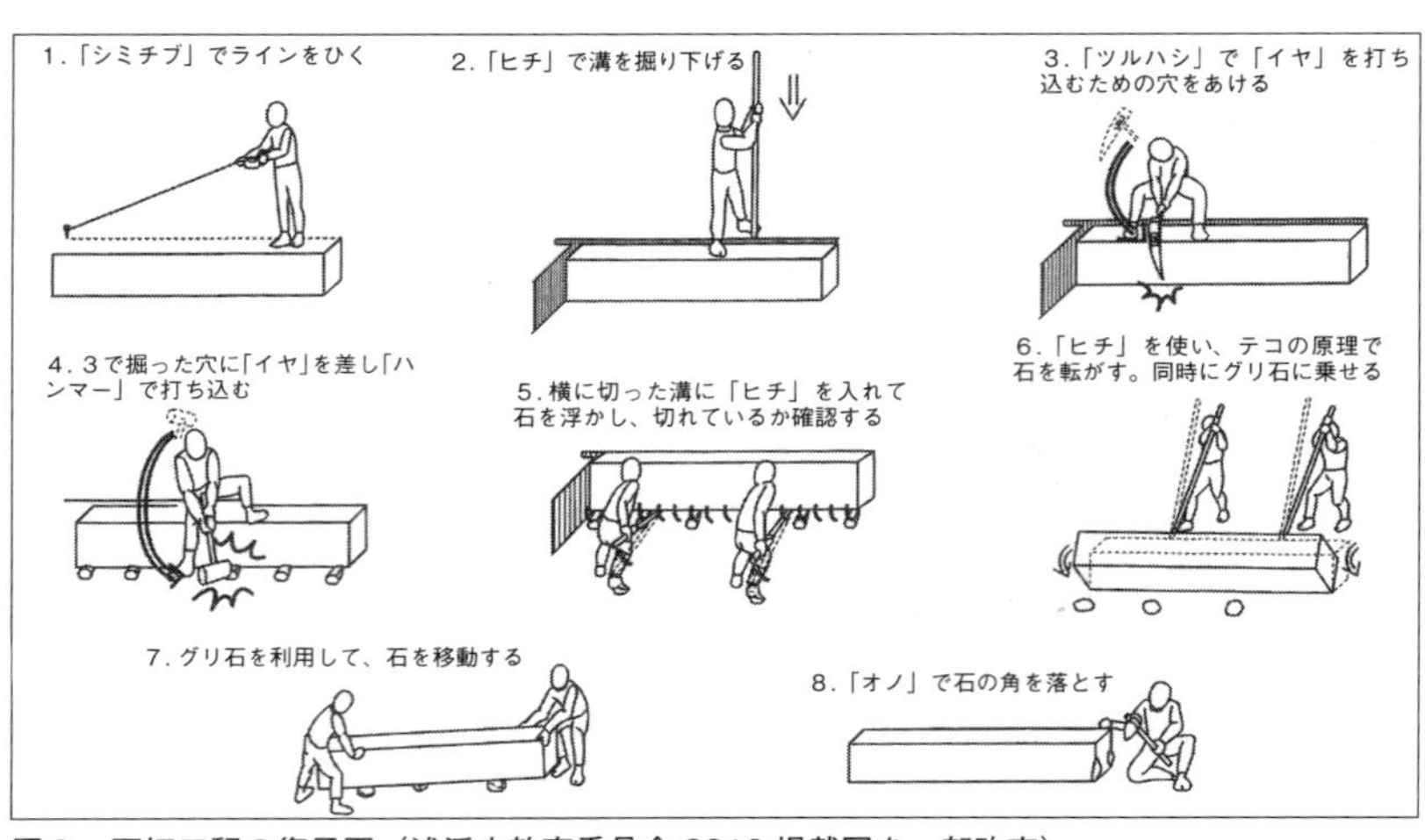

図2　石切工程の復元図（浦添市教育委員会2010掲載図を一部改変）

○イヤ：鉄製の楔。石の横に打込み石を割る。
○ツルハシ：イヤを差し込む穴をあける。
○ハンマー：イヤを横から打ち込む時に使う。
○オノ：石材の形を成形する。

上記以外にも、イヤを固定するための板状の道具や、石の粉を掻き出すための道具もあったという。(7) 上記の道具の使用方法を含めて、戦後、石切に従事した方からの聞き取りをもとにした作業工程は、図2のようなものである。

石の寸法は、長さ三尺（約九〇センチ）か六尺（約一八〇センチ）で、幅は一尺（約三〇センチ）か二尺（約六〇センチ）、厚さは六寸（約一八センチ）、八寸（約二四センチ）、一尺があった。

3. 浦添市西海岸の石切場跡

【浦添市西海岸の石切場跡の発掘調査】浦添市西海岸の石切場跡は、港川周辺を中心におおむね牧港石灰岩（粟石）の地層が露頭している箇所に分布している。戦前まで、現在の港川に隣接する牧港集落の岩山では石切が行われていたことがわかっているが、海岸で行われた石

写真３　浦添市西海岸の石切場跡　港川地区１（浦添市教育委員会 2013 から転載）

切についても文献や聞き取りでも情報がなく、戦前の比較的早い段階ですでに石切が行われなくなっていたと考えられる。

石切場跡は、平成一九年度に行われた浦添市教育委員会の分布調査で存在が確認された。その際に確認された遺構のほとんどは、満潮時には水面下に位置するものだった。遺跡はその後、埋め立てや道路建設などの開発調整に伴って記録保存調査が行われた。

平成二〇・二一年度の調査では、字城間から港川崎原にかけての五地点で、比較的小規模な石切跡とそこに残る工具痕が確認された。平成二二年度の調査では、港川の空寿崎（くうじゅさき）周辺で戦後の埋立地の下の約四七〇〇平方メートルの範囲にわたって石切遺構が検出された（写真3）。遺構から切り出されたと考えられる柱状の石材は一〇〇〇本を超えると想定され、この地域の石切場の中心は、港川の空寿崎周辺であることが明らかになった[8]。

【石切に伴う遺構】遺跡の発掘調査では、石切遺構の測量と写真撮影などの記録作業を進めた上で、形状・配置の分析が行われ、確認された遺構はA～Dタイプに大別できる（表1）。また、これらの調査成果と、前述した聞き取りによる石切工程との整合性について検討したのが、表2である。

四つのタイプの遺構は、おおむね図2に示した玉城の作業工程で把握可能なものであることから、浦添市西海岸の石切場でも図2とおおよそ同様の方

タイプ	形　状	遺構の特徴
A		直線状の溝状遺構。コの字型のものもある。幅は5cm程度で、長さは概ね1m前後が多かった。深さは約25～30cmのものが多く、遺構の床面に残る溝状遺構は約5cmほどの浅いものが多い。
B		溝状遺構に対して、平行または直交するようにみられる方形状の遺構。方形状の痕跡の短辺は10cm前後、長辺は15～20cm程である。15～30cm程の間隔で等間隔に並ぶ傾向がある。
C		穴状の遺構が複数並ぶ遺構。直線状に並ぶ傾向がみられた。穴の大きさは約5～10cm程、穴の深さは10～25cm程度である。穴同士の間隔は15～30cm程度である。
D		方形の石切跡の遺構床面にみられる凸凹状の痕跡。凸凹がうねりのようになっており、その痕跡は遺構の方向軸や周辺の工具痕と平行する傾向がある。

工程	1		2	3
	石を縦に切る（二通りが想定される）		石を横に切る	石を割りとる
道具	ヒチ・カニガラ	イヤ	イヤ	ヒチ・カニガラ（バール）
作業イメージ				
遺構	Aタイプ	Cタイプ	Bタイプ	Dタイプ
備考	「ヒチ」で溝を掘る。	「イヤ」で上方から石を割りとる。ツルハシの可能性もあるか。	「イヤ」は三尺（約90cm）で3～4本程度。	バールのようなもので行う可能性もあり。

上：表1　確認された遺構のタイプ　下：表2　遺構タイプと石切作業の分析　※ともに浦添市教育委員会2010掲載表を一部改変

法で石切作業が行われていた可能性が高いと考えられる。

次に石材の規格であるが、港川の空寿崎から距離的に離れる城間―仲西地区や港川地区2では、石材の規格はおおむね「イシバーヤ」（石柱）と呼ばれる柱状の石材で、約三〇センチ（一尺）×三〇センチ×九〇センチ（三尺）程度のものが多い。

その中でも一〇〇〇本以上の石材が切り出されたと想定される港川地区1では、ほとんどが「イシバーヤ」であることは他地区と共通するが、長さ約九〇センチ（三尺）前後の短いものと、約一八〇センチ（六尺）から約二七〇センチ（九尺）の長いものが多く、最大で約三メートル（約一〇尺）のものも確認された。

また、港川地区1の調査では、数量は二三枚程度と少ないが、大きさや幅が約四五センチから六〇センチ前後、長さ一三〇センチ程度の薄い平板状の石材が切られていたことが判明した。この石材は、亀甲墓などの横穴式の墓の墓口に置かれる蓋石であると推測されている。

【石切に関わる遺物】石切に使用したと考えられるイヤ（鉄製のクサビ）が、港川地区1の石切遺構（SQ010）から出土している。遺構の底面から、二本のイヤが上下に重なった状態で出土した（図3）。

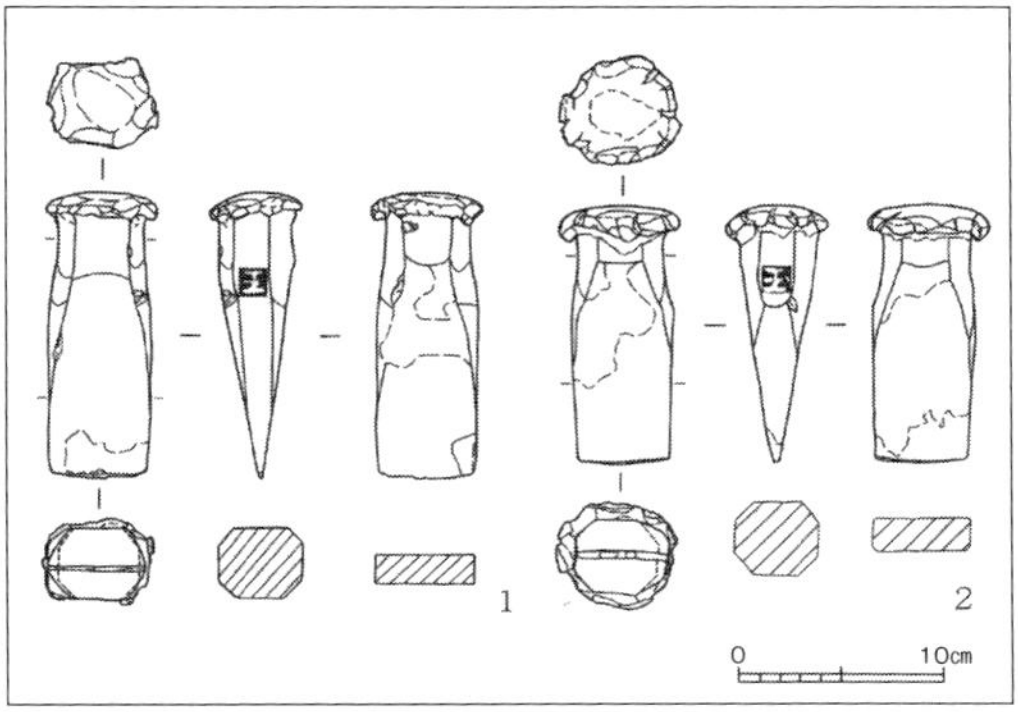

図3　出土した鉄製のイヤ（浦添市教育委員会2013から転載）

図3―1は上位に位置するもので、長さ一四・三五センチで刃部幅四・五五センチ、重量は一・一五〇キログラム。図3―2は下位に位置するもので、長さ一三・一センチ、刃部幅四．五〇センチ、重量は一・〇三五キログラムである。二点とも、側面の中央に「王」または「玉」の刻印が施される。これらの印の意味は不明だが、これらを使用した個人・集団を特定する手がかりになる可能性がある。

おわりに

【沖縄の石切場と地域性】今回紹介したのは、沖縄本島中南部の二つの石切場の事例である。南城市玉城での聞き取り調査から復元した石切工程で、浦添市西海岸の石切遺構もおおむね解釈が可能なことから、二つの石切場での工程は

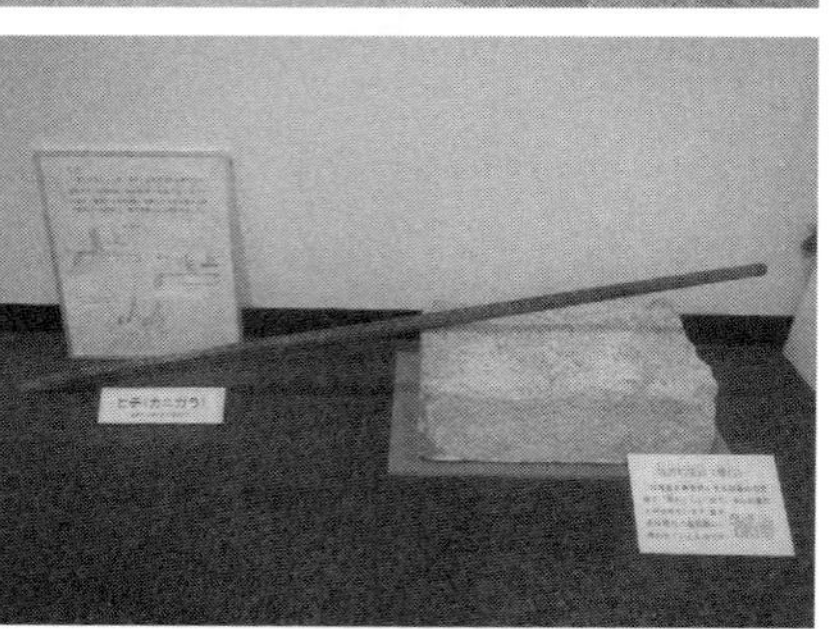

上：写真４　浦添市西海岸の石切場跡の遺構の屋外展示　下：写真５　粟石と石切道具（ヒチ）の展示

おおよそ共通すると考えられる。しかし、主要な道具である鉄製の棒については、玉城では「ヒチ」、浦添市牧港では「カニガラ」と呼称が異なる。また、地質が粟石ではない那覇市大嶺では、ツルハシを使用した切り方をしていたとの情報もあることから、沖縄本島内でも、工具や工程については石質などに地域性がある可能性がある。

沖縄の石切場をめぐる調査・研究は、端緒についたばかりである。新たな石切場の発見や石切技術の解明、石材の流通の問題、地域や時代性の検討などは今後の研究課題である。

【石切場の保存と活用】最後に、沖縄の石切場における保存と活用の事例を紹介しよう。近年、沖縄でも産業の歴史を示す重要な遺跡として、石切場跡が「生産遺跡」「近代遺跡」「水中文化遺産」などさまざまな枠組みの中で紹介され、文化財として扱われるようになってきた。

前述したように、浦添市西海岸の石切場跡は、開発に伴って文化財の緊急発掘調査による記録保存の措置がとられ、調査報告書が刊行された[9]。発掘された遺構については、地域の方が学習できるように、一部の切り取り保存がなされ、市の歴史ガイダンス施設に説明板とともに屋外展示されている（写真４）[10]。また、浦添市港川の文化財収蔵展示施設「浦添市歴史にふれる館」では、「石切」に関連するコーナーが設けられ、見学者が粟石の石材や石切道具の展示を通して学習できるようになっている（写真５）。
八重瀬町港川では、平成二八年七月五日に沖縄で初めて石切場跡が「港川遺跡」（複合遺跡）として町の史跡に指定された。今後は、一帯で史跡を含む公園整備が進む予定である。また、八重瀬町立具志頭歴史民俗資料館では、「石切」に関する展示コーナーが設けられ、実際に使われた民具を通して、地域の産業の歴史を学ぶことができるように工夫がなされている。

註

（1）河名俊男『琉球列島の地形』新星図書出版、一九八八年。
（2）嵩原康平・安斎英介・島澤由香「沖縄県内の石切について」（『よのつぢ』第六号、二〇一〇年）一〇三―一二八頁。
（3）安斎英介「沖縄の石切技術と石切技法について――浦添市西海岸の石切場跡と調査成果について」（『南島考古』第三二号、二〇一三年）一―一二頁。
（4）前掲註（2）。
（5）『糸満漁民の展開と港川～海人の歴史と文化～』（具志頭村立歴史民俗資料館、二〇〇三年）
（6）前掲註（2）・（5）。
（7）前掲註（2）。
（8）『浦添市西海岸の石切場跡　城間―仲西地区』（浦添市文化財調査報告書、浦添市教育委員会、二〇一〇年）、『浦添市西海岸の石切場跡　港川地区２』（同、二〇一二年）、『浦添市西海岸の石切場跡　港川地区１』（同、二〇一三年）。
（9）前掲註（8）。
（10）将来的に、遺跡近くの海浜公園の整備に伴い移設する計画がある。

終章　文化財としての近世・近代の石造文化――現状と課題

坂井秀弥

1. 近世・近代の「石の文化」

日本は一般的に、「木の文化」といわれる。しかし、現代の地域社会に息づいた寺社に行けば、さまざまなかたちの墓石や鳥居・灯篭・狛犬などの石造物が豊富にみられる。地域によっては、歴史的な町並みのなかに石蔵や石橋が見られ、近代都市を象徴する洋風建築にも石が使われている。こうしたものを見ると、「石の文化」も確かに存在したと感じることができる。

これまで三回の『遺跡学研究』特集およびそれを集成した本書では、北海道から沖縄県まで、全国各地約二〇例の石の産地が紹介された。ここで取り上げられている石造物や建物などは、おもに近世・近代につくられたものである。これらの生産は戦後まで続いたが、昭和四〇年代の高度経済成長期以降、コンクリートの普及に伴って急速に廃れた。石を採掘・採取した石切場は、地域社会のなかで大きな役割を果たしながら、日本各地に廃墟として残されている。ここで取り上げられた事例は、そのごく一部にすぎない。

しかし、これら石切場や石造物などについては、調査も十分に行われておらず、文化財として取り扱われることは少ない。その背景には、時代が近世・近代という、文化財の世界では新しいことがあろう。

このたびの本書刊行を契機に、近世・近代の石切場とそれに関連した石造文化の歴史と、その文化財としての意義について、あらためて考える必要がある。近世・近代の文化財を支えてきた地域社会が急速に変貌・衰退しつつあるいま、その保護の手立ては待ったなしともいえる。

2. 中近世の石造文化と国の文化財指定

中世の石塔類や石仏などの石造物は、戦前から考古学や美術史の観点から研究されてきた。それらの成果をうけて、昭和初期から、平安時代末から中世南北朝にかけての五輪塔・宝篋印塔・層塔・塔婆・板碑・石幢などの石塔類や鳥居などは、紀念銘をもつものを中心に、国により建造物として指定された。一九二九年（昭和四）に、従前の古社寺保存法を継承して国宝保存法が成立したことが大きいが、文化財としての石造物に関する意識は意外と早かったといえる。こうした中世石造物の指定は、戦後の一九六〇年代まで続いた。

一九七〇年代以降、全国的に開発事業に伴う埋蔵文化財としての遺跡発掘調査が活発になると、中世の遺跡も発掘調査がさかんになった。そのため、考古学的な関心は出土する土器・陶磁器などに移り、地上に現存する石造物に対する意識は希薄となる。しかし、中世考古学が、城郭や寺社・信仰・交通・生産・治水など、しだいにその対象を広げて、歴史学との協業も進むと、石造物に対する関心も再び高まりをみせてきた。

中世後期になると、石塔類はそれまでより社会に普及し、木挽臼（こびきうす）（石臼）や茶臼も一般化する。さらに一六世紀後半に石垣を伴う織豊系城郭が成立し、近世初期に全国的に一気に波及し、大規模な石丁場が各地に成立し、中世とは異なった石の文化が花開いた。

中世後期から近世の石塔頭類は、建造物（有形文化財）として指定されることがほとんどなく、現在に至っている。一方、昭和四六年（一九七一）、香川県小豆島（しょうどしま）の徳川期大坂城の石丁場（いしちょうば）が史跡に指定された。経済成長による地域社会の変貌が本格化する時期であった。昭和五二年（一九七七）に、町石（道標）を伴う高野山参詣道が高野山町石道として史跡指定されたことも注目される。また、主に九州・沖縄の石橋や墓室も建造物として指定された。

平成に入ってからは、各地で城郭の石垣が文化財として、修復がさかんに行われるようになった。そして、その生産地（採掘）としての石丁場に対する関心も全国的に高まり、北海道松前（松前城）、兵庫県東六甲（大坂城）、静岡県伊豆・神奈川県小田原周辺（江戸城）が史跡指定されている。また、文化財石垣の修復技術そのものも、平成二一年（二〇〇九）に国の選定保存技術となった。

この時期には、関東の中世板碑の製作遺跡や、古墳の石棺に使われ近代まで生産が続いた兵庫県竜山石採石場も史跡指定された。ともに注目される事例である（以上、高田氏データ編参照）。

近世の石造物については、戦前にも坪井良平「山城木津惣墓墓標の研究」（『考古学』一〇―五、一九三〇年）のような画期的な研究があったが、近年まで全般的に低調なまま注目されることも少なかった。二〇一八年度第三一回濱田青陵賞の受賞者は、弘前大学の関根達人氏であった。氏は、著作『墓石が語る江戸時代―大名・庶民の墓事情―』で、墓石の調査から日本海沿岸域を結ぶ広範な人・物・情報の交流を描き出した。受賞理由として、「石造物による『石に刻まれた歴史』の可能性が新たに拓けた」ことを評価しており、近世石造物も重要性が高まっている。

3. 近世・近代の石造文化と文化財の種類

『遺跡学研究』で特集された事例および本書を概観すると、石材の種類は、花崗岩などの硬質系石材と、凝灰岩や砂岩などの軟石系石材に大別される。

硬石系石材は、小豆島や茨城県稲田、神奈川県白丁場石などに代表される。中世以来の伝統的石材ではあるが、大都市の近代建築や鉄道・港湾などの近代化遺産などに採用され、近代社会の形成に大きな役割を果たした（写真1）。重要文化財に指定されている石を使った建造物は、近代国家を象徴するものともいえる。

一方、近世・近代を大きく特徴づけるのは軟質系石材である。切り出しやすく、加工しやすいため、硬質系よりきわめて多様な製品や部材を作り出すことが可能である。寺社の墓石・石塔類や鳥居・灯篭など中世以来の種類のほかに、臼や流し台・かまどなど調理具や炊事具といったさまざまな民生品が新たに加わり、広範に普及した。また、建築部材として塀垣や建物の壁などにも使用された。

写真1　福井県東尋坊に残る石材採掘跡（筆者撮影）

軟質系の石造物は木材にはない質感と色調を備え、恒久性・永続性を基本的属性とする。人びとは比較的低コストながら高級感のある石造物を希求し、石造物は多く普及した。その反面、軟質がゆえに風化・劣化しやすい特性があり、いまは保存の問題が生じている。

こうした石切場に関連する文化財には、さまざまな種類の文化財が考えられる。石を採取する石切場（埋蔵文化財・史跡）、石塔類・石臼などの製品（有形文化財・美術工芸品）、橋・階段・石垣・塀などの建造物（有形文化財・建造物）、採取・加工用具・道具（有形民俗文化財）などがまず考えられる。有形のもののほかに採取・加工技術（無形民俗文化財）もある。寺社や港湾・鉄道などに伴う施設であれば、史跡の構成要素ともみなしうるものもある。あるいは、石切場や石造建造物を含む景観地（文化的景観）も考慮できる。

4．埋蔵文化財における近世・近代

文化庁が平成一〇年（一九九八）に示した埋蔵文化財の考え方は、中世までの遺跡は原則として対象とする一方、近世の遺跡は地域において必要な遺跡、近現代の遺跡は地域においてとくに重要な遺跡を対象とすることができるとする〔坂井 二〇一六〕。近世以降の遺跡は現代の都市・町場・集落と重複することが多く、開発事業が集中し、埋蔵文化財保護との調整が困難な傾向にある。そのため、文化庁の原則をもとにした都道府県ごとの基準では、近世以降を積極的に対象とするところは多くない。

地方公共団体の文化財担当者は、埋蔵文化財の専門が大半で、近世以降、いまも埋もれずにいる文化財に対しては、消極的な傾向がないとはいえない。そもそも、採掘が一九六〇年代まで継続し、最近まで機能し続けてきた石切場などは、現代のものと認識され、文化財として評価しづらい。

近世・近代の埋蔵文化財は、地域の観点から「必要なもの」や「特に重要なもの」を選択することが必要だが、地域社会の基盤形成にかかわる石造文化については、埋蔵文化財に限らず、さまざまな種類の文化財として考えることが求められる。そして、地域固有の石材生産は重要な地場産業としての側面をもち、保護にあたっては、文化財の範疇にとらわれず、個性ある地域資源としての観点から、その可能性を追求することも必要だろう。

5．近年の文化財政策と現代の地域社会

近世・近代の石造物に対する関心は、近年、大きな高まりを見せている。その背景には、文化財政策の新たな動きとの関連が考えられる。それは、平成一二年（二〇〇〇）頃から熱を帯びた世界遺産登録や、平成一六年の法改正で創設された「文化的景観」、さらには、平成一九年に文化庁が提唱した「歴史文化基本構想」、これとも連動した国土交通省・文化庁等共管の「歴史まちづくり法」（平成二〇年）、平成二七年に文化庁が創設した「日本遺産」などである。これらの対象となるのは、城下町など近世以来の伝統的な都市・町場や村、産業などが多く、現代の地域社会についての調査研究が不可欠となる。

たとえば、平成一九年に世界遺産登録された島根県石見銀山遺跡は、一六世紀から近代にかけての鉱山で、いまも人びとが暮らす近世以来の集落が展開し、山中には廃絶した集落が点在している。集落や人びとの歴史的な動向を把握するため、大量の墓石などの石造物の調査が登録前から現在にいたるまで継続している。登録をめざす新潟県佐渡金銀山遺跡の石臼石切場が史跡指定され、四国遍路の札所や道標なども、調査や指定が進んでいる。

平成三〇年に世界遺産に登録された「長崎と天草地方の潜伏キリシタン関連遺産」の構成資産には、長崎県新上五島町の「頭ヶ島の集落」が含まれ、重要文化的景観「新上五島町崎浦の五島石集落景観」として保護されている。これは、五島石をつかった集落景観が核をなすが、世界遺産登録を契機に地域固有の石文化が文化的景観として評価された事例である。

こうした文化財政策は、近年衰退がいちじるしい近世以来の歴史的な地域社会を対象として、文化財を生かして地域・観光振興を図ろうという動きでもある。文化庁の「日本遺産」は観光活用を重視した面もあるが、栃木県大谷石や石川県小松市の石文化が認定されたことは大いに評価される。さらに、今般の文化財保護法改正により、歴史文化基本構想は「保存活用地域計画」に発展・継承され法制化された。今後も、近世・近代の文化財に対する関心は高まると予想される。

歴史文化基本構想は未指定文化財や周辺環境も対象とされ、この構想を継承する新しい保存活用地域計画も同様の考え方である。これまで見落とされていた近世・近代の石造文化を、大きく見直す好機でもあることを認識する必要がある。

6. 今後の保存・活用に向けて

これまでみてきたように、近世・近代の石造文化は、地域社会で特色ある文化を生みだし、大きな役割を果たしてきたことがあらためて確認できる。今後、まずはその存在を調査して記録化を進める必要がある。そして、その歴史や文化財としての価値を検討し、必要なものについて保存を図る必要性がある。現代のように、石材業が機械化される以前、石工（いしく）は手作業であった。おそらく、大正・昭和初期時代生まれの石工がその最後の世代となるだろう。彼らの記憶・記録、使用した石工道具は散逸する前に保全すべきだが、高齢化しており、急ぎ取り組む必要がある。

地方自治体における文化財指定は、すでに昭和四〇年代に香川県小豆島の大坂城石丁場などが史跡指定されていた。しかし、多くは平成以降、特にこの一〇年のことである。大阪府の大東市（花崗岩）や阪南市（和泉砂岩）において、石材加工道具が有形民俗文化財に指定されている。平成八年（一九九六）から始まった建造物の登録制度は、評価が定まらない時代の新しい近世・近代を対象とする。登録は指定と異なり、柔軟な活用により保存の対象を広げることを目的としているため、石造文化に関わる建造物・構造物を保護するには有効である。登録制度は、平成一六年（二〇〇四）に、建造物以外の有形文化財や記念物・民俗文化財に対象が拡大されたことから、幅広い石造文化財の保護に大きな役割を果たすことが期待できる。

石造文化は、文化財としてだけではなく、それにとらわれない社会資源としての幅広い可能性も考慮する必要がある。石切場の活用事例としては、本誌特集に紹介されている栃木県大谷石や島根県来待石（きまちいし）、北海道札幌軟石（さっぽろなんせき）などが大いに参考になる。石切場は採掘のために人工的に手を加えられた独特の景観を呈し、積み重ねられた人の営みが直接感じられる。

栃木県大谷石は、昭和五四年（一九七九）に大谷資料館が設置され、他地域よりも比較的早くから、さまざま保存活用が進められている。宇都宮大学のキャンパス内に最近設けられた「震災がれき大谷石再利用休憩所」や校舎の壁面利用は、大学の地域連携の成果である。市内の建造物の調査研究にも大学の教員・学生が参加し、市の文化財・都市の政策を支援している。平成八年（一九九六）にオープンした来待ストーンミュージアムは、地場産業を支えた石灯ろう協同組合の全面的な協力によるものである。石切場に溶け込んだデザイン・色彩の建物も洗練されている。札幌市の藻南公園に平成一六年に設置された「軟石ひろば」も、都市公園ではあるが、屋外展示や説明パネルがおかれている。

おわりに

『遺跡学研究』の特集および本書編集を契機に、現代の地域社会に潜在した近世・近代の石の文化について、あらためてその価値を確認することができた。文化財や社会資源の保存・活用においては、①住民・市民、②専門家、③

行政の三位一体の連携と協同が不可欠である。

今後はここで紹介された事例を参考にして、①近世・近代の石造文化を支えた地域の「住民・市民と地場産業関係者」、②歴史・文化財、地質、都市計画などに関係する大学などの「専門家」、③文化財・建築・公園・都市計画・産業・観光などの「行政」が、将来のよりよい地域社会の展開をめざして、一体となった活動が全国各地に広がることを期待したい。

【付記1】小稿作成に際しては、『遺跡学研究』一二～一四に掲載された石切場関係特集の論文、および拙稿（「近世以降の遺跡に関する取扱い覚書」〈『文化財学報』三四、奈良大学文学部文化財学科、二〇一六年〉）を参考にしたほか、高田祐一氏から有益なご教示いただいた。

【付記2】写真1に掲載した日本海に臨む東尋坊は、柱状節理の断崖が織りなす景勝地で、国の名勝に指定されている。一見すると、自然のままの景色だが、現地に設置された地形模型の説明板には、約二キロ離れた三国港（旧阪井港）の突堤(とってい)を築造する際、石材が採掘された箇所が示されている。たしかに、人工的に切り出された痕跡が観察できる。三国港突堤は、明治政府が主導した近代港湾事業の嚆矢として知られ、明治一五年（一八八二）に竣工した。約五〇〇メートルの長大な石造建造物で、平成一五年（二〇〇三）に国の重要文化財に指定された。

付録　文化財指定の石切場関連物件・近代化遺産における石切場

高田祐一　編

これまでの行政的な扱いを概観するために、国・地方公共団体（都道府県・市町村。以下、地公体）が管理対象（指定文化財・登録文化財）としている石切場関連資産をリスト化した（指定等石切場関連資産一覧）。リストの対象は、指定・登録、史跡・民俗・資料・景観とした。

調査方法は、全国地公体のＷｅｂサイト、文化遺産オンライン（http://bunka.nii.ac.jp/）、全国遺跡報告総覧（https://sitereports.nabunken.go.jp/ja）等を確認して一覧化した。また、近代化遺産（建造物等）総合調査（文化庁）にて、各都道府県教育委員会が発行した報告書を確認し石切場関連遺産もリスト化した。本書の付録として、指定等石切場関連資産一覧について分析した結果を記載する。近代化遺産調査での石切場は、都道府県によって記載の偏りがあるため、今回は分析しない。

所在する都道府県

石切場関連資産の総件数四二件の内、東日本が一三件、西日本が二九件となっており、西日本が多い。特に香川県は一四件あり、全体の三三パーセントを占める。西日本でも大阪府・兵庫県・岡山県・山口県などに所在している。これは、瀬戸内海沿岸に古来から石の文化が発達していることが要因と考えられる。地質的には花崗岩が多い地域となっているうえ、凝灰岩の豊島石、和泉砂岩など花崗岩以外の石材産地も豊富にある地域であるということを反映しているだろう。

文化財の種別

総件数四二件のうち、史跡が二八件で全体の六七パーセントを占める。これらの史跡の大半が、近世城郭の石垣石に関わる石切場である。江戸城・大坂城・甲府城・篠山城・津山城等の石切場である。江戸城・大坂城は、近世初期公儀普請で広範な地域から石材を調達したため、石切場史跡も広域に多数存在している。江戸城や大坂城は、特別な城郭であって歴史性が強いため、史跡の指定が進んでいると考えられる。

指定登録年代

一九七〇年台の指定は八件あり、全体の一九パーセントである。八件のうち、七件が香川県小豆島である。小豆島島内の大坂城関連石切場について、七〇年代に国・県・町それぞれで史跡指定が相次いでいる。石工道具が有形民俗文化財として指定された初めての例が、昭和五三年の山口県周防大島の「久賀の諸織用具」である。

二〇一八年時点で二〇一〇年台は途中にもかかわらず、件数が一番多い。一七件で全体の四〇パーセントを占める。二〇一〇年台には江戸城の石垣石切場が国史跡となり、神奈川県小田原市・静岡県熱海市・同伊東市の石切場が指定された。また、大坂城の石垣石切場として兵庫県西宮市の石切場が、すでに国史跡であった香川県小豆島の石切場に追加指定されている。ほかに、香川県丸亀市の大坂城石切場が市指定史跡となっている。城郭関連の石切場以外でも、沖縄県八重瀬町の港川フィッシャー遺跡は旧石器遺跡としての評価であったが、近代の石切場遺構も含めた複合遺跡「港川遺跡」として町指定史跡となるなど、近代石切場の評価も考慮されつつある。大阪府阪南市や大東市が、石工道具を市指定有形民俗文化財として複数指定している。長崎県の新上五島町「新上五島町崎浦の五島石集落景観」が重要文化的景観に選定されるなど、石切場への評価が多様化しつつある。

城郭石垣の石切場以外でも評価する事例が増えつつあるといえる。

出典
『福島県の近代化遺産：福島県近代化遺産（建造物等）総合調査報告書』（福島県文化財調査報告；第468集） 福島県教育委員会,2010.3
『栃木県の近代化遺産：栃木県近代化遺産（建造物等）総合調査報告書』栃木県教育委員会事務局文化財課, 2003.3
『新潟県の近代化遺産：日本近代化遺産総合調査報告書』新潟県教育委員会, 1994.3
『石川県の近代化遺産：石川県近代化遺産（建造物等）総合調査報告書』石川県教育委員会, 2008.3
『鳥取県の近代化遺産：近代化遺産総合調査報告書』鳥取県文化財保存協会, 1998.3
『島根県の近代化遺産：島根県近代化遺産（建造物等）総合調査報告書』島根県教育委員会, 2002.3
『愛媛県の近代化遺産：近代化えひめ歴史遺産総合調査報告書』愛媛県教育委員会文化財保護課, 2013.3
『熊本県の近代化遺産：近代化遺産総合調査報告』（熊本県文化財調査報告, 第182集）熊本県教育委員会, 1999
『鹿児島県の近代化遺産：鹿児島県近代化遺産総合調査報告書』鹿児島県教育委員会, 2004.3
『沖縄県近代化遺産（建造物等）総合調査報告書』（沖縄県文化財調査報告書, 第144集）沖縄県教育委員会, 2004.3

付録　文化財指定の石切場関連物件・近代化遺産における石切場

近代化遺産（建造物等）総合調査（文化庁）にて対象となった石切場関連遺産

都道府県	現在の所在市町村	名　称	採石時期・備考
福島	喜多方市	佐藤石材（(株) 丸正）	–
栃木	栃木市	川島石材問屋事務所 （岩舟石の資料館）	昭和7年建築
	宇都宮市	大谷資料館	–
新潟	長岡市	石工の道	釜沢石の石切場
	胎内市	羽黒の石切山	採石場。土木建築用資材
	田上町	護摩堂採石場	江戸、採石場
	阿賀町	当麻石切場	大正
	佐渡市	ナカギの石丁場	昭和 20 まで使用
石川	小松市	観音下石切場	–
	小松市	滝ヶ原石切場	–
鳥取	鳥取市	南田石採石場	江戸中頃
島根	安来市	荒島石採掘場	–
	大田市	赤波石石切場跡	明治～昭和
	松江市	長黒石採石場	戦前～昭和 40 年代
	松江市	岩屋石切場跡	大正
	松江市	殿山石切場	江戸時代後期
	松江市	マコモ谷石切場跡 - 2	明治
	松江市	マコモ谷石切場跡 - 1	明治
	松江市	来待石切場跡（三才谷石切場）	明治 25 年
	大田市	福光石採掘場	戦国時代～
	海士町	隠岐神社 造営当時石切場	昭和 14 年
	西ノ島町	大山採石場跡	昭和 30 ～ 40 年代
愛媛	上島町	豊島石採石場（花崗岩）	明治 10 年頃
	上島町	鉢巻山採掘場（珪石・長石）	昭和初期頃
	伊予市	本尊山採石場（安山岩）	明治初期
	伊予市	日喰採石場（安山岩）	昭和初期
熊本	宇土市	馬門石石切場	–
鹿児島	姶良市	遠瀬採石所	明治
	姶良市	二瀬戸採石所	江戸
沖縄	恩納村	真栄田の石切場	–
	読谷村	読谷村西海岸石切場	大正～戦前昭和
	北谷町	北谷城内バラス採石場	大正
	豊見城市	石切り場跡	明治
	久米島町	北原海岸石切場	戦前
	伊是名村	屋那覇島の石切場	明治

所在住所	指定年月日	時期・備考
字神明 194 ほか	平成 25 年 10 月 17 日	江戸時代末期・近代。平成 25 年 10 月 17 日に「史跡 松前氏城跡 福山城跡」に追加指定。
青葉区八幡	平成 16 年 11 月 30 日	明治時代後半期、昭和 10 ～ 30 年代。
下里、青山地内	平成 26 年 10 月 6 日	中世。
母島字元地	昭和 59 年 3 月 23 日	江戸時代末期。ドイツ系住民フレデリッキ・ロルフスラルフが、母島の石材の利用法を伝えた。
早川	平成 28 年 3 月 1 日	江戸時代初期。
厚木市七沢、足柄下郡真鶴町岩ほか	平成 11 年 2 月 12 日	近代。神奈川県立歴史博物館が長年収集してきた県内の工芸関係以外の職種の職人の道具を集成したコレクション。
中・南片辺地	平成 24 年 1 月 24 日	「片辺（かたべ）・鹿野浦（かのうら）海岸石切場跡」が国指定史跡「佐渡金銀山遺跡」に追加指定。
下相川	平成 21 年 7 月 23 日	江戸時代、近代。追加指定。
愛宕町 85-2、86	平成 21 年 11 月 12 日	江戸時代初期、近代。
上吉田字鳥居木前 5598 番地	昭和 61 年 2 月 20 日	江戸時代。
下多賀 1494 番 1 他	平成 28 年 3 月 1 日	江戸時代初期。
－	平成 28 年 3 月 1 日	江戸時代初期。
宇佐美	平成 23 年 9 月 16 日	江戸時代初期。
龍間	平成 27 年 3 月 24 日	大正時代～昭和時代。
尾崎町	平成 21 年 3 月 24 日	－
尾崎町	平成 22 年 3 月 19 日	昭和。
尾崎町	平成 22 年 3 月 19 日	－
尾崎町	平成 23 年 3 月 30 日	－
甲山町 41 番の一部	平成 30 年 2 月 13 日	江戸時代初期。追加指定。
剣谷 17 番地先　芦屋市霊園内	平成 16 年 3 月 26 日	江戸時代初期。市町村指定有形文化財（美術工芸品考古資料）。
阿弥陀町生石他	平成 26 年 10 月 6 日	古墳時代～現代。
当野	昭和 35 年 1 月 18 日	江戸時代初期。
大谷 47 番地他	平成 14 年 5 月 24 日	江戸時代初期。
北木島	平成 26 年 2 月 24 日	－
久賀八幡上	昭和 53 年 8 月 5 日	－
－	平成 8 年 12 月 20 日	明治中期、昭和初期から昭和 20 年代。
本島町笠島字高無坊 1040 番 1 他	平成 27 年 2 月 19 日	江戸時代初期。
小田字松ヶ谷 2671-92	平成 18 年	中世。
小海新石乙 1178、小海波止	昭和 46 年 4 月 30 日	江戸時代初期。
小豆郡土庄町甲 3077	昭和 46 年 4 月 30 日	江戸時代初期。

付録　文化財指定の石切場関連物件・近代化遺産における石切場

指定等石切場関連資産一覧

都道府県	所管自治体	区　分	名　称
北海道	松前町	国指定史跡	松前氏城跡福山城跡（神明石切り場跡）
宮城県	仙台市	市町村指定有形民俗文化財	旧石切町の石工用具
埼玉県	小川町	国指定史跡	下里・青山板碑製作遺跡
東京都	小笠原村	都道府県指定有形民俗文化財	ロース石関係資料（石切場跡）
神奈川県	小田原市	国指定史跡	江戸城石垣石丁場跡（早川石丁場群関白沢支群）
	－	都道府県指定有形民俗文化財	「神奈川の職人の道具」コレクション
新潟県	佐渡市	国指定史跡	佐渡金山遺跡（片辺・鹿野浦海岸石切場跡）
			佐渡金山遺跡（吹上海岸石切場跡）
山梨県	甲府市	都道府県指定史跡	甲府城愛宕山石切場跡
	富士吉田市	市町村指定史跡	石屋の寝床及び石切場跡
静岡県	熱海市	国指定史跡	江戸城石垣石丁場跡（中張窪石丁場）
	伊東市	国指定史跡	江戸城石垣石丁場跡（宇佐美）
	伊東市	市町村指定史跡	江戸城に係る石丁場遺跡（洞ノ入１遺跡ｉ地点）
大阪府	大東市	市町村指定有形民俗文化財	龍間の石工道具
	阪南市	市町村指定有形民俗文化財	藪本家石工用具
	阪南市	市町村指定有形民俗文化財	重成家石工用具
	阪南市	市町村指定有形民俗文化財	來田家石工用具
	阪南市	市町村指定有形民俗文化財	黒川家石工用具
兵庫県	西宮市	国指定史跡	大坂城石垣石丁場跡（東六甲石丁場跡）
	芦屋市	市町村指定有形文化財	徳川大坂城毛利家採石場出土刻印石
	高砂市	国指定史跡	石の宝殿及び竜山石採石遺跡
	篠山市	市町村指定史跡	篠山城築城の集石場
岡山県	津山市	市町村指定史跡	津山城石切場跡
	笠岡市	国登録有形民俗文化財	北木島の石工用具
山口県	周防大島町	重要有形民俗文化財	久賀の諸職用具
香川県	高松市	重要有形民俗文化財	牟礼・庵治の石工用具
	丸亀市	市町村指定史跡	塩飽本島高無坊山石切丁場跡
	さぬき市	市町村指定史跡	大串石切場跡
	土庄町	都道府県指定史跡	大坂城石垣石切とび越丁場跡および小海残石群
	土庄町	都道府県指定史跡	大坂城石垣石切千軒丁場跡

小豆郡土庄町平尾乙 865-1 ほか	昭和 46 年 4 月 30 日	江戸時代初期。
大部	昭和 43 年	江戸時代初期。
小海	昭和 52 年	江戸時代初期。
小海	平成 6 年	江戸時代初期。
小海	平成 6 年	江戸時代初期。
岩谷	昭和 47 年 3 月 16 日	江戸時代初期。平成 30 年 2 月 13 日名称変更。旧称：大坂城石垣石切丁場跡。
岩谷甲 367	昭和 45 年 4 月 28 日	江戸時代初期。
福田森滝乙 101-2	昭和 47 年 3 月 16 日	江戸時代初期。
二面 1866	昭和 57 年 5 月 27 日	江戸時代初期。
頭集	平成 5 年 12 月 22 日	江戸時代初期。
崎浦地域	平成 24 年 9 月 19 日	江戸時代～近現代。海岸線に数多くの採石場跡が確認でき、採石場跡に隣接する集落には石工が居住。特徴的な石文化が残る景観。
字長毛	平成 28 年 7 月 5 日	近代。沖縄先史時代からグスク時代、および近代の石切場跡であるこの一帯を含めた複合遺跡。

付録　文化財指定の石切場関連物件・近代化遺産における石切場

香川県	土庄町	都道府県指定史跡	大坂城石垣石切小瀬原丁場跡
	土庄町	市町村指定史跡	大部のろくろ場跡
	土庄町	市町村指定史跡	大坂城石垣石切とびがらす丁場跡
	土庄町	市町村指定史跡	大坂城石垣石切北山丁場跡
	土庄町	市町村指定史跡	大坂城石垣石切宮ノ上丁場跡
	小豆島町	国指定史跡	大坂城石垣石丁場跡（小豆島丁場跡）
	小豆島町	都道府県指定史跡	大坂城用残石及番屋七兵衛屋敷跡
	小豆島町	市町村指定史跡	大坂城築城用残石
	小豆島町	市町村指定史跡	大坂城築城用残石
高知県	大月町	町指定文化財	大阪城及び名古屋城築城の残り石
長崎県	新上五島町	重要文化的景観	新上五島町崎浦の五島石集落景観
沖縄県	八重瀬町	市町村指定史跡	港川遺跡

※指定／登録、国／都道府県／市町村、史跡／景観／資料／民俗について一覧化した。

※地方公共団体のWEBサイト、文化遺産オンライン、全国遺跡報告総覧等を確認した。作成には、広瀬侑紀・鈴木知怜の協力を得た。

あとがき

日本遺跡学会の特集として石切場を扱うことになった時点で、正直なところ企画者である編者自身に明確なゴールは見えていなかった。二つ返事で快諾していただいた執筆者の皆さまには、当初の曖昧な原稿執筆依頼をここでお詫びするとともに、趣旨をくみ取って素晴らしい論考を執筆いただいたことに、心より感謝申し上げたい。

日本には、すでに消えてしまった産地も含めて数多の石材産地が存在し、本書ではその一部を取り上げている。編者は香川県小豆島をフィールドにしているが、稲田石の初期の操業に、小豆島からの石工が関係していたことや、札幌軟石の丁場で切出しに使用している機械が大谷石のメーカーであることは、論考が集まるなかで初めて知った。石材産地は地域間競争もあるが、人・技術・機械は全国で交流しており、重層的なネットワークがおぼろげながら見えてきつつある。本企画の意義は、このような発見を執筆者同士で共有できたことにもあったといえるだろう。

近年、石切場に関連する書籍や特集号が相次いで刊行されており、いくつかをここに挙げたい。

・『大坂城再築と東六甲の石切丁場』（大阪歴史学会、二〇〇九年六月）
・『織豊期城郭の石切場』（織豊期城郭研究会、二〇一四年九月）
・江戸遺跡研究会『江戸城と伊豆石』（吉川弘文館、二〇一五年五月）
・佐々木健策『戦国・江戸時代を支えた石　小田原の石切と生産遺跡』（新泉社、二〇一九年一月）
・佐藤亜聖編『中世石工の考古学』（高志書院、二〇一九年四月）

以上の出版状況からも、石材産地や石工技術は、中近世の城郭研究あるいは石造物研究の次なる課題として重要なテーマとなりつつあるといえる。本書は地域の石切場を記録・文章化したものだが、近代の地域社会を視座に据え、近代の街づくりに石材が果たした役割の大きさや、現代の景観にも接続していくことにも注目した点で、これまでになかったものである。

また、二〇一九年一月に開催された第一六回全国城跡等石垣整備調査研究会（主催：文化庁・和歌山市、共催：文化財石垣保存技術協議会）のテーマは、「石垣整備における石材をめぐる諸問題」であった。研究会では、石垣復旧の際の新補石材や技術者不足への対応が議論され、特に地域の石切場が急速に減少している危機的状況が示唆された。その問題意識を共有したのちに生まれた本書が、学術的研究にとどまらず、現代社会の課題を解決へ導く手がかりに少しでも役立てられることを期待し、結びとしたい。

二〇一九年四月

高田祐一

【執筆者一覧】

序　章

乾　睦子　一九六七年生。現在、国士舘大学理工学部教授。

第Ⅰ部

長沼　孝　一九五四年生。現在、公益財団法人北海道埋蔵文化財センター常務理事。

北野博司　一九五九年生。現在、東北芸術工科大学歴史遺産学科教授。

安森亮雄　一九七二年生。現在、宇都宮大学地域デザイン科学部建築都市デザイン学科准教授。

金谷ストーンコミュニティー　二〇〇七年設立。千葉県富津市に所在。鋸山の歴史や石切場の学術調査を行い、「石のシンポジウム」を開催するなど、文化財や芸術による地域活性化に取り組む。

宮里　学　一九六九年生。現在、山梨県教育委員会副主幹文化財主事。

西海（宮久保）真紀　一九七六年生。現在、甲府城研究会会員。

鈴木裕士　一九六一年生。現在、金谷ストーンコミュニティー委員長。

丹治雄一　一九七三年生。現在、神奈川県立歴史博物館学芸部主任学芸員。

第Ⅱ部

樫田　誠　一九五九年生。現在、小松市埋蔵文化財センター所長。

黒田　淳　一九六〇年生。現在、大東市教育委員会生涯学習部生涯学習課勤務。
三好義三　一九六二年生。現在、阪南市役所勤務。
高田祐一　別掲

第Ⅲ部

松田朝由　一九七六年生。現在、大川広域行政組合埋蔵文化財係勤務。
福家　恭　一九八三年生。現在、公益財団法人長岡京市埋蔵文化財センター勤務。
西尾克己　一九五二年生。元島根県古代文化センター長。
岩崎仁志　一九五九年生。現在、山口県埋蔵文化財センター調査第一課長。

第Ⅳ部

市川浩文　一九六八年生。現在、佐賀県文化課文化財保護室勤務。
長崎　浩　一九六七年生。現在、佐賀県文化課文化財保護室勤務。
中山　圭　一九七六年生。現在、天草市観光文化部文化課主任。
安斎英介　一九八二年生。元沖縄県浦添市教育委員会文化財課主任主事。

終　章

坂井秀弥　一九五五年生。現在、奈良大学教授。

【編者紹介】

高田祐一（たかた・ゆういち）

1983年生まれ。関西学院大学大学院文学研究科修了（歴史学）。

現在、奈良文化財研究所企画調整部研究員。

主な著作に、『石材加工からみた和田岬砲台の築造』（神戸市教育委員会、2015年）、『デジタル技術による文化財情報の記録と利活用』（編著。奈良文化財研究所、2019年）などがある。


【監修者紹介】

日本遺跡学会（にほんいせきがっかい）

考古学・歴史学・造園学・建築学など、分野を超えた学際的な学会。

遺跡を通して多分野の人々が情報交換・研究・交流する場として、平成15年（2003）に設立。

研究者だけでなく、行政における文化財専門職員も多く会員となっている。

毎年11月に総会および大会を開催するとともに、学会誌『遺跡学研究』を刊行し、会報を年2回発行している。

装丁：川本 要

戎光祥近代史論集2
産業発展と石切場（さんぎょうはってんといしきりば）
——全国の採石遺構を文化資産へ（ぜんこくのさいせきいこうをぶんかしさんへ）

二〇一九年五月一〇日　初版初刷発行

編　者　高田祐一
発行者　伊藤光祥
発行所　戎光祥出版株式会社
〒一〇二－〇〇八三
東京都千代田区麹町一－七　相互半蔵門ビル八階
電　話　〇三－五二七五－三三六一（代）
ＦＡＸ　〇三－五二七五－三三六五
編集協力　株式会社イズシエ・コーポレーション
印刷・製本　モリモト印刷株式会社

https://www.ebisukosyo.co.jp
info@ebisukosyo.co.jp

ISBN978-4-86403-316-9